BIBLIOTHÈQUE DE L'ENSEIGNEMENT AGRICOLE

PUBLIÉE SOUS LA DIRECTION DE

M. A. MÜNTZ

Professeur à l'Institut National Agronomique

LE
MATÉRIEL AGRICOLE
MODERNE

--

TOME II

INSTRUMENTS D'INTÉRIEUR DE FERME

PAR

ALF. TRESCA

Ingénieur des Arts et Manufactures
Professeur à l'École centrale des Arts et Manufactures
et à l'Institut national Agronomique

PARIS

LIBRAIRIE DE FIRMIN-DIDOT ET CIE

IMPRIMEURS DE L'INSTITUT, RUE JACOB, 56

BIBLIOTHÈQUE DE L'ENSEIGNEMENT AGRICOLE

PRINCIPAUX RÉDACTEURS

MM.

BARON, professeur à l'École vétérinaire d'Alfort.

BERTHAULT, professeur à l'École d'Agriculture de Grignon.

BOITEL (O. ✸), inspecteur général de l'Enseignement agricole, professeur à l'Institut Agronomique, membre de la Société Nationale d'Agriculture.

CORNEVIN (✸), professeur à l'École vétérinaire de Lyon.

CORNU (✸), professeur-administrateur au Muséum d'Histoire naturelle, membre de la Société Nationale d'Agriculture.

DEMONTZEY (O. ✸), administrateur des Forêts, correspondant de l'Académie des Sciences.

GAUWAIN (✸), sous-gouverneur du Crédit Foncier de France, professeur à l'Institut Agronomique.

AIMÉ GIRARD (O. ✸), professeur au Conservatoire des Arts-et-Métiers et à l'Institut Agronomique, membre de la Société Nationale d'Agriculture.

A.-CH. GIRARD, chef des Travaux chimiques à l'Institut Agronomique.

GRANDEAU (O. ✸), doyen honoraire de la Faculté des Sciences de Nancy, inspecteur général des Stations Agronomiques.

LAVALARD (O. ✸), administrateur de la Compagnie Générale des Omnibus, professeur à l'Institut Agronomique, membre de la Société Nationale d'Agriculture.

LECOUTEUX (O. ✸), professeur au Conservatoire des Arts-et-Métiers et à l'Institut Agronomique, membre de la Société Nationale d'Agriculture.

LEZÉ, professeur à l'École d'Agriculture de Grignon.

MUNTZ (O. ✸), professeur à l'Institut Agronomique, membre de la Société Nationale d'Agriculture.

PRILLIEUX (O. ✸), inspecteur général de l'Enseignement agricole, professeur à l'Institut Agronomique, membre de la Société Nationale d'Agriculture.

PULLIAT (✸), professeur à l'Institut Agronomique, membre de la Société Nationale d'Agriculture.

RISLER (C. ✸), directeur de l'Institut Agronomique, membre de la Société Nationale d'Agriculture.

RONNA (C. ✸), ingénieur, membre du Conseil supérieur de l'Agriculture.

ROUX (✸), directeur du Laboratoire de M. Pasteur.

TISSERAND (G. O. ✸), conseiller d'État, directeur au Ministère de l'Agriculture, membre de la Société Nationale d'Agriculture.

SCHLŒSING (O. ✸), membre de l'Académie des Sciences et de la Société Nationale d'Agriculture, directeur de l'Ecole d'application des Manufactures Nationales, professeur au Conservatoire des Arts-et-Métiers et à l'Institut Agronomique.

SCHRIBAUX, professeur et directeur de la Station d'essais de semences, à l'Institut Agronomique.

TRASBOT (✸), directeur de l'Ecole vétérinaire d'Alfort, membre de l'Académie de Médecine.

TRESCA (✸), professeur à l'Institut Agronomique et à l'École Centrale, membre de la Société Nationale d'Agriculture.

LE

MATÉRIEL AGRICOLE

MODERNE

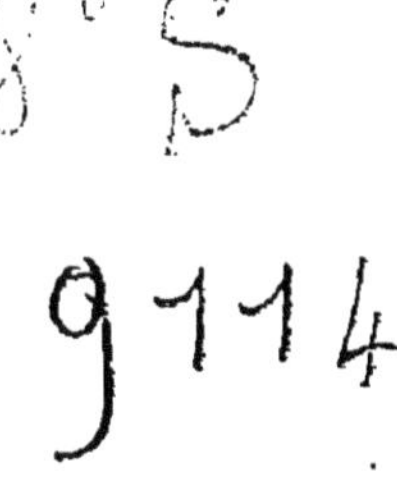

Typographie Firmin-Didot et Cⁱᵉ. — Mesnil (Eure).

LE
MATÉRIEL AGRICOLE
MODERNE

—

TOME II
INSTRUMENTS D'INTÉRIEUR DE FERME

PAR

ALF. TRESCA

Ingénieur des Arts et Manufactures
Professeur à l'École centrale des Arts et Manufactures
et à l'Institut national Agronomique

PARIS

LIBRAIRIE DE FIRMIN-DIDOT ET Cᴵᴱ

IMPRIMEURS DE L'INSTITUT, RUE JACOB, 56

—

1895

LE
MATÉRIEL AGRICOLE
MODERNE

DEUXIÈME PARTIE

MATÉRIEL D'INTÉRIEUR DE FERME

CHAPITRE I.

TRANSPORTS AGRICOLES.

Après avoir passé en revue, dans le volume précédent, les différentes catégories d'instruments composant le matériel d'extérieur de ferme, nous nous proposons de consacrer ce second volume au matériel d'intérieur.

Les transports agricoles intéressent à la fois les travaux d'extérieur et d'intérieur de ferme, et l'examen des différents procédés de transport peut servir ainsi de trait d'union entre ces deux grandes divisions.

Nous commencerons donc par nous occuper des transports agricoles, pour lesquels il convient d'employer l'homme, les animaux de trait, ou des moyens plus mécaniques, suivant l'importance du transport et la distance à laquelle il doit être effectué. Les appareils de transport doivent aussi varier suivant la nature des chemins à parcourir, et tel matériel qui convient le mieux en pays de plaine ne saurait être employé, sans grands inconvénients, en terrains accidentés.

On évalue à 100 000 kilogrammes, par hectare, la quantité de matières à transporter, qu'il s'agisse d'engrais ou d'amendements ou de produits récoltés, lorsque l'on exploite une terre d'une manière intensive; ce simple chiffre indique, par lui-même, tout l'intérêt que présente cette question des transports agricoles, et combien il est nécessaire de l'examiner sur toutes ses faces, en vue d'adopter le procédé le plus économique et le plus certain, dans chaque cas particulier.

Il faut considérer, en premier lieu, l'effort de traction qu'il est nécessaire de développer, au moyen de l'attelage, pour traîner une voiture lourdement chargée.

Cet effort est fonction du coefficient de roulement des roues sur le sol, en même temps que du coefficient de frottement de glissement du moyeu de la roue porteuse sur la fusée de l'essieu.

Les expériences, déjà anciennes, du général Morin, sur le tirage des voitures, et les coefficients déduits de ces nombreux essais, et d'un certain nombre d'expériences plus récentes, ont permis de se rendre compte de cet effort de traction.

Les formules en usage sont les suivantes :

1° *Voitures à deux roues ou à un seul essieu.*

En supposant que toute la charge soit concentrée sur une seule roue, remplaçant les deux roues ordinaires d'une charrette, par exemple, l'effort T de traction est donné par l'expression

$$T = \frac{(P + P')\delta}{R} + \frac{fPr}{R}$$

dans laquelle :

P représente le poids de la voiture et de son chargement.

P' le poids de la roue du véhicule.

R le rayon de cette roue.

r le rayon de la fusée.

δ le coefficient de roulement de la roue sur le sol.

f le coefficient de frottement de glissement du moyeu de la roue sur la fusée de l'essieu.

Cette formule peut être simplifiée, en faisant remarquer que l'on peut ordinairement négliger le poids P' de la roue, par rapport à celui P de la voiture et de son chargement, et cette formule simplifiée est de la forme

$$T' = P \frac{\delta + fr}{R} = t \times P.$$

En désignant par t la valeur de la fraction $\dfrac{\delta + fr}{R}$

Et c'est ce coefficient qui peut varier, pour une même voiture, suivant l'état ou la nature de la chaussée.

Ce coefficient t est compris entre 0,050 et 0,033 ($\frac{1}{20}$ et $\frac{1}{30}$) lorsqu'il s'agit de routes macadamisées ordinaires ou de routes pavées.

2° *Voitures à quatre roues ou à deux essieux* (fig. 1).

En appelant P_1 et P_2 les deux fractions du poids total P de la voiture et de son chargement, l'une P_1 agissant sur l'essieu d'avant, l'autre P_2 agissant sur l'essieu d'arrière.

En appelant P' et P'_1 les poids des roues uniques d'avant et d'arrière, remplaçant les roues porteuses ordinaires.

En désignant par R et R' les rayons de ces deux roues, par r et r' les rayons des deux fusées.

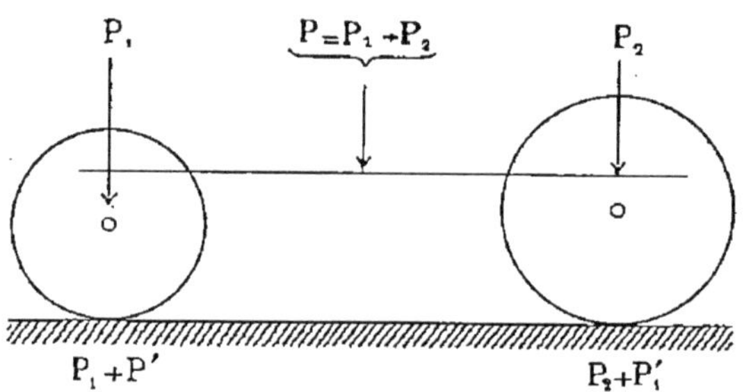

Fig. 1.

On a de même :

$$T = \left(\frac{P_1 + P'}{R} + \frac{P_2 + P'_1}{R'}\right) \delta + J \left(\frac{P'r}{R} + \frac{P_1 r'}{R'}\right)$$

donnant l'effort horizontal qu'il faut développer pour traîner une voiture de cette espèce.

3° *Voitures à deux roues ou à un seul essieu se déplaçant sur un terrain en rampe ou en pente* (fig. 2.)

Il faut faire intervenir, dans ce cas, l'angle d'inclinaison i de l'axe de la route par rapport à l'horizontale et écrire que

$$T = \frac{\delta\,(P + P')\cos i}{R} + \frac{fP \times r \times \cos i}{R} \pm (P + P')\sin i$$

expression qui peut se simplifier en remarquant que l'angle i étant ordinairement assez petit , la valeur de

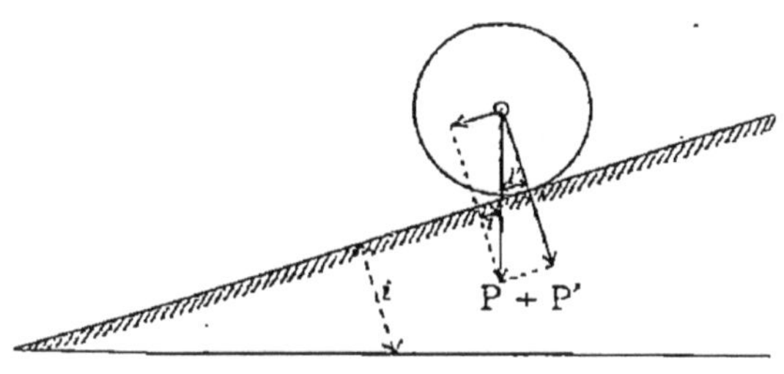

FIG. 2.

$\cos i$ se rapproche de l'unité, et la formule approchée devient :

$$T' = \frac{\delta\,(P + P')}{R} + \frac{fPr}{R} \pm (P + P')\sin i$$

Dans ces deux dernières formules le signe $+$ correspond à la montée, sur une rampe d'inclinaison i, et le signe $-$ correspond à la descente, et si le troisième terme de l'expression est prépondérant par rapport à la somme des deux autres, la valeur de T ou de T' est négative. Il faut agir avec un frein pour obtenir une résistance qui, s'ajoutant aux deux autres, fasse équilibre à la force agissante, suivant la direction du plan incliné, et dont la valeur est

$$(P + P') \sin i.$$

Si l'on examine l'ensemble de ces expressions, donnant la valeur de T, dans différents cas particuliers, on voit que R et R' sont en dénominateurs, dans ces diverses formules, et que, par conséquent, les efforts T ou T' seront d'autant plus faibles que l'on pourra donner à R et à R' de plus grandes valeurs.

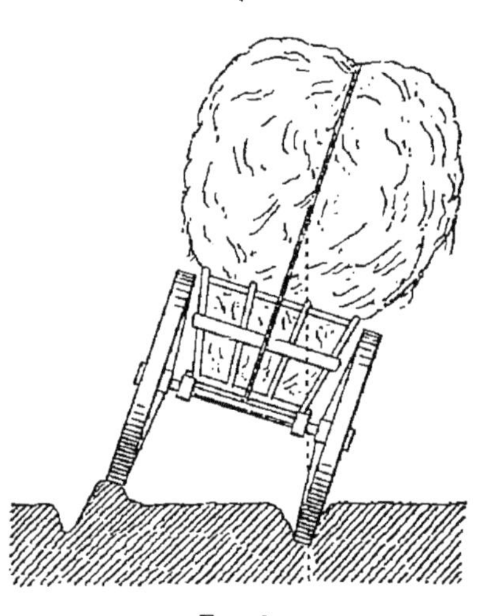

Fig. 3.

Or la constitution des voitures de transport ne permet l'emploi des roues de très grands diamètres qu'à la condition d'élever le centre de gravité du chargement et de rendre par conséquent la voiture moins stable, ainsi que l'on peut s'en rendre compte en examinant la figure 3, qui représente une voiture de fourrages en équilibre instable, et sur le point de verser sur le côté, par suite de la position du centre de gravité très voisine du plan vertical passant par la jante de l'une des roues, à son point de contact avec le sol.

On a bien cherché à diminuer, dans une certaine mesure, la hauteur du centre de gravité, par rapport à la base de la voiture, en employant des essieux coudés, mais cette application n'est possible que dans le cas de voitures à deux roues, charrettes ou tombereaux.

S'il s'agit de voitures à deux essieux et par conséquent à avant-train mobile, cet avant-train ne peut être supporté que par des roues d'assez faible diamètre pour pouvoir passer sous le châssis de la voiture. Il est donc impossible d'admettre, pour ce genre de voitures à avant-train, des roues d'un diamètre un peu considérable.

Si d'autres considérations ne devaient pas intervenir, on serait conduit à penser que la voiture à un seul essieu serait la voiture agricole à adopter dans tous les cas, comme exigeant moins d'effort de traction que tout autre système.

Or si la charrette fourragère ou le tombereau sont employés fréquemment en pays de plaine, on rencontre, au contraire, un grand nombre de voitures à deux essieux dans les pays accidentés.

Il est donc nécessaire de rechercher si les premières ne présentent pas des inconvénients spéciaux lorsqu'on veut s'en servir en pays de montagne.

Si l'on veut employer, par exemple, un tombereau, du genre de celui représenté figure 4, page 8, qui se compose de deux longues pièces de bois reposant directement sur l'essieu, et constituant, à l'avant, les brancards servant à encadrer le limonier, et d'une caisse fermée sur les quatre côtés pouvant être surmontée de ridelles, s'il s'agit de transporter des matières encombrantes, il est facile de comprendre qu'on pourra répartir la charge dans la caisse de telle manière qu'une légère pression seulement agisse sur le cheval, constituant le troisième point d'appui de la voiture sur le sol, lorsque celui-ci traînera la voiture en terrain horizontal, mais s'il s'agit d'une suite de parcours en terrain de niveau, en rampe ou en

pente, le centre de gravité de la voiture et de son chargement se modifiera de position, par rapport à la verticale

passant par un point de l'essieu porteur, et le cheval
sera tantôt soumis à l'action d'une force verticale qui
tendra à le soulever, par l'intermédiaire de la sous-ven-

trière, lorsqu'on sera sur une rampe, ou tantôt soumis à une pression considérable, agissant sur lui par l'intermédiaire de la sellette, lorsqu'on descendra une pente un peu accentuée.

L'équilibre que l'on cherchait à obtenir, sur terrain horizontal, ne peut plus dès lors être maintenu, et l'on s'exposerait, par l'emploi des voitures à un seul essieu, à des accidents souvent de grande gravité.

On a bien cherché à rendre le châssis de la voiture mobile par rapport à l'essieu, c'est-à-dire à former la voiture de deux châssis superposés, l'un sur lequel on fixe l'essieu, l'autre formant le cadre de la caisse, et à déplacer le châssis supérieur, par rapport à l'autre, au moyen d'un dispositif à pignons et crémaillères, de manière à pouvoir modifier la position du centre de gravité, par rapport à l'essieu, suivant la nature du chemin que l'on doit parcourir; mais il a été reconnu qu'en pratique les charretiers ne se donnaient pas la peine d'effectuer cette manœuvre, et cette solution ingénieuse, mais un peu compliquée, dans l'application, n'a pas rendu les services que l'on pouvait en attendre.

On est donc conduit, dans les pays accidentés, à faire usage du chariot, voiture à quatre roues, dont un exemple est indiqué figures 5 et 6, page 10.

Le chariot lorrain, tel qu'il est ici représenté, se compose, comme l'indique le plan figure 6, de deux roues supportant l'essieu d'arrière-train G auquel vient se fixer une pièce inclinée E, appelée logne, venant se relier à l'avant-train par une cheville ouvrière. L'essieu d'avant-train B est supporté par deux roues A et A'.

Deux bras C C' sont fixés, à l'avant, aux brancards, et, à l'arrière, à une pièce transversale D, appelée souris, et qui passe en dessous de la flèche E.

Enfin, en F, se trouve la sellette destinée à soutenir

vers son milieu la planche formant le fond de la voiture. Les échelages du chariot, désignés sous le nom de

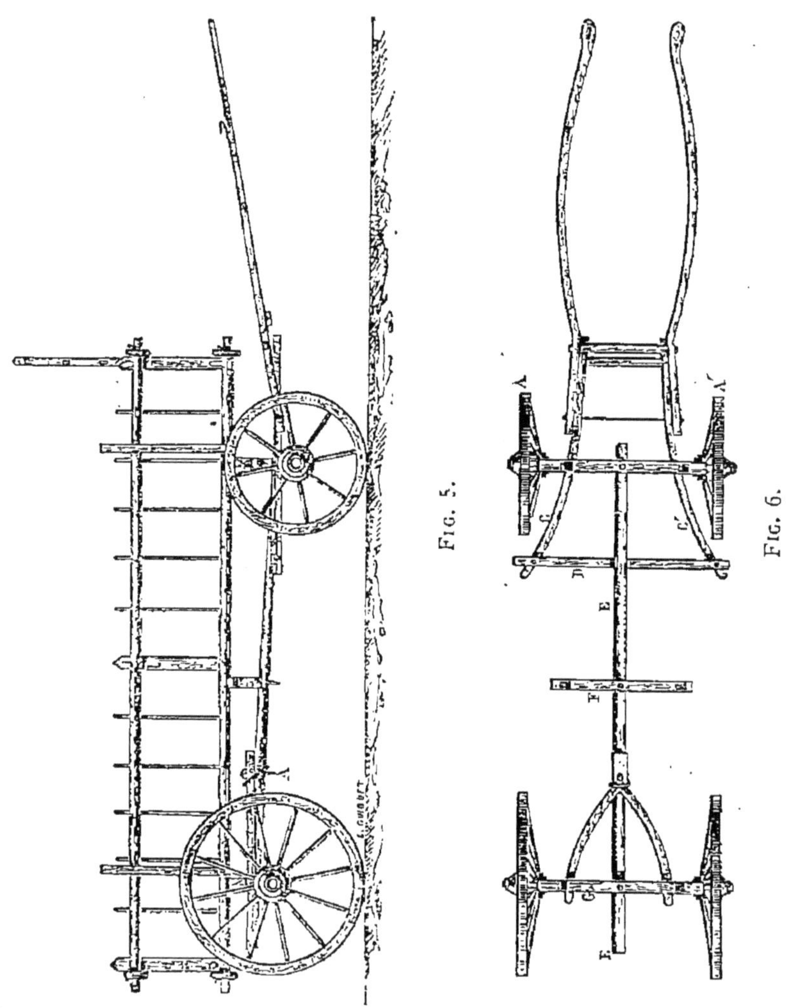

grandes ou de petites échelles, servent à fermer le chariot latéralement, soit pour le transport des foins ou des gerbes, soit pour celui de matières plus lourdes et moins encombrantes, comme le fumier, par exemple.

Une échelle de forme particulière, nommée jalgeon, et placée en avant du véhicule, retient les gerbes et les empêche de tomber vers l'attelage.

On voit que ce mode d'appareil de transport permet de ne pas agir différemment sur le cheval, dans le cas de chemins plus ou moins inclinés, mais que la charge P étant répartie pour une valeur P_2 sur l'essieu d'avant et pour une autre valeur P_1 sur l'essieu d'arrière, l'influence des roues d'avant de faible rayon R' se fait sentir en augmentant, dans une certaine mesure, l'effort de traction nécessaire pour déplacer un poids utile, d'une valeur déterminée.

C'est donc en cherchant à diminuer l'importance du poids P_2, c'est-à-dire en cherchant à reporter, vers l'arrière, la plus grande partie du chargement, que l'on pourra diminuer un peu l'effort total moyen que devra développer l'attelage.

A côté de cet inconvénient du véhicule à quatre roues se trouve cependant un avantage résidant dans la division du poids total en quatre poids partiels qui, additionnés du poids des roues, soumettent le sol à une certaine pression en quatre points distincts.

S'il s'agit de chemins mal entretenus et facilement défonçables, cette répartition de la charge totale, en quatre points distincts, peut présenter un certain avantage, et c'est ce qui fait préférer encore le chariot à la charrette, dans quelques cas spéciaux.

La charge utile n'est évidemment qu'une partie plus ou moins importante du poids total P, suivant le mode de construction de l'appareil de transport, et l'on admet que le rapport du poids utile au poids total varie de 0,64 à 0,70. La charge utile ne peut être prise égale, en nombre rond, qu'aux deux tiers du poids total.

Enfin, une précaution qu'il ne faut pas négliger, dans la construction de ces engins de transport, consiste à n'employer que des moyeux à boîte fermée, pour éviter l'usure qui serait produite par la présence de matières siliceuses en contact avec les surfaces frottantes de la fusée.

S'il est une classe d'engins agricoles qui ne soit pas entretenue avec le soin voulu, c'est bien celle des appareils de transport. Leur décrottage et nettoyage ne s'effectue pour ainsi dire jamais, et l'on compte seulement, le plus souvent, sur la pluie pour laver la charrette, le tombereau ou le chariot, et débarrasser les roues d'une partie de la terre qu'elles ont empruntée aux champs ou aux chemins. A défaut de hangars suffisamment vastes, on est souvent obligé de laisser les voitures au milieu de la cour de la ferme, l'eau passe et séjourne dans les différents assemblages, soit des roues, soit du châssis de la voiture, et l'on est tout étonné de se trouver obligé de supporter des frais de réparation assez importants, si ce n'est même des frais de réfection complète de l'engin de transport, au bout d'un assez faible temps d'usage journalier.

Les mêmes considérations théoriques doivent intervenir également lorsqu'il s'agit du transport de petites quantités de matières, à très faible distance, au moyen d'engins roulants, de manière à desservir les différents bâtiments d'une même ferme, en y apportant, par exemple, les matières servant à l'alimentation des animaux, et en employant, pour la mise en mouvement de ces véhicules, la force musculaire de l'homme.

Suivant la distance à parcourir, les appareils changent de forme, et c'est ainsi que pour de petites distances on emploie la brouette, s'il s'agit d'un roulage sur terrain naturel, du diable, ou brouette à sac, s'il s'agit du transport de sacs de grains ou de farine sur plancher, ou d'un camion, si la distance est plus grande.

La brouette et ses similaires peut être employée lorsque la distance à parcourir est divisée en relais d'environ 3o^m, lorsque le terrain est horizontal, et de 2o^m seulement, lorsqu'il s'agit de former des remblais, les rampes étant réglées à o^m,o8 par mètre.

Le volume d'une brouette ordinaire, telle que celle qui est représentée ci-dessous, fig. 7, est compris ordinairement entre o^{m3},o3o et o^{m3},o5o correspondant à un

FIG. 7.

poids utile de 56 à 8o kilogrammes. Le poids de la brouette pouvant être évalué de 20 à 3o kilogrammes, le poids total à transporter varie entre 76 et 1 1o^k, et par suite le rapport entre la charge utile et la charge totale est de o,74 à o,73.

Cette première forme de brouette, connue sous le nom de brouette française, est souvent remplacée maintenant par une autre, la brouette anglaise à coffre, qui en diffère par une inclinaison assez considérable des parois qui permet le déchargement plus facile, et sans retourner complètement la brouette, comme dans la première disposition.

Cet outil est représenté fig. 8, page 14.

Comme dans l'exemple précédent, l'appareil se compose de deux brancards ou limons dont une des extrémités est saisie par l'homme de manière à exercer un effort vertical égal à une partie du poids à transporter et en même temps déplacer la charge horizontalement en faisant rouler sur le sol la roue porteuse unique de l'appareil, disposée en avant de l'appareil, et dont le moyeu tourne autour d'une tige cylindrique en fer reliant les deux brancards et maintenant leur écartement.

Par suite de la nécessité de maintenir à une assez

Fig. 8.

faible distance du sol le centre de gravité de la brouette chargée, par suite aussi de la position que doivent occuper les brancards pour être facilement saisis par l'ouvrier, la roue porteuse est toujours d'assez faible diamètre, environ $0^m.50$, et c'est pour diminuer, autant que possible, l'effort nécessaire pour obtenir le déplacement de la charge que l'on fait rouler la roue sur un chemin formé de planches, pour peu que le même trajet doive être répété un assez grand nombre de fois. S'il s'agit du transport des fourrages, la forme de l'instrument peut être celle de la fig. 9, dans laquelle deux bras inclinés fixés aux brancards sont distants à leurs parties supérieures d'une quantité suffisante pour y placer une ou plusieurs bottes de fourrages. S'il s'agit du transport de matières plus encombrantes, placées dans des baquets,

par exemple, l'engin de transport prend la forme représentée fig. 10. Le coffre des premiers appareils est complètement supprimé, et les deux brancards sont reliés, de
distance en distance, par un certain nombre de traverses,

FIG. 9.

sur l'ensemble desquelles il sera possible de disposer les
charges dont la plus grande partie devra reposer sur les
deux brancards.

FIG. 10.

Lorsqu'il s'agit de déplacer des sacs, on emploie de
préférence le diable, permettant de conserver au sac,
pendant son transport, une position à peu près verticale.

Il se compose de deux brancards recourbés à leurs
parties supérieure et inférieure, et réunis par une forte

ferrure venant reposer sur le plancher lorsque l'on abandonne l'appareil à lui-même, fig. 11.

Deux roues porteuses de très faible diamètre permettent le déplacement de cet engin qu'il suffit d'approcher du fardeau que l'on veut transporter, de manière à engager la ferrure sous le sac, puis d'incliner légèrement l'appareil pour que le sac soit légèrement soulevé du sol et puisse être transporté facilement d'un point à un autre du même magasin.

Fig. 11.

Pour l'empêcher de se déplacer, pendant la période de soulèvement de la charge, on agit, avec l'un des pieds, sur l'essieu des roues porteuses, ou bien sur une barre commandant un frein, dont se trouvent munies quelques-unes des dispositions de ces appareils, de construction récente.

Lorsque la distance est grande et, en même temps, lorsque la matière à transporter se trouve en quantité plus considérable, la brouette est remplacée par le camion, sorte de voiture à deux roues traînée au moyen de trois hommes et permettant de transporter 320 kilogrammes, à la fois, par relais de 100 mètres.

La voiture ayant un poids de 150 kilogrammes, le rapport du poids utile au poids total est plus considérable que dans les appareils de petites dimensions, sa valeur est égale à 0,68, dans cet exemple, nombre compris entre les valeurs limites que nous avons données, en ce qui concerne les voitures de plus grandes dimensions traînées par des animaux.

Tous ces appareils roulant sur la terre plus ou moins meuble, sur des chaussées empierrées ou pavées, exigent, pour leur déplacement sur le sol, des efforts de traction toujours assez considérables, dont il est toujours possible de déterminer l'importance, connaissant, d'une part, le poids brut à transporter, et d'autre part, le coefficient de traction t, résultant d'expériences nombreuses, et dont on peut toujours trouver très facilement la valeur, en consultant les traités spéciaux. Un même véhicule devant, le plus ordinairement, circuler sur différents terrains, plus ou moins facilement déformables, c'est évidemment pour le plus mauvais d'entre eux qu'il est nécessaire de déterminer la charge qui peut être facilement déplacée par un attelage déterminé.

Lorsque la culture de la betterave à sucre a pris une grande extension, il a fallu trouver les moyens d'aller chercher ces racines au lieu même de production, pour les amener à l'usine où devait s'opérer leur transformation.

Ces lourds charrois défonçaient les chemins et, pour les raisons déjà indiquées, chacun des véhicules, exigeant un attelage composé d'éléments plus ou moins nombreux et leur conducteur, ne pouvait servir au transport que d'une quantité assez limitée de matières.

C'est en se trouvant aux prises avec ces difficultés que M. Corbin, ancien élève de l'École Centrale des Arts et Manufactures, fabricant de sucre à Lizy-sur-Ourcq, a imaginé de remplacer le roulement des véhicules sur le sol naturel, par un déplacement sur de véritables rails portatifs, de manière qu'un homme puisse déplacer facilement, en terrain horizontal, une charge de 600 à 800 kilogrammes, répartie sur six ou huit wagonnets, ou qu'un cheval puisse traîner, toujours sur terrain horizontal, de 3000 à 5000 kilogrammes, répartis sur une trentaine de wagonnets de mêmes dimensions.

C'est en constituant les voies par de véritables échelles en bois, de 5ᵐ,3o de longueur, et venant se réunir les unes au bout des autres, pour former un chemin continu, en garnissant les longrines, formant les montants de l'échelle, d'un fer cornière ou d'un fer plat de faibles dimensions, pour obtenir un chemin de roulement, non déformable, qu'il est parvenu à obtenir un petit chemin de fer dont chacune des travées, de 5ᵐ,3o de longueur, ne pesait que 5o kilogrammes, pour une voie de oᵐ,68 de largeur. Il pouvait s'établir rapidement à travers champ, jusqu'au lieu de production de la betterave, en reliant ainsi le champ à la route voisine, ou mieux encore, en le reliant à l'usine même, devant transformer les produits de cette culture spéciale, obtenus sur une grande étendue de terrain, tout autour de l'usine qu'il s'agissait d'alimenter.

Les véhicules spéciaux employés par M. Corbin, à l'origine de ces chemins de fer portatifs, méritent d'être décrits, et les figures 12, 13 et 14, pages 19, 20 et 21, montrent les dispositions adoptées pour composer la voie et les véhicules devant rouler sur ce chemin improvisé.

Le nom de transporteur universel donné par M. Corbin, à ce système de transport, indique bien, par lui-même, le but que poursuivait cet ingénieur.

La figure 12 donne la forme générale de ce transporteur, tel que l'a établi M. Corbin.

Les rails sont formés de montants en bois, garnis à leur partie supérieure par des plates-bandes de fer, et reliés, de distance en distance, par des traverses. Cet ensemble est simplement posé sur le sol, et les éléments sont réunis les uns aux autres au moyen d'un étrier en tôle, dans lequel vient s'emboîter l'extrémité du montant suivant, qui y est assemblé au moyen d'une broche.

Sur ces rails portatifs ainsi formés viennent rouler

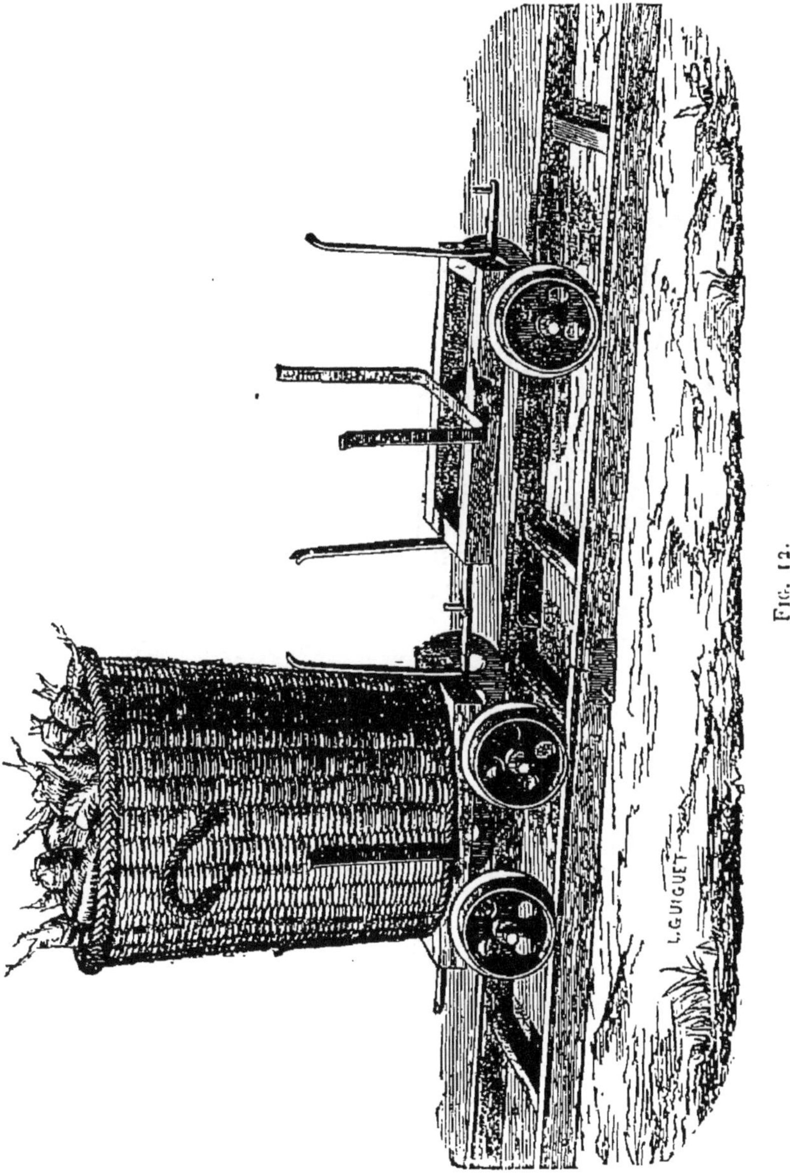

une série de wagonnets, dont le premier seulement est à

quatre roues porteuses, et les suivants à deux roues seulement, afin de conserver au train tout entier une mobilité très grande, lors de son passage dans des courbes de petit rayon.

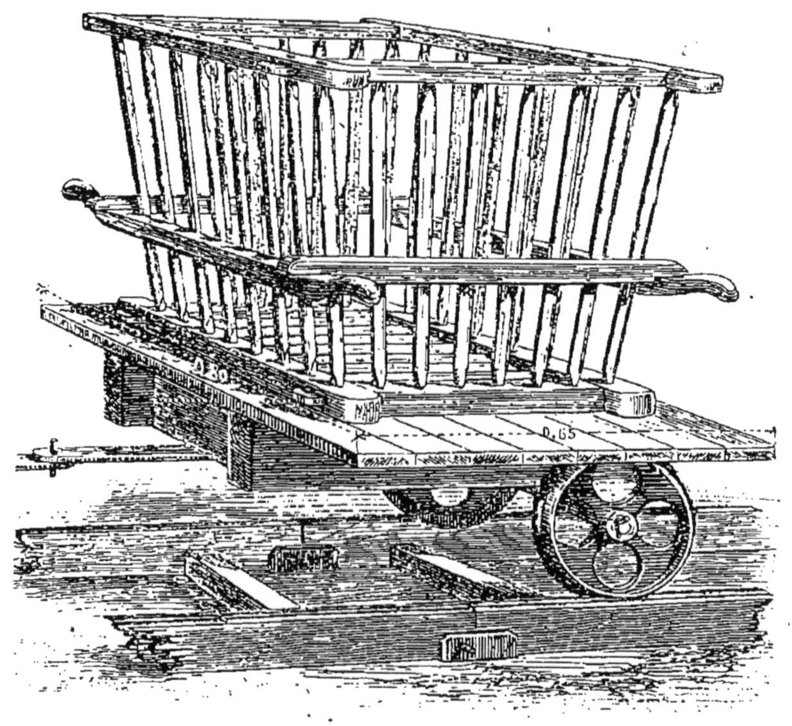

Fig. 13.

C'est sur les plates-formes de ces wagonnets que l'on dispose les paniers devant contenir les matières à transporter, des ferrures, fixées aux plates-formes, empêchent tout déplacement latéral pendant le transport.

Il suffit, à l'arrivée comme au départ, de remplacer ces paniers par d'autres, de même forme, pour que le train puisse repartir en sens inverse, sans arrêt appréciable. Un même matériel peut ainsi être utilisé pour transporter une plus grande quantité de matières que si l'on était obligé d'attendre le déchargement complet des

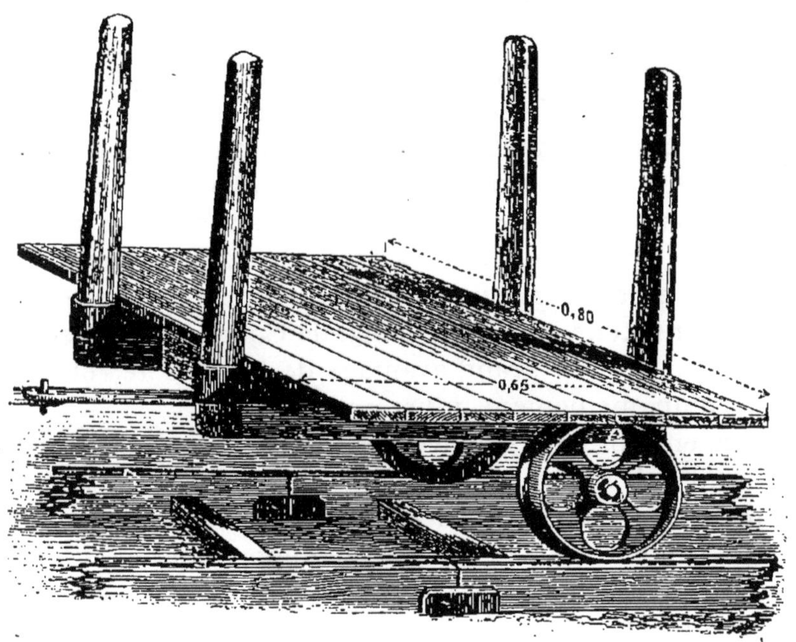

Fig. 14.

wagonnets, en les supposant surmontés de caisses attenantes aux wagonnets eux-mêmes.

Suivant la nature de la substance à transporter, la forme de la corbeille peut varier, et la figure 13 représente une disposition en forme de pyramide quadrangulaire, composée d'un cadre à claire-voie, à sa partie inférieure, venant reposer sur la plate-forme, de montants inclinés et d'un cadre supérieur, puis encore de barres horizontales terminées par des poignées et permettant de saisir la corbeille, pour la déposer sur le sol, ou la placer sur la plate-forme. Quelquefois, lorsqu'il s'agit du transport de matières encombrantes, on emploie une plate-forme munie de quatre ranchers en bois, entre lesquels on vient empiler les matériaux qu'il s'agit de transporter. (Fig. 14, page 21.)

M. Corbin, décédé en 1875, n'a pas pu voir l'énorme développement qu'ont pris ces chemins de fer portatifs, dont il avait eu l'idée première, et différents constructeurs se sont adonnés à leur construction, en en perfectionnant les types primitifs, en en rendant la construction plus mécanique, de manière à les constituer d'une manière plus solide et plus durable. La construction en fer et en acier a remplacé maintenant, presque complètement, celle en bois et métal de Corbin, qui présentait cependant le grand avantage de la légèreté, et par suite d'un maniement plus facile.

Les entrepreneurs de travaux publics emploient tous ce matériel, sur une grande échelle, mais il est juste de dire que la pratique agricole a bénéficié largement des perfectionnements qui y ont été apportés, et c'est à ce titre qu'il est utile de passer en revue les principales dispositions que présente maintenant ce matériel perfectionné.

En ce qui concerne la voie, les longrines en bois ont été remplacées par de véritables rails, en fer ou en acier, ayant, en section, celle d'un rail à patin, ou rail vignole, usité maintenant sur toutes nos grandes lignes de chemins de fer, mais de dimensions très réduites. Les traverses ont été remplacées par des pièces métalliques présentant différentes formes, suivant les constructeurs de ce petit matériel.

Enfin, le mode de réunion des différents éléments entre eux, pour former une voie continue, a été emprunté

également à nos grandes voies : c'est au moyen d'éclisses
que s'effectue cette jonction. La figure 15 ci-dessous
représente une voie portative, telle que la construit la
maison Paupier.

Les deux rails sont réunis par une traverse formée
d'un fer plat, recourbé, à la forge, à ses deux extrémités,
et venant recouvrir, en partie, le patin du rail ; puis deux
pièces, également en fer, et venant s'assembler sur la traverse, au moyen de boulons à têtes noyées, complètent
les assemblages, en maintenant ainsi les deux rails à un
écartement constant, dans toute la longueur de chacun
des éléments de la voie ainsi
constituée.

En faisant varier le poids
du rail de $4^k,5oo$ à $12^k,ooo$,
en fixant leur écartement de
$o^m,40$ à $1^m,oo$, il est possible,

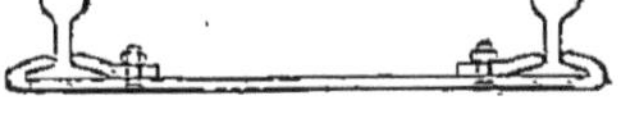

Fig. 15.

avec ces éléments, de constituer des voies permettant de
supporter des charges plus ou moins considérables, suivant l'application que l'on a en vue ; mais, dans les fermes, c'est aux plus petites voies que l'on a recours, l'écartement des deux rails, formant la voie, étant ordinairement de $o^m,40$, $o^m,5o$ ou $o^m,60$ au maximum.

La société Decauville aîné adopte une autre forme de
réunion des deux rails.

Une traverse T, en tôle d'acier, est emboutie, en son
milieu, de manière à présenter une grande rigidité, dans
le sens de sa longueur, et c'est aux deux extrémités de
cette traverse que l'on vient fixer les deux rails R, du
type vignole, au moyen de rivets r posés à froid.

Les figures 16 et 17, de la page 24, donnent la forme
de cette traverse, et la figure 16 montre, en plus, le mode
de réunion de cette pièce aux deux rails constituant
la voie du chemin de fer portatif.

Comme dans le système précédent, la voie est construite par éléments, de cinq mètres de longueur, composés de deux rails R réunis par six traverses T. Les rails portent, à leurs extrémités, les moyens d'assemblage avec les tronçons qui le suivent ou le précèdent.

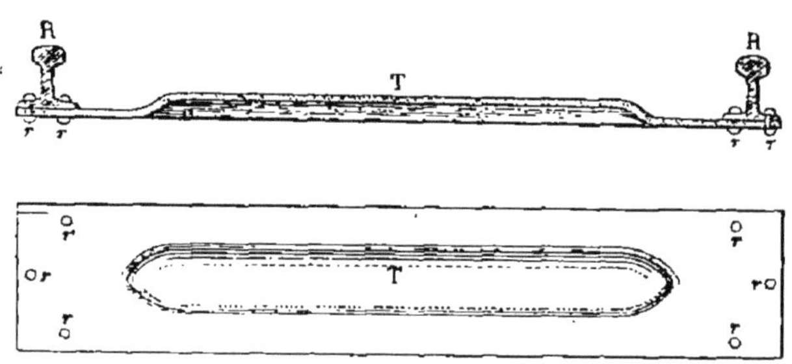

FIG. 16 et 17.

La figure 18 montre l'ensemble d'un de ces éléments. En *a*, extrémité de l'un des rails, se trouvent rivées, sur le rail même, deux éclisses destinées à venir enserrer le rail suivant. En *b*, extrémité opposée de l'autre rail, se

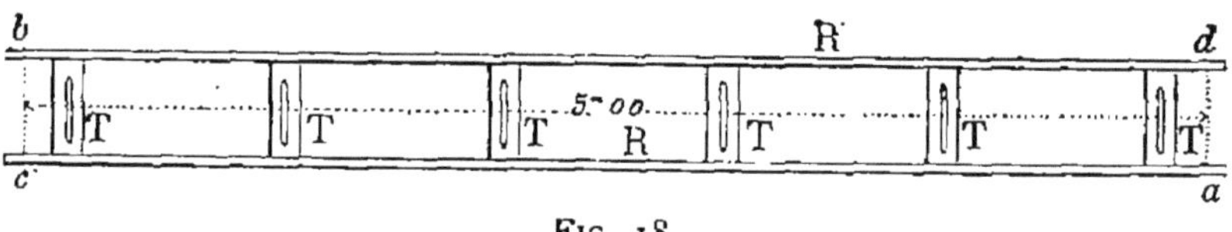

FIG. 18.

trouve la même disposition de deux éclisses venant enserrer le rail précédent. Enfin, en *c* et *d*, se trouvent des plaques en acier, fixées à la semelle du rail au moyen de rivets, et dépassant le rail de trois centimètres, sur lesquelles vient reposer l'about du rail correspondant, muni des éclisses déjà indiquées.

Il suffit d'un simple boulon, traversant à la fois le

rail et les deux éclisses, pour former l'assemblage de l'élément de voie avec les éléments déjà posés, et ainsi de suite sur toute la longueur de la voie que l'on veut établir.

Le poids de l'élément varie évidemment suivant sa longueur, le poids des rails au mètre courant, et aussi la largeur de la voie, et par suite la longueur des traverses, et l'on admet que pour les voies de $0^m,40$ et $0^m,50$, un seul homme peut manier et poser ces éléments, dont le poids est de 42^k, lorsque la longueur est de $4^m,00$. Si l'on veut aller plus vite, en employant des éléments de $5^m,00$ de longueur, leur poids, qui est alors de 53 kilogrammes, exige l'emploi de deux hommes qui seraient également nécessaires, mais suffisants, lorsque, au lieu de voies aussi étroites, on vient à poser des voies de $0^m,60$ à $0^m,75$ de largeur, avec rails de $7^k,00$, pesant 90 et 95 kilogramme par travées de $5^m,00$.

Par ces deux exemples, on voit que le matériel des voies de Corbin a été notablement modifié, en le rendant ainsi plus solide et plus durable; mais il est utile d'insister à nouveau sur les premières dispositions dues à cet inventeur qui avaient un caractère de simplicité et de mobilité que ne présentent plus, au même degré, ces constructions entièrement métalliques.

Dès que l'on était disposé à adopter la construction entièrement en fer et en acier, les systèmes d'aiguillage, de plaques tournantes, adoptés pour les voies normales de $1^m,50$, ont pu être appliqués à ces différents genres de chemins portatifs, en en simplifiant cependant la construction, et quelques constructeurs ont adopté simplement la plaque horizontale fixe, disposée à la rencontre de deux voies de directions perpendiculaires, par exemple, en réalisant ainsi une disposition que l'on rencontre fréquemment dans le système des voies de roulage des exploitations minières.

Le matériel roulant a aussi subi bien des transformations depuis l'idée première de Corbin, et au lieu du système à deux ou à quatre roues, dont nous avons donné quelques exemples, c'est le matériel entièrement métallique qui paraît prévaloir. Nous en indiquerons seulement deux exemples, représentés fig. 19, 20 et 21.

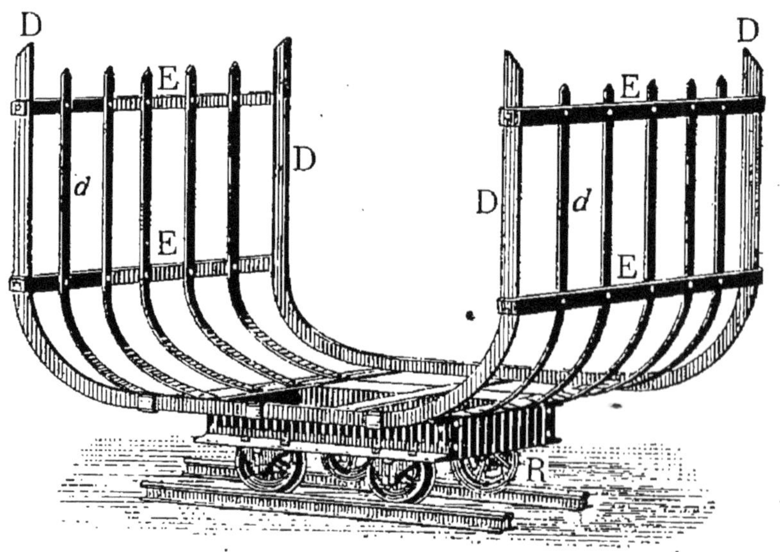

FIG. 19.

La figure 19 est le type employé par la société Decauville pour le transport des fourrages. Ces wagons corbeille peuvent, en effet, transporter facilement, d'un point à un autre d'une même exploitation, le foin ou la paille, soit en vrac, soit en bottes.

Les figures 20 et 21 représentent la disposition adoptée par ces mêmes constructeurs pour leurs wagons à bascule, employés maintenant, sur une très grande échelle, dans les divers travaux de terrassement.

L'ensemble de ces trois figures montre que le châssis
de wagon est toujours formé des mêmes éléments, quel
que soit le genre d'application que l'on a en vue. Ce
châssis C, entièrement métallique, est monté sur deux
essieux sur lesquels se trouvent calées des roues à boudin
R d'assez faible diamètre, et c'est sur ce châssis que l'on
vient assembler, soit les éléments D, E, *d*, d'une corbeille
en fer, s'il s'agit du transport du foin, pailles, maïs, can-

Fig. 20 et 21.

nes à sucre, fagots, etc., ou bien deux supports S, en
forme d'U renversé, portant à leurs parties supérieures
les chemins de roulement T de deux tourillons fixés à la
caisse mobile.

Dans la position de transport, chacun des tourillons
vient reposer sur les supports S, et la caisse A, complètement chargée, peut être transportée facilement d'un point
à un autre de la même voie. La fig. 20 représente le wagon à bascule dans cette position de chargement ou de
transport.

Il suffit, par un effort latéral, de faire basculer la caisse
à droite ou à gauche de la voie, à volonté, et de l'amener

ainsi dans la position de déversement, représentée fig. 21 de la page précédente.

Des feuilles de tôle recourbées B, et assemblées à cornières sur les parois de la caisse, empêchent que les tourillons et leurs chemins de roulement T ne se garnissent de terre, pendant le chargement ou le déchargement de ces appareils de transport.

En résumé, ce matériel de transport, composé d'une voie ordinairement de faible largeur, pouvant être installée rapidement, d'une façon provisoire ou définitive, et sur laquelle peuvent rouler des véhicules de différentes formes, suivant la nature de la matière à transporter, rend et est appelé à rendre de grands services dans les différentes opérations agricoles.

Son prix est relativement peu élevé, et son plus grand avantage est de pouvoir transporter, sur une voie non déformable, et par conséquent dans de meilleures conditions de traction, les différentes matières du champ à la ferme ou à l'usine, ou réciproquement.

En raison du mode de construction de la voie, en raison aussi de ce qu'elle reste ordinairement recouverte, au moins de place en place, de matières empruntées au sol environnant, il est prudent de ne compter que sur un coefficient de traction compris entre $\frac{1}{80}$ et $\frac{1}{100}$.

Connaissant donc le poids de la matière à transporter, celui des véhicules servant à ce transport, on pourra facilement en déduire la composition des trains, soit que l'on se serve, pour leur déplacement, de la force musculaire des hommes ou de celle des animaux de trait.

Si les chemins de fer portatifs ont été créés pour parer aux difficultés que l'on rencontrait dans l'approvisionnement des fabriques de sucre de matières premières, et si cette idée a donné naissance à deux types assez différents, le transporteur Corbin d'abord, le porteur Decauville ensuite, un nouveau mode de transport a pris également naissance lorsqu'il s'est agi d'alimenter ces grandes usines, exigeant le transport de grandes quantités de matières premières, pendant quelques mois seulement, représentant ce que l'on est convenu d'appeler la campagne sucrière.

Si l'on emploie des chevaux ou autres animaux de trait, pour ces charrois considérables, il faut s'en débarrasser, souvent d'une manière onéreuse, après chaque campagne, et reconstituer ces attelages environ huit mois plus tard, ou se condamner à nourrir ces animaux toute l'année, sans qu'ils puissent rendre de grands services pendant un laps de temps assez long.

Le transport, au moyen de locomotives routières à vapeur, a été proposé et employé, et nous consacrerons quelques pages de ce chapitre, concernant les transports agricoles, à en décrire quelques types, et à en indiquer les avantages et les inconvénients.

S'il était, en effet, possible de remplacer, au moins dans ces applications spéciales, la traction animale par la traction mécanique, il suffirait de remiser ces engins pendant la saison morte, en supprimant du même fait toute dépense autre que celle résultant des réparations nécessaires.

Ce serait, s'il était possible de s'exprimer ainsi, un cheval à l'écurie qui, une fois remisé, ne coûterait plus rien, et que l'on retrouverait, exactement dans le même état, à la campagne suivante.

C'est à Cugnot, officier de génie français, que l'on doit l'idée d'obtenir le transport de lourds fardeaux, au moyen de la vapeur, et en se servant des routes ordinaires. Contemporain de Watt, Cugnot inventa et réalisa le premier fardier à vapeur, qui est conservé religieusement au Conservatoire des arts et métiers, et l'on admire encore ces merveilleuses pièces de forge exécutées par Brézin, et qui constituaient, pour l'époque, de véritables tours de force.

En Angleterre, la question a été reprise beaucoup plus tard, en même temps que l'on s'occupait de la question du labourage à vapeur, et Fowler avait combiné son système de labourage, au moyen de sa charrue polysoc à bascule, avec l'emploi de deux véritables locomotives routières, disposées d'une manière un peu particulière, de manière à actionner le câble servant au déplacement de la charrue.

L'impossibilité dans laquelle on se trouvait de constituer utilement des attelages composés d'un nombre d'éléments suffisant pour traîner sur routes ordinaires de très lourdes charges, a contribué aussi à la création de ces nouveaux moyens de transport.

En Angleterre et en France, de nombreux constructeurs ont construit ces locomotives routières, et quelques-uns d'entre eux avaient même pensé, mais à tort, à les utiliser pour le transport des voyageurs.

La chaudière tubulaire, due à Seguin, qui avait déjà rendu de si grands services dans la construction des locomotives pour chemins de fer, a été tout naturellement adoptée dans la construction de ces engins; et la chaudière, de forme lenticulaire, de Cugnot, dont on ne pouvait alimenter le foyer qu'avec du charbon de bois, et pendant les arrêts, devait être repoussée immédiatement, comme n'étant pas possible pour la production d'une grande quantité de vapeur à haute pression.

C'est donc en employant une chaudière à faisceau tubulaire horizontal, en disposant, sur cette chaudière, le moteur devant actionner les roues porteuses, que l'on a pu constituer ainsi un certain nombre de types de ces locomotives routières.

Nous en donnerons deux exemples :
La figure 22 représente la locomotive de Lotz aîné,

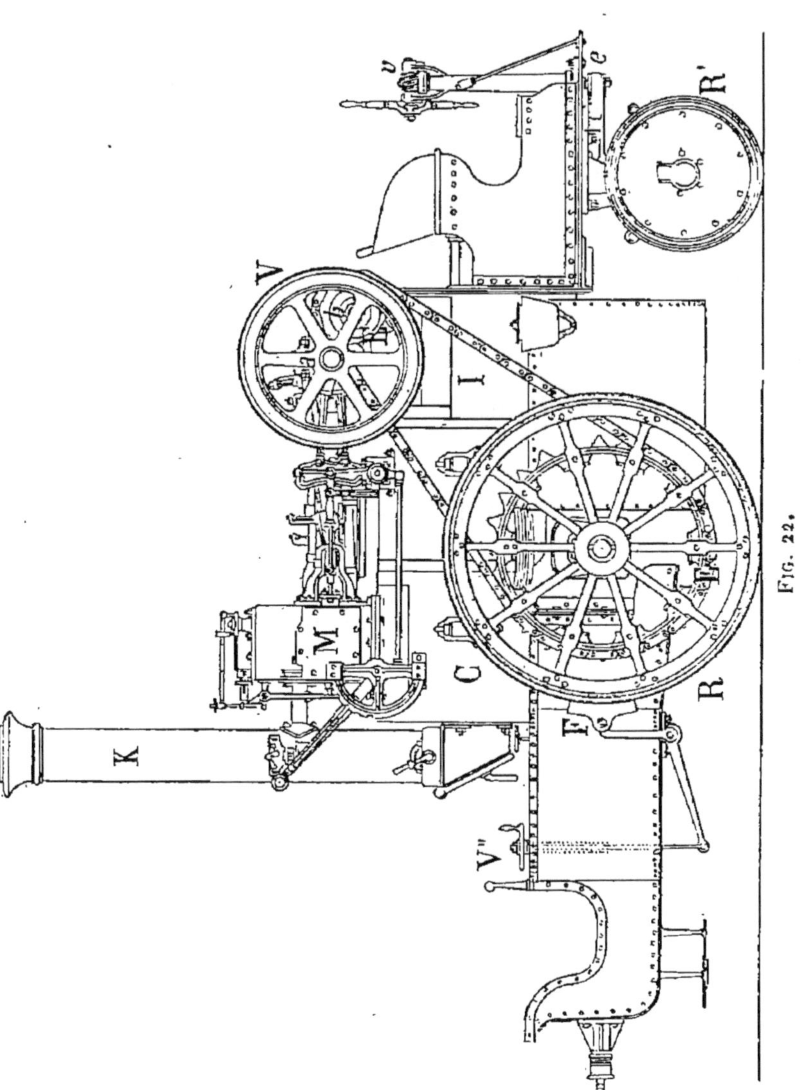

qui a été expérimentée à Paris, en 1867, dans différentes conditions de charges et de vitesses.

La figure 23 donne une vue perspective d'une locomotive routière d'Aveling et Porter, et la figure 24 montre la disposition employée pour réunir à la locomotive plusieurs chariots lourdement chargés, et permettant de transporter sur route, en terrain plat, ou en terrain plus ou moins accidenté, des charges assez considérables.

La locomotive routière de Lotz aîné était formée d'une chaudière C avec boîte à feu verticale, faisceau tubulaire horizontal et retour de flamme, de manière que les gaz brûlés puissent s'échapper par une cheminée verticale K, située au-dessus de la porte de chargement du foyer.

Le moteur était composé de deux cylindres logés dans le dôme de vapeur M, pour éviter, autant que possible, les déperditions de chaleur, et sur le dos de la chaudière se trouvaient établis les supports des différents organes composant une machine à vapeur à deux cylindres conjugués. Un volant de faible diamètre terminait l'arbre moteur à chaque extrémité.

Cet ensemble était porté par quatre roues ; les deux d'avant R' composant l'avant-train, les roues d'arrière R, étant les roues motrices, avaient $0^m,45$ de diamètre, et une largeur de $0^m,18$ chacune, afin de constituer de véritables rouleaux compresseurs, et d'obtenir, par suite de l'adhérence ainsi produite, un déplacement de tout l'appareil, dès que ces roues motrices venaient à tourner sous l'action du moteur à vapeur.

Par suite des inégalités du sol, de sa nature même, la locomotive routière serait rapidement détériorée si on ne prenait la précaution de la fixer sur le châssis fixe de la voiture au moyen de ressorts puissants ; mais l'emploi de ces ressorts, reconnus nécessaires, présentait une difficulté quant à la transmission du mouvement du moteur aux roues du véhicule. Pour parer à cette difficulté, la transmission, au lieu d'être formée d'organes rigides, comme dans les locomotives de nos chemins de fer, est toujours composée d'une chaîne I à larges maillons assemblés les uns aux autres, du genre des chaînes de Galle, réunissant ainsi, au moyen d'un lien flexible, un pignon E monté sur un axe b parallèle à l'arbre du moteur, à un engrenage E', de même denture, fixé à l'essieu des roues motrices.

Une disposition particulière d'embrayage permet de faire mouvoir, à volonté, soit les deux roues motrices, soit l'une d'elles seulement, suivant que l'on veut se mouvoir en ligne droite, tourner sur place, ou suivant une courbe de rayon plus ou moins considérable.

Enfin, pour pouvoir exercer des efforts plus ou moins considérables, tout en utilisant la même puissance mécanique, une transmission par engrenages, à vitesse variable, permet de faire tourner l'axe du pignon à des vitesses différentes.

En avant de la chaudière, se trouve le conducteur de l'appareil qui, assis sur un siège, peut changer la direction de l'essieu d'avant-train, au moyen d'un volant à manettes, d'une vis sans fin v, d'une roue à denture hélicoïdale, montée sur un axe vertical, d'un pignon e, fixé à l'autre extrémité de ce même axe, et d'une chaîne de Galle, attachée en deux points de l'essieu de l'avant-train.

Une plate-forme, disposée à l'arrière de la locomotive, permet au chauffeur-mécanicien de se trouver à portée du foyer de la chaudière, ainsi que des organes principaux de la machine. Un frein puissant F peut être actionné par le même ouvrier, au moyen d'un volant V'', et des soutes à eau et à charbon étaient aussi préparées, sur cette même plate-forme, de telle manière que la locomotive puisse porter, sur elle-même, un approvisionnement en eau et charbon de quelque importance.

Dans la disposition d'Aveling et Porter, représentée fig. 23, la chaudière est beaucoup plus longue et sans retour de flammes; la cheminée est par suite opposée au foyer, comme dans les locomotives des chemins de fer.

Tout le mécanisme moteur est supporté par le corps cylindrique M et se compose d'un seul cylindre à vapeur C, de la transmission ordinaire par tige de piston, bielle et arbre coudé *a*, sur lequel se trouvent disposés une poulie volant V et un pignon. Un arbre parallèle au premier est commandé par ce pignon, au moyen d'un engrenage, et le mouvement est donné aux roues motrices R par le même moyen que dans l'exemple précédent.

Pour augmenter l'adhérence des roues motrices sur le sol, on dispose, tout au pourtour de la jante, des plaques métalliques venant s'imprimer dans un sol mou, et permettant ainsi à la locomotive de trouver le point d'appui nécessaire pour traîner la charge.

Dans ce dernier type, les ressorts ordinaires ont été supprimés et remplacés par une garniture formée de pièces carrées, en caoutchouc, placées entre le bandage métallique et la jante de chaque roue motrice.

Comme dans l'exemple de la locomotive routière de Fowler, pour labourage à vapeur, représentée pages 112 et 113 du tome I, chaque roue peut être rendue indépendante de son essieu, au moyen d'une sorte de manivelle N venue de forge avec le moyeu de la roue et d'un maneton *n*, que l'on peut placer ou retirer du logement préparé dans une manivelle correspondante fixée à l'essieu. Une transmission par arbre incliné, vis sans fin *v*, roue à denture hélicoïdale *v'*, permet, au moyen d'une

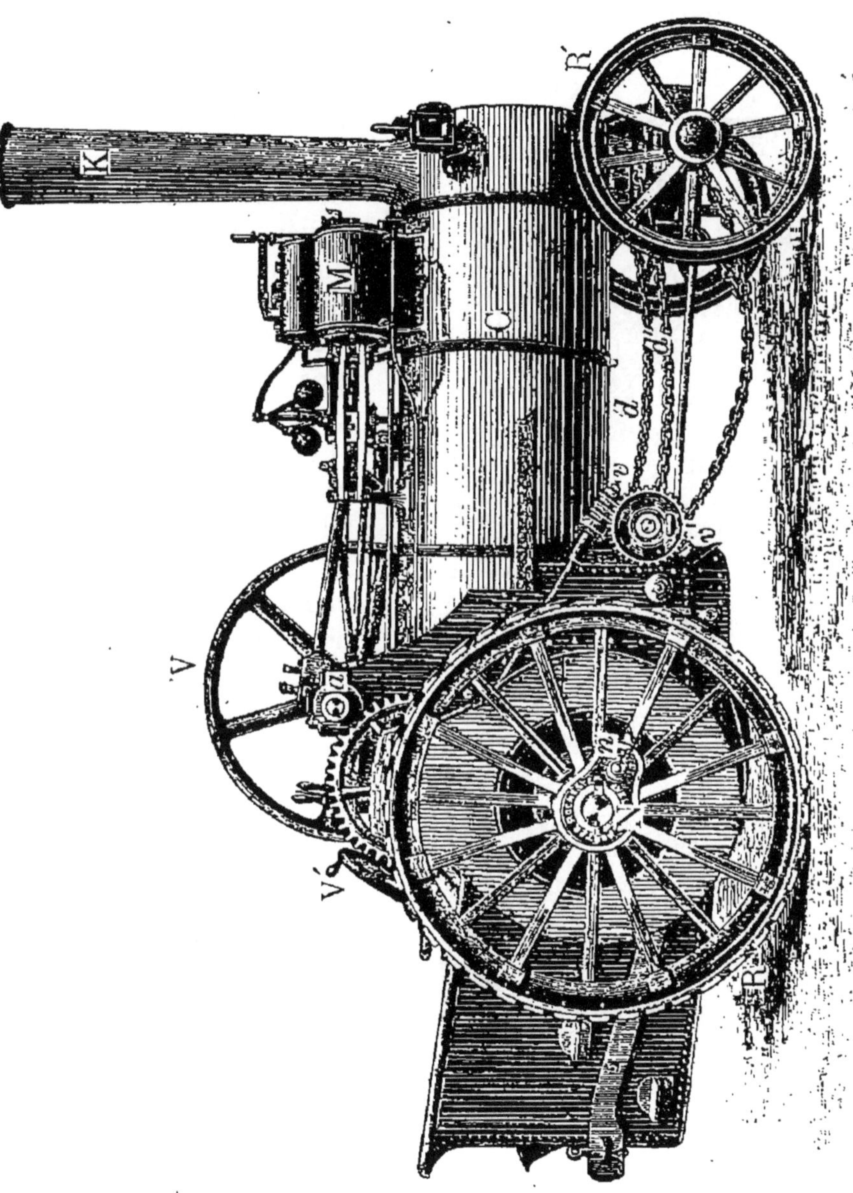

commande par volant à manettes V', d'actionner un treuil

à axe horizontal fixé en dessous de la chaudière sur

lequel se trouvent attachées deux chaînes *d, d'*, venant s'y enrouler en sens inverse, et dont les autres extrémités sont fixés à l'essieu de l'avant-train.

En attachant, à l'arrière de la locomotive, une série de chariots construits solidement, il est possible de constituer ainsi un véritable train, permettant de remorquer une charge pouvant être assez considérable, sur terrain horizontal, et à la condition de ne marcher qu'à une vitesse assez réduite. (Fig. 24.)

Si le chemin à suivre présente, en certains points, des rampes un peu accentuées, le même système peut encore être employé, à la condition de fractionner le train, et de franchir le point difficile, wagon par wagon, par exemple, au lieu

de remorquer le train tout entier, comme on le ferait
facilement en plaine.

Le poids de la locomotive et de son chargement, en
eau et charbon, étant toujours assez considérable, le
cœfficient t de traction étant assez élevé, lorsque l'on
traîne une charge sur routes ordinaires ($t = 0,05$), l'effort nécessaire pour traîner la locomotive elle-même est
toujours une fraction assez considérable de l'effort total
développé, de sorte que si l'on exagérait, quelque peu, la
vitesse de transport, tout le travail que pourrait développer le moteur serait dépensé par le déplacement de la
locomotive seule. Il faut donc rester bien en dessous
de cette vitesse limite, si l'on veut que la locomotive
routière puisse traîner de lourds fardeaux.

Un exemple va pouvoir servir à fixer cette limite.

Dans un des nombreux essais qu'il nous a été donné
de faire sur ces engins, une locomotive routière d'Aveling et Porter pesait, y compris son chargement (eau,
charbon, et hommes), 16 900 kilogrammes, et pouvait
développer une puissance disponible sur l'arbre de
28 chevaux-vapeur, mesurée à l'aide d'expériences si-
multanées au frein de Prony et à l'indicateur de pression.

Le travail correspondant par seconde était de :

$$28 \times 75 = 2100 \text{ kilogrammètres.}$$

L'effort horizontal qu'il fallait développer pour déplacer la locomotive est donné par :

$$16\,900 \times 0,05 = 845 \text{ kilogrammes.}$$

Et si l'on suppose, pour un instant, que tout le travail
développé par le moteur soit employé à son déplacement
sur le sol,

$$\frac{2\,100}{845} = 2^{\mathrm{m}}.4852$$

représentera la vitesse limite de déplacement, en supposant que les organes de transmission soient de nature à permettre un déplacement aussi rapide.

$2^{m},4852$ de vitesse, par seconde, correspond à un déplacement de

$$2,4852 \times 3600 = 8947^{m},$$

à l'heure.

On peut donc dire que le parcours maximum qu'une pareille machine puisse effectuer par heure serait un peu moins de 9 kilomètres.

Si donc on veut se servir utilement de ces engins, il faut se contenter d'une vitesse très réduite, que l'on peut estimer à environ 4 kilomètres à l'heure, si l'on veut que la moitié, au moins, de la puissance disponible puisse servir au transport de masses assez considérables, mais à vitesse réduite.

En admettant la vitesse de 4 kilomètres à l'heure et la puissance indiquée précédemment de 28 chevaux-vapeur, la charge traînée, à cette vitesse, serait égale à :

$$\frac{2\ 100 \times 3\ 600}{4\ 000} \times \frac{1}{0.05} - 16\ 900$$

$$= \frac{7\ 560\ 000}{200} - 16\ 900 = 27\ 800 \text{ kilogrammes.}$$

Soit environ 28 tonnes (y compris le poids du matériel roulant) que l'on pourrait transporter à cette petite vitesse.

Il est donc possible de transporter, par procédés entièrement mécaniques, de lourdes charges, à petite vitesse, et ce moyen est fréquemment employé en Angleterre, mais moins souvent en France, malgré tous les efforts que de nombreux constructeurs français ont faits pour en généraliser l'emploi.

Quant au transport à grande vitesse, des voyageurs par exemple, il n'y faut pas songer, et l'on y a complètement renoncé, à moins de constituer des voitures légères, à traction mécanique, portant quelques personnes seulement, ainsi que le moteur et son approvisionnement.

Lorsque l'on emploie la vapeur pour la mise en mouvement de ces locomotives, la question de l'alimentation ne laisse pas que de présenter quelques difficultés. Les soutes à eau ne peuvent jamais contenir toute la quantité d'eau nécessaire pour un parcours complet, pour peu qu'il soit de quelque étendue, et il devient utile de se préoccuper des moyens d'alimentation, lorsqu'on veut organiser un service régulier quelque peu important.

Dans toutes les opérations agricoles, les questions s'enchaînent les unes aux autres, et il serait peu logique de penser aux questions de transports par moyens entièrement mécaniques, si l'on voulait continuer à labourer et récolter en employant des méthodes exigeant un plus ou moins grand nombre de bêtes de trait, dans chaque exploitation. Le jour où leur nombre pourra diminuer, par suite de l'emploi d'engins plus mécaniques, les transports par moyens mécaniques s'imposeront également, et sans pouvoir prévoir l'avenir réservé à cette question, il nous a paru utile de nous y étendre un peu longuement.

Nous ne mentionnerons que pour mémoire les moyens que l'on peut encore employer pour franchir une distance plus ou moins considérable, sans utiliser le sol comme voie de roulage.

En disposant, par exemple, un câble de position fixe et assez fortement tendu, on peut s'en servir comme d'un chemin aérien, sur lequel peuvent rouler des poulies à gorge, dont les chapes servent de point d'attache à des bennes, que l'on peut ainsi déplacer.

En employant un câble se déplaçant sur un ensemble formé de deux grandes poulies horizontales et de galets de support, tournant librement autour d'axes horizontaux, et en suspendant des bennes, en différents points de ce câble, il sera facile de déplacer celles-ci, d'un point à un autre de l'exploitation, et dans le système Hogson, par exemple, des dispositions très ingénieuses ont pour but l'arrêt ou la mise en marche des bennes, à chacune des extrémités du parcours.

On a cherché aussi à disposer, à proximité du champ de culture, des râperies permettant la préparation, sur place, du liquide pâteux formé par les tubercules ou racines, et que l'on doit ensuite traiter à l'usine, puis à réunir un certain nombre de ces ateliers préparatoires à l'usine principale, au moyen d'une conduite fermée disposée dans le sol, et dans laquelle on refoulait la matière incomplètement préparée.

Mais ces trois derniers procédés de transport exigent toujours une assez grande dépense de première installation, et ne présentent pas la mobilité nécessaire qui est l'avantage principal des diverses autres solutions indiquées dans ce chapitre.

CHAPITRE II.

Les différentes opérations que l'on doit effectuer à l'intérieur d'une ferme exigent, presque toutes, une certaine quantité de travail mécanique que l'agriculteur peut se procurer, soit en utilisant, pour le produire, la puissance musculaire de l'homme et des animaux, soit en ayant recours à l'emploi de moteurs inanimés, dont le type le plus répandu, en agriculture, est le moteur à vapeur, sous la forme locomobile.

Utilisation de la puissance musculaire de l'homme et des animaux. — Pour les raisons que nous avons eu l'occasion d'indiquer déjà, à différentes reprises, l'emploi de l'homme, comme producteur de travail mécanique, tend à se restreindre de plus en plus, et, d'une manière assez générale, on ne lui demande plus qu'à diriger l'opération que l'on a en vue, au lieu d'y contribuer, en dépensant, en même temps, une certaine quantité d'énergie.

Le travail qu'un homme peut développer, d'une manière continue, est d'ailleurs assez faible et ne peut être, par suite, utilisé que dans des cas bien spéciaux.

Le cheval au manège peut développer, par unité de temps, un travail plus considérable, mais là encore, on se trouve souvent arrêté, dans les applications, par ce fait que la machine opératoire exige un travail mécanique qui ne pourrait être développé que par un nombre d'unités supérieur à celui que l'on peut disposer, à la fois, sur un même manège.

La locomobile à vapeur peut, au contraire, sous un volume restreint, développer une puissance bien supérieure, et suffisante pour satisfaire aux divers besoins d'une ferme, même de grande importance, et son emploi se généralise de plus en plus.

Utilisation de la puissance de l'homme. — L'homme peut développer un certain travail mécanique, en agissant, soit sur une manivelle, soit sur une pédale, soit sur un cabestan, de manière à déterminer la rotation d'un arbre horizontal ou vertical. Dans d'autres applications, le battage au fléau, la manœuvre d'une pompe, le transport vertical, et à dos, d'un fardeau, par exemple, il développe aussi une certaine puissance mécanique que l'on peut utiliser ainsi plus ou moins directement.

Dans ce chapitre, nous ne nous occuperons que de la mise en mouvement d'un arbre tournant sur lui-même, et faisant partie, ou non, de la machine opératoire.

Emploi de la manivelle. — La manivelle se compose d'un bras, ordinairement en fonte ou en fer, terminé, à l'une de ses extrémités, par un moyeu entourant l'arbre, et à l'autre extrémité, par un bras horizontal, dénommé *soie* de la manivelle.

Pour qu'un homme, de taille moyenne, puisse agir, sans trop de fatigue, sur la soie de la manivelle, il faut que l'arbre sur lequel la manivelle est montée soit à environ $0^m,80$ du sol, ou du plancher portant l'ouvrier, et que, de plus, le rayon de la manivelle, c'est-à-dire la distance qui sépare la soie de l'arbre, soit comprise entre 0ᵐ,35 et 0ᵐ,40.

Le chemin parcouru par le point d'application de l'effort, c'est-à-dire par le centre de la soie, doit être d'environ 0ᵐ,75 par seconde, et l'effort moyen qu'un homme peut développer dans un travail continu, de plusieurs heures, par exemple, peut être estimé à 8 kilogrammes seulement.

Si donc l'on multiplie le nombre représentant la vitesse, 0.75, par le nombre représentant l'effort moyen, 8, on trouve :

$$0,75 \times 8,00 = 6 \text{ kilogrammètres}$$

représentant le travail normal qu'un homme peut développer, par seconde, en agissant sur une manivelle.

Comme il est difficile de faire agir plus de deux hommes sur une même manivelle, et comme un seul de ces intermédiaires peut être placé à chacune des extrémités d'un même arbre, il est difficile d'admettre qu'une machine opératoire quelconque exigeant plus de

$$8 \times 4 = 24 \text{ kilogrammètres}$$

pour sa mise en mouvement, à sa vitesse normale, puisse être actionnée, avec quelque continuité, par des hommes agissant sur deux manivelles de commande.

S'il s'agissait d'un travail momentané, devant être soutenu pendant quelques minutes seulement, l'homme est capable de produire un travail beaucoup plus considérable, et il n'est pas rare de trouver des tourneurs de roues qui peuvent produire jusqu'à 20 kilogrammètres par seconde, soit plus de trois fois le travail normal.

Il est donc, pour ainsi dire, impossible d'évaluer,

même grossièrement, le travail résistant exigé d'une machine opératoire quelconque, en essayant de la mettre en mouvement, pendant quelques instants, par un nombre d'hommes déterminé, le travail que chacun d'eux peut développer pouvant varier dans les limites par trop étendues.

A côté de ce premier inconvénient, résultant du faible travail mécanique que peut développer chaque homme de manœuvre, s'en trouve un autre résidant dans la vitesse du point d'application de l'effort.

En admettant une vitesse de $0^m,75$, par seconde, et un rayon moyen de $0^m,375$, correspondant à une circonférence de longueur égale à $2^m,40$, le nombre de tours d'un arbre actionné par la main de l'homme serait, par minute, de

$$\frac{0.75 \times 60}{2.40} = 18^t.75.$$

et dans la plupart des cas, il faut employer des organes accélérateurs de mouvement, de diverses natures, pour arriver à donner à l'arbre principal de la machine opératoire, la vitesse angulaire nécessaire, pour l'opération que l'on a en vue.

Si, malgré ces inconvénients multiples, on est conduit à actionner, au moyen d'un ou plusieurs hommes, de petites machines opératoires, il est utile, toutes les fois que deux manivelles seront nécessaires, sur un même arbre, de placer ces manivelles à 180 degrés, l'une par rapport à l'autre, de manière que le travail transmis à l'arbre, à chaque instant de sa rotation, soit aussi constant que possible. La figure 25, ci-contre, indique la disposition de deux manivelles montées aux extrémités d'un même arbre horizontal.

Emploi de la pédale. — L on a essayé, à différentes reprises, de substituer à l'action des mains de l'homme sur les manivelles, l'action de ses pieds sur une pédale, en prétendant que ce second mode d'action était préférable, au point de vue du travail qu'il pouvait développer, quelquefois même on a cherché à combiner ces deux actions pour mettre en mouvement un même arbre de rotation.

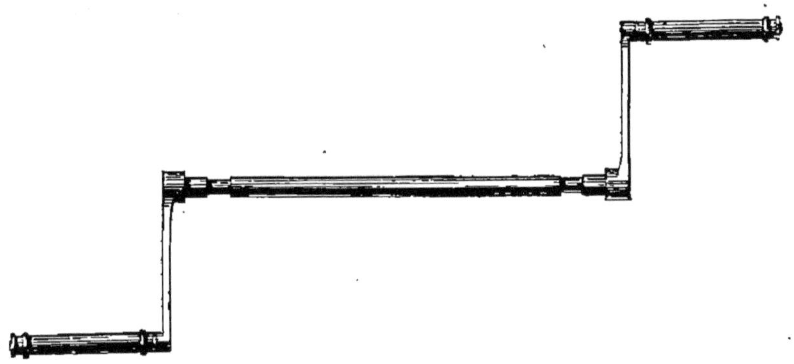

Fig. 25.

Des expériences nombreuses, répétées à différentes époques, ont toujours montré que ces divers procédés étaient équivalents, quant au travail que l'homme peut développer d'une manière continue, et il n'en pouvait être autrement, puisque le travail mécanique ainsi produit ne peut être que la représentation, sous une forme différente, de la ration alimentaire de l'homme ; qu'il agisse au moyen de ses pieds ou de ses mains, il développera toujours la même énergie, qui sera fonction de la quantité de nourriture qu'il aura absorbée, pour réparer ses forces, et se tenir en bon état d'entretien.

Si, au lieu d'agir sur une manivelle ou une pédale, l'homme agissait sur une roue à chevilles, dont la roue pénitencière, encore en usage dans certains pays, n'est qu'une des formes, si l'homme agissait, en se déplaçant lui-même, sur l'une des flèches d'un cabestan, ou treuil vertical, on pourrait recueillir ainsi une quantité de travail un peu plus considérable; mais ces intermédiaires sont excessivement encombrants, et de tous ces moyens que l'on peut employer, pour utiliser la force musculaire de l'homme, c'est encore à la manivelle que l'on a recours, lorsque la machine opératoire peut être mise en mouvement pour une dépense de travail mécanique toujours assez faible.

En admettant qu'un homme puisse travailler, d'une manière continue, pendant 8 heures, le travail journalier qu'il pourra produire sera égal à

$$6 \times 3600 \times 8 = 172800 \text{ klgm}$$

soit, en nombre rond, 173000 kilogrammètres.

Utilisation de la puissance musculaire des animaux de trait. — Lorsque le travail mécanique que l'on veut utiliser dépasse celui que l'on peut obtenir, par l'action simultanée de quatre hommes, sur un arbre à manivelles, lorsque l'on veut réserver à l'homme la direction de l'opération, l'emploi des animaux s'impose, à moins que l'on ait à sa disposition un moteur inanimé de puissance suffisante.

Si le travail à développer est encore assez faible, on peut employer, pour le produire, des animaux de petite taille, le chien, par exemple, en l'obligeant à se déplacer dans un tambour cylindrique creux, monté sur l'axe horizontal qu'il s'agit de faire mouvoir. C'est ainsi que dans les ateliers de cloutiers, le soufflet de la forge est souvent mis en action.

Manèges à axe vertical. — Lorsque le travail exigé est plus considérable, ce sont des animaux de plus grande taille qu'il faut employer. Le cheval, attelé au manège, peut ainsi développer une assez grande quantité de travail, que l'on évalue à environ 3o kilogrammètres, mesurés sur l'axe qu'il s'agit de faire mouvoir.

En admettant, que l'on puisse atteler, à la fois, quatre chevaux au même manège, c'est donc

$$4 \times 3o = 12o \text{ kilogrammètres}$$

que l'on peut ainsi utiliser, et ce seul exemple montre tout l'avantage de l'emploi des chevaux au manège, comparé à l'action de l'homme sur une manivelle.

Les seuls inconvénients qui résultent de l'emploi des manèges à axes verticaux sont l'encombrement produit par le manège et la vitesse toujours assez faible de son axe, nous allons nous en rendre compte en décrivant les différents genres de manèges, ainsi que les modes d'attelage des chevaux à ces appareils.

Le cheval éprouvant de grandes difficultés à décrire une circonférence de faible rayon, on est conduit à ne pas abaisser le rayon d'un manège au-dessous de $2^m,5o$. Pour lui donner même une plus grande liberté d'allures, le rayon varie ordinairement entre $3^m,5o$ et $4^m,oo$, et comme le cheval ne peut circuler sur la piste circulaire qu'aux deux allures du pas ordinaire ou du pas allongé, correspondant à des vitesses par seconde de $o^m,9o$ et $1^m,4o$, il est facile d'en déduire le nombre de tours qu'il pourra faire par minute, par exemple, en divisant le parcours, par minute, par la longueur de la piste circulaire, soit une circonférence complète. On trouve ainsi :

$$\frac{0.90 \times 60}{2\pi \times 3.50} = 0.90 \times \frac{60}{21.99} = 0.90 \times 2.729 = 2^{t}.46$$

et

$$\frac{1.40 \times 60}{2\pi \times 3.50} = 1.40 \times \frac{60}{21.99} = 1.40 \times 2.729 = 3^{t}.82$$

en supposant, dans chaque cas, que le rayon du manège est pris égal à 3^{m},50.

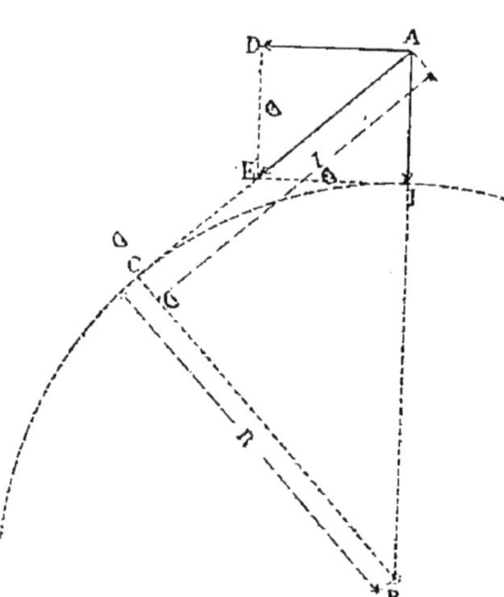

Fig. 26.

Ces nombres sont beaucoup trop faibles pour pouvoir servir, en pratique, et l'on est obligé de compliquer les transmissions, pour donner à l'arbre de couche un nombre de tours suffisant pour qu'il soit facilement utilisable.

Une partie notable de l'effort exercé par le cheval n'est pas utilisée pour produire du travail mécanique, en adoptant certains modes d'attelages.

En supposant que le cheval soit attaché à l'extrémité A d'une flèche A B, fig. 26, il faut s'arranger pour que la succession des positions des pieds de devant du cheval soit sur une même circonférence, par la raison que l'avant du cheval tourne moins facilement que l'arrière-train.

La ligne AC, passant par l'axe du cheval, sera donc

une tangente à cette circonférence, et cette ligne AC fera avec AB un angle dont la valeur doit varier avec la longueur de l'attelage.

L'effort développé par le cheval, dirigé suivant AE, pourra, par suite, être considéré comme la résultante de deux autres forces, agissant au même point A, mais ayant les directions AD et AB.

La force AI, dirigée suivant la flèche, ne sert qu'à comprimer cette pièce dans le sens de sa longueur, la force AD, de direction perpendiculaire à la flèche, est la force réellement agissante. Plus on diminuera la valeur de la force AI, par rapport à AD, plus on utilisera complètement la force musculaire du cheval attelé au manège.

En représentant par les longueurs AE, AD, AI, les trois forces appliquées au même point A, et en faisant remarquer que les triangles AEI et ABC sont semblables, on peut écrire :

$$\frac{EI}{AI} = \frac{BC}{AC}$$

ou encore

$$\frac{F'}{F''} = \frac{R}{l} \ (1)$$

en désignant :

> par F′ la longueur EI, ou son égale, AD,
> par F″ la composante AI,
> par l la longueur de l'attelage et du cheval, AC,
> par R le rayon du manège, BC.

De la proportion (1) on tire :

$$F'' = F' \times \frac{R}{l}$$

Valeur d'autant plus faible que l sera petit.

Il y a donc utilité, dans les manèges, à n'employer que des chevaux trapus, et à diminuer, autant que possible, la longueur de l'attelage.

Il faut donc commencer par examiner les conditions de l'attelage, avant d'étudier les diverses parties constitutives d'un manège à axe vertical.

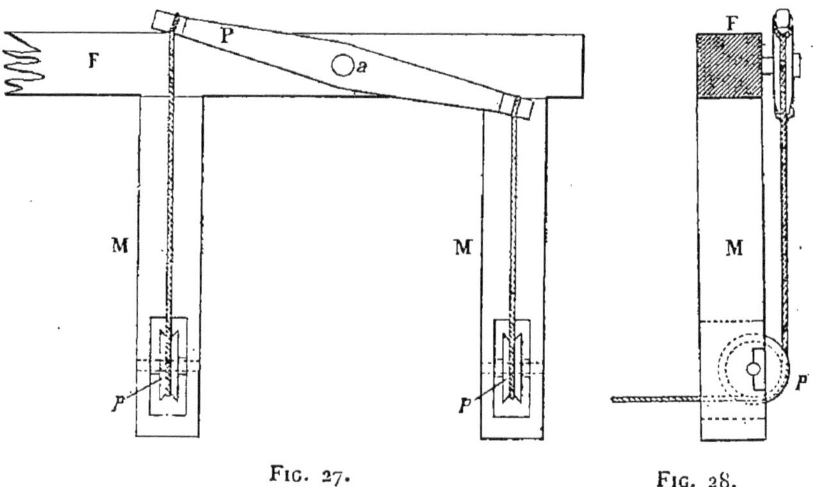

FIG. 27.   FIG. 28.

L'attelage par palonnier simple, le plus employé, est le plus défectueux, en ce sens que sa longueur l atteint la valeur maximum. L'attelage par arcade fixe ou mobile réduit de beaucoup cette longueur, le cheval agit alors directement par son collier, mais se trouve gêné, et n'agit plus, dès lors, avec l'énergie qu'il pourrait développer, si ses allures étaient plus libres.

Enfin, l'on peut encore se servir d'une arcade fixe et d'un palonnier, en lui permettant d'osciller dans un plan vertical, et en composant ce mode d'attelage comme l'indiquent les figures 27 et 28 ci-dessus.

Les traits en corde, attachés au collier du cheval, viennent passer sur des poulies à gorge à axes horizontaux p, disposées dans les montants verticaux M de l'arcade fixe, pour se diriger ensuite verticalement, et venir s'attacher aux extrémités d'un palonnier P, oscillant autour d'un axe horizontal a, fixé sur une des faces verticales de la flèche.

Le cheval est alors complètement libre de ses mouvements, et la partie horizontale des traits peut être d'une longueur aussi faible que possible.

Cette disposition, très bonne en principe, ne peut être adoptée que dans le cas de manèges à flèches hautes, et c'est pour cette raison qu'elle est peu employée, la plupart des manèges construits actuellement affectant la forme portative ou locomobile.

S'il s'agit de commander un arbre situé à fleur du sol, le manège peut être disposé comme l'indique la figure 29, page 52, qui représente le type construit par M. Albaret. Dans ce manège, l'arbre AA' porte, à sa partie supérieure, le tourteau en fonte T, dans lequel sont implantées les flèches F, et, en dessous du support en arcades S'S", un grand engrenage E. L'arbre de couche B, qu'il s'agit de mettre en mouvement, porte, en D, un autre engrenage conique, et des précautions sont prises, dans cet appareil, pour que l'engrènement de ces deux organes de transmission se produise toujours dans les mêmes conditions. A cet effet, un galet G, représenté à part, fig. 30, page 53, agit constamment sur le dos de l'engrenage E, pour que sa denture occupe toujours la même position par rapport à D.

La crapaudine C de l'arbre AA' peut être soulevée ou abaissée, au moyen de vis V venant s'appuyer sur la base S du bâti du manège. L'arbre B est quelquefois logé dans une rigole préparée à la surface du sol, ou

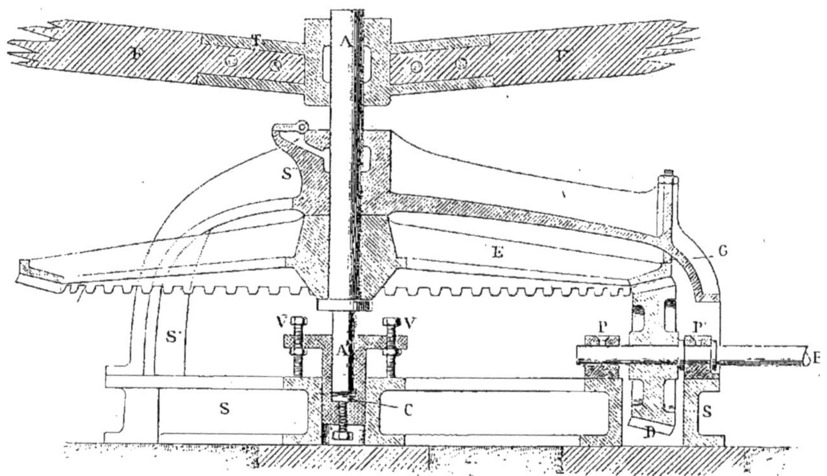

Fig. 29.

bien cet arbre est placé au niveau du sol, et la piste circulaire du manège se trouve ainsi interrompue. Pour éviter que les chevaux viennent rencontrer cet arbre en mouvement, on emploie un plancher de faible largeur, en formant ce plancher de deux parties disposées en dos d'âne, pour laisser passer librement, au-dessous de lui, l'arbre qu'il s'agit de protéger.

Le plus souvent maintenant la transmission s'effectue, du manège à la machine opératoire, par le moyen d'une courroie, tordue, droite, ou croisée, disposée à une hauteur suffisante pour ne pas gêner les mouvements du cheval.

Le type du manège dit à colonne peut être employé, et la figure 31, page 54, en indique la disposition principale, cet appareil étant disposé pour mettre en mouvement une machine à battre simple, du genre des batteuses en long.

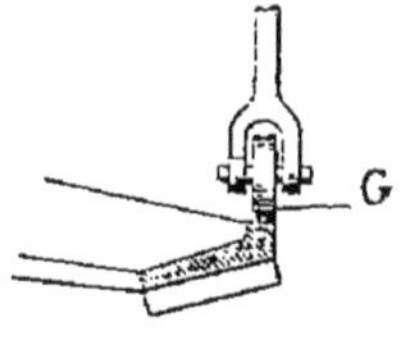

Fig. 30.

En A se trouve le manège, terminé à sa partie supérieure par une poulie horizontale entourée par une courroie tordue B.

En F, cette même courroie communique son mouvement à un arbre intermédiaire, situé sur le bâti de la machine à battre C, de manière à donner à l'organe principal de cette machine, le batteur, un mouvement de rotation assez rapide.

Cette disposition, due à M. Pinet, s'est répandue assez rapidement dans les petites exploitations, là où l'emploi de la locomobile n'a pas été introduit encore.

Cette transmission par courroie tordue présente quelques difficultés d'installation pour que la courroie tienne bien en place sur les poulies, et l'on préfère maintenant une disposition de manège dans laquelle

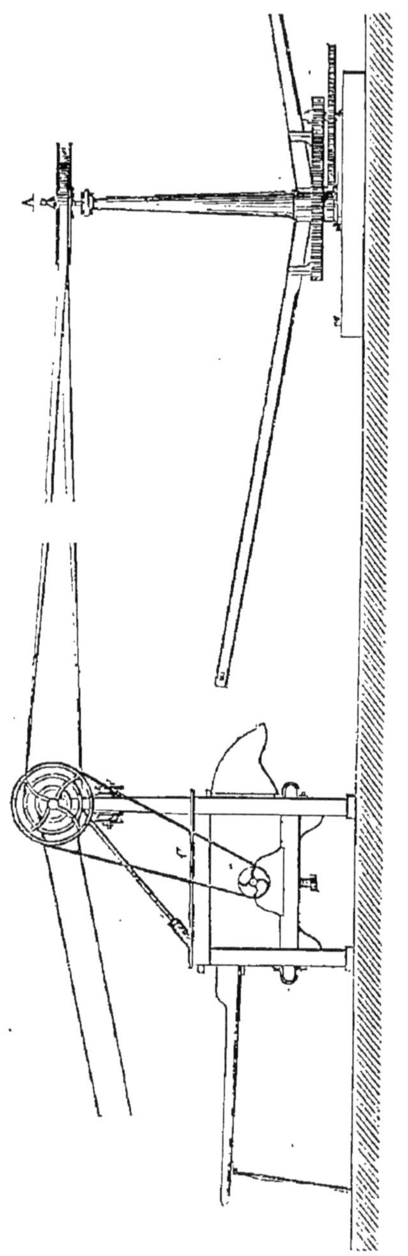

FIG. 31.

la poulie horizontale est supprimée et est remplacée par une ou deux poulies verticales.

La figure 32 donne, en coupe verticale, la disposition de ce type de manège.

Sur une semelle en charpente que l'on vient attacher au sol, au moyen de crampons, se trouve fixée une colonne verticale S, terminée, vers sa base, par une couronne circulaire, sur laquelle tourne librement le moyeu d'un grand engrenage E, servant de tourteau porte-flèches aux flèches F du manège. Des boulons, *b*, réunissent les flèches à l'engrenage E, et ces boulons sont terminés, en *a*, par des anneaux dans lesquels passent l'une des extrémités de perches, en bois léger, venant s'attacher au

mors du cheval, et l'obligeant ainsi à décrire une circonférence.

L'engrenage E, entraîné par les flèches F, au moyen

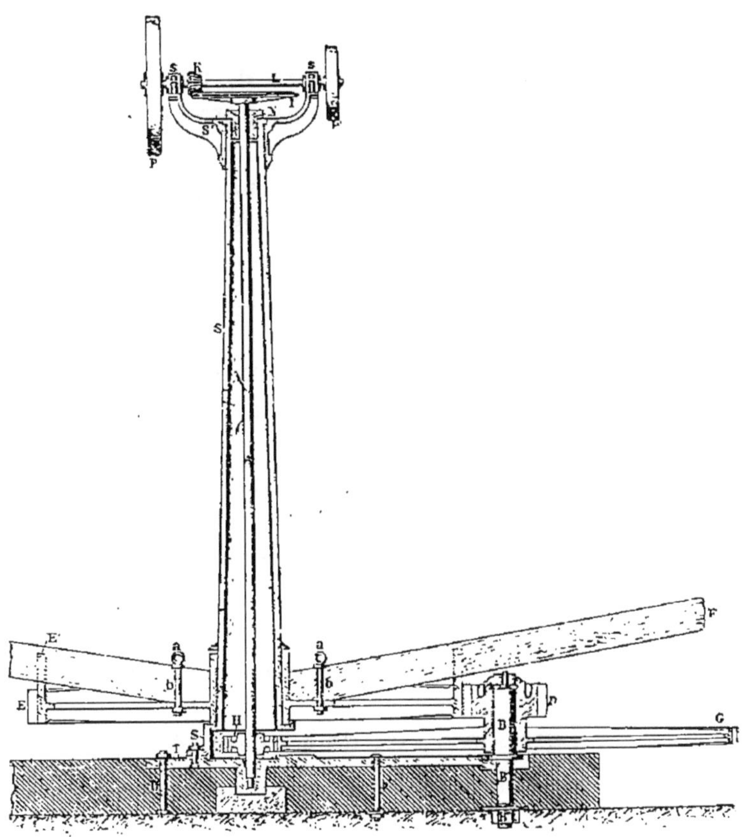

Fig. 32.

de parties E' venues de fonte avec lui, engrène avec un
pignon D monté sur un arbre vertical B, fixé, en B',
dans la charpente fixe. Ce pignon D fait corps avec un
grand engrenage G, donnant le mouvement, à son tour,

à un deuxième pignon H calé à la partie inférieure d'un arbre vertical A.

Enfin, cet arbre, guidé verticalement par une crapaudine A′ et par un coussinet N, porte, à sa partie supérieure, un engrenage conique I donnant le mouvement à un pignon conique K monté sur l'arbre horizontal L.

Cet arbre L, maintenu horizontal par une arcade renversée S′, fixée à la colonne S, porte deux poulies P et P′ permettant de commander, à l'aide de deux courroies distinctes, plusieurs machines opératoires.

On obtient, de cette façon, une vitesse suffisante pour l'arbre L, la rapidité du mouvement primitif étant amplifiée par l'emploi des six engrenages composant la transmission.

Pour permettre le contact des deux engrenages G et H, une fenêtre, de faible hauteur, est ménagée à la base de la colonne.

Si l'on veut que le manège soit plus portatif, il suffit de disposer, aux extrémités de l'une des pièces de la charpente précédente, les fusées de deux roues porteuses que l'on enlève lorsque l'on est arrivé à destination, ou bien d'employer un véritable châssis de voiture, monté sur quatre roues, pour avoir à sa disposition un appareil locomobile.

Le manège à grande vitesse de M. Creuzé des Roches, représenté, en vue perspective (fig. 33), peut-être rangé dans cette classe des manèges locomobiles.

Sur le châssis de la voiture se trouve fixé un bâti vertical, portant, près de sa base, une partie cylindrique sur laquelle vient glisser le moyeu d'un premier engrenage conique, venu de fonte avec le tourteau porte-flèches.

Un premier arbre horizontal porte un pignon conique et, à son extrémité, un engrenage ordinaire.

Deux axes, également horizontaux, portent pignon et

engrenage, de manière à accélérer la vitesse, et sur l'arbre supérieur se trouvent calées deux poulies de transmission de diamètres différents.

Fig. 33.

Seulement, tous ces manèges présenteraient le même inconvénient si l'on ne disposait pas les poulies d'une manière particulière sur l'arbre à grande vitesse de ces manèges. Si, en effet, il y avait une solidarité complète des différents organes qui les constituent, depuis le point d'attelage des chevaux, jusqu'aux courroies de transmission, il pourrait arriver que si un cheval tombait au manège, les masses en mouvement de la machine opératoire, ajoutées à celles des parties du manège tournant rapidement, constituant une puissance vive considérable, pourraient occasionner un bris d'un des organes du manège, ou blesser sérieusement l'animal.

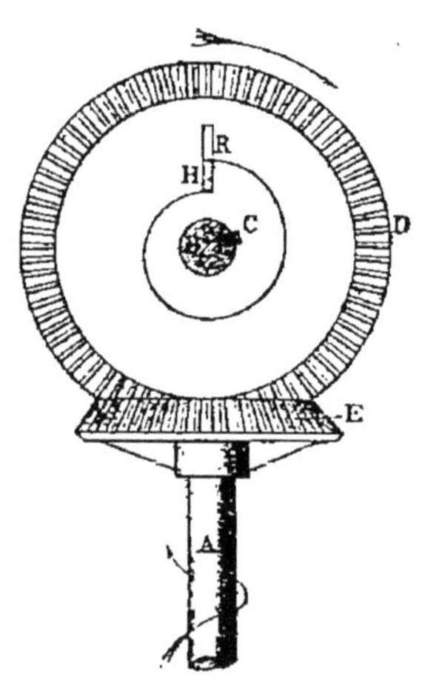

Fig. 34.

On a cherché à disposer des sortes de débrayages empêchant cet effet de se produire.

Nous n'en citerons que deux, la disposition due au Général Poncelet, et la disposition réalisée dans le manège Pinet.

La figure 34 indique la disposition proposée par Poncelet.

L'arbre A est l'arbre vertical du manège, l'arbre B est l'arbre conduit par le premier, au moyen des engrenages coniques E et D. Ce dernier D est monté fou sur l'arbre B qui n'est entraîné que par l'intermédiaire d'une clavette H, mobile dans une rainure R, que présente le disque remplaçant les bras de l'engrenage D. Une came C, calée en un point de B, est repoussée par la clavette H, lorsqu'elle occupe la position de la figure, et, par suite, le mouvement de rotation de D est transmis à B. Si l'arbre A vient à s'arrêter brusquement, l'arbre B continue son mouvement, en raison de sa vitesse acquise, et la came C, dans son mouvement de rotation, vient relever la clavette H, dans la rainure R, dont la longueur doit être au moins égale à deux fois la hauteur de la clavette. L'arbre B peut ainsi tourner librement jusqu'à ce que la puissance vive emmagasinée soit dépensée en travail de frottement. Lorsque l'arbre A est remis en mouvement, l'engrenage D tourne, et la clavette H, venant, à nouveau, rencontrer la face de la came dirigée vers le centre de l'arbre, entraîne cette came, et par suite l'arbre de couche B.

Dans le système Pinet, représenté figure 35, la poulie P, horizontale ou verticale, est montée folle sur l'arbre L correspondant.

Une roue à rochet U est calée sur cet arbre, et un cliquet O, pouvant tourner autour d'un axe X, fixé à l'un des bras de la poulie, est repoussé constamment vers la roue à rochet, par un ressort R, attaché également, en Z, à l'un des bras de la poulie P.

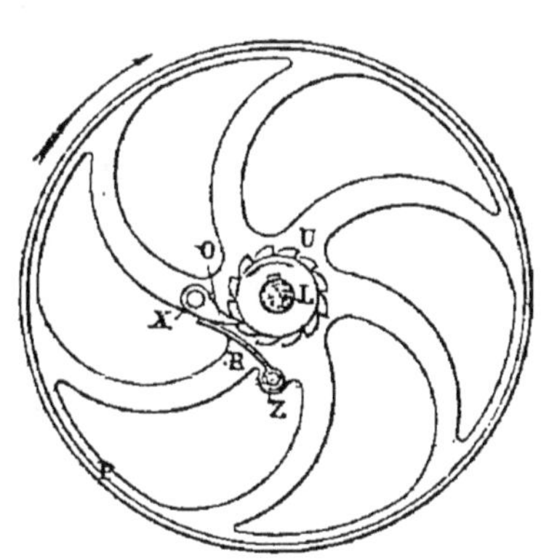

Fig. 35.

Si l'arbre L tourne, la poulie P se trouve entraînée par l'intermédiaire de la roue à rochet et du cliquet. Si, par suite d'un accident, l'arbre L s'arrête brusquement, la poulie P peut continuer à se mouvoir, en vertu de sa vitesse acquise, le cliquet O sautant sur les différentes dents de la roue à rochet, jusqu'à l'arrêt complet de la poulie P.

La poulie P sera mise en mouvement, à nouveau, dès que l'arbre L tournera, par suite du contact du cliquet et de la roue à rochet.

Cette dernière forme de débrayage est donc préférable à celle de Poncelet, et la disposition de Pinet, plus ou moins modifiée, se retrouve dans tous les manèges à grande vitesse, dans lesquels il faut toujours tenir compte de l'influence des masses en mouvement, animées d'une grande vitesse de rotation.

Quelquefois les organes accélérateurs du mouvement ne font pas partie du manège même, et dans les appareils dans lesquels l'arbre de couche est placé au niveau du sol, cet accélérateur de mouvement est placé au delà du cercle limité par la piste suivie par les chevaux.

Quel que soit le genre de construction d'un manège, il faut toujours employer à peu près le même nombre d'organes de transmission, qui absorbent chacun une partie plus ou moins importante du travail total.

Le rendement d'un manège, exprimé par le rapport qui existe entre le travail mesuré sur l'arbre de couche, ou sur la courroie de commande, et le travail développé par les chevaux, est toujours bien plus petit que l'unité.

Des expériences nombreuses, faites au concours d'Oxford, ont permis de déterminer le rendement moyen d'un manège, qui a été trouvé égal à 0,733; ce rendement ayant varié, dans ces essais, de 0,693 à 0,788.

Si l'on suppose qu'un cheval au manège, marchant au pas ordinaire, peut exercer un effort moyen de 45 kilogrammes :

$$45 \times 0,90 = 40^{\text{klgm}},50$$

représente le travail que peut développer un cheval, dans ces conditions, et par seconde.

Et si l'on affecte ce résultat du coefficient 0,733, on

trouve que le travail que l'on peut recueillir sur l'arbre de couche, par cheval de trait, n'est que de

$$40,50 \times 0,733 = 29 \text{ k}^{\text{lgm}}, 69.$$

Si l'on fait le même calcul pour l'allure plus rapide du pas allongé, on trouve

$$30 \times 1^{\text{m}},40 = 42 \text{ k}^{\text{lgm}}, 00$$

pour le travail développé par l'animal de trait.

Et,

$$42,00 \times 0,733 = 30 \text{ k}^{\text{lgm}}, 79$$

comme travail que l'on peut utiliser par cheval de trait, et par seconde.

Ces deux nombres 29,69 et 30,79, correspondant à des allures assez différentes, sont assez rapprochés l'un de l'autre, et confirment la première appréciation donnée page 47 qui conduit à l'indication suivante : le travail que peut utilement produire chaque cheval attelé au manège n'est que de 30 kilogrammètres environ.

Manèges à axes horizontaux. — Pour parer à l'inconvénient de la faible vitesse des manèges ordinaires, on a cherché à appliquer au cheval un dispositif analogue à celui des roues de cloutiers, employant les animaux de petite taille, le chien, par exemple.

Au lieu d'enfermer le cheval dans un tambour cylindrique creux qui devrait avoir un diamètre considérable, et dont l'axe tournerait par suite très lentement, on dispose le cheval entre deux rampes fixes en bois, en l'y attachant, et l'on forme le fond de cette sorte de couloir d'un tablier sans fin qui, en se dérobant sous les pieds du cheval, peut donner le mouvement de rotation à l'un des axes horizontaux qui le terminent.

L'inclinaison du tablier est assez grande, $0^m,250$ par mètre, de sorte que le cheval est dans la position qu'il prendrait s'il était obligé de monter une rampe continue ayant cette inclinaison. Pour que les pieds du cheval reposent sur des parties horizontales, on munit le tablier sans fin de marches articulées les unes avec les autres, ou l'on se contente de disposer sur le tablier, formé de planches articulées, assez résistantes pour supporter le poids d'un cheval, de simples litteaux en bois, pour que les pieds du cheval aient assez de prise pour déplacer le tablier d'une manière continue. Si l'on fait reposer ce tablier sur un assez grand nombre de galets porteurs, on peut obtenir une mobilité suffisante de ce tablier. Si les poulies extrêmes ont un assez faible diamètre, la vitesse à leur circonférence étant égale à $0^m,90$ par seconde, vitesse d'un cheval à l'allure normale, pour ce genre de travail, il est facile de comprendre que le nombre de tours de chacun de ces axes, par unité de temps, est beaucoup plus considérable qu'en employant le manège ordinaire, dont la piste a un diamètre compris entre 7 et 8 mètres.

Il y a donc, à ce point de vue, un certain avantage à employer ces manèges à axes horizontaux; mais s'il est exact, comme l'ont indiqué des expériences récentes de M. Ringelmann, que le rendement d'un tel appareil, en travail mécanique, est à peu près le même que celui des manèges à axes verticaux, s'il est prouvé que le travail que l'on peut recueillir sur l'arbre du manège est plus considérable qu'en adoptant l'autre disposition, c'est que le cheval, dans ces conditions, fournit plus de travail mécanique par unité de temps, en fatiguant beaucoup plus, et en exigeant une ration alimentaire beaucoup plus considérable.

Il suffit, pour s'en rendre compte, d'examiner l'état de l'animal, pendant qu'il développe ce travail excessif, pour s'assurer ainsi qu'un cheval, dans ces conditions, doit être ruiné au bout de peu de temps.

Aussi l'emploi de ces appareils, que l'on construit depuis bien des années, que l'on voit paraître lors de nos expositions régionales ou universelles, ne s'est-il pas généralisé. C'est surtout entre les mains des petits entrepreneurs de battage que l'on voit ces instruments, qui ont seulement le mérite d'être très transportables, combinés ou non avec la machine à battre, et d'occuper beaucoup moins de place, pendant le travail, que les manèges ordinaires.

La dernière exposition universelle nous a montré de nombreux types de ces manèges à axes horizontaux, et quelques-uns d'entre eux étaient perfectionnés, en ce sens qu'un modérateur à force centrifuge, commandé par l'un des axes horizontaux, permettait, par le serrage d'un frein, de réprimer les augmentations de vitesse dues à un arrêt dans l'engrènement de la machine à battre, par exemple ; mais, si cette disposition permet de conserver au cheval la même allure, ou à peu près, son adoption conduit à une dépense inutile d'une certaine quantité de travail fourni par l'animal.

Moteurs à vapeur. Locomobiles à vapeur. — A part quelques installations de machines fixes dans des fermes de grande importance, auxquelles on adjoint quelquefois une industrie agricole, telle que distillerie ou féculerie, par exemple, le véritable moteur à vapeur agricole est la locomobile, d'une puissance suffisante pour mettre en mouvement la machine opératoire de la ferme qui demande le plus de travail pour être mise en mouvement, la batteuse de céréales. Comme nous le verrons un peu plus loin, les machines à battre à grand travail exigent un moteur d'une puissance variable entre 12 et 14 chevaux-vapeur. Il convient donc de munir chaque ferme importante d'un moteur de cette puissance.

Les machines à vapeur locomobiles étaient à peu près inconnues en France avant la première exposition universelle de Londres, en 1851. Les locomobiles exposées à cette époque différaient notablement des types actuels. On prenait alors le soin d'enfermer tout le mécanisme dans une sorte de caisson situé à côté de la boîte à fumée, en ne laissant, à l'air libre, que les deux extrémités de l'arbre moteur, ainsi que le volant et la poulie de commande. Un peu plus tard, certains types ont été créés dans lesquels toute la machine et sa chaudière se trouvaient placées dans une sorte de caisse abritant le dépôt de charbon, et protégeant le mécanicien, cette caisse étant montée sur roues. Plus tard encore, on s'aperçut que ces enveloppes, faisant partie de la chaudière, en l'entourant elle-même, étaient bien inutiles et nuisaient à la surveillance des différents organes, et l'on ne rencontre plus que des locomobiles à vapeur dans lesquelles le moteur est ordinairement fixé sur la chaudière par l'intermédiaire d'un bâti métallique. Tout cet ensemble restant à l'air libre pendant le travail, et étant seulement bâché pendant les arrêts prolongés.

Les machines à vapeur se désignent d'après leur puissance exprimée ordinairement en chevaux-vapeur de 75 kilogrammètres, par seconde.

Lorsque Watt voulut remplacer, par ses machines, les manèges employés jusqu'alors, les brasseurs anglais demandèrent à faire un essai comparatif en employant leur plus fort cheval, qui développa, pendant un certain temps, environ 75 kilogrammètres par seconde. De là l'expression cheval-vapeur appliqué à l'unité de puissance mécanique d'une machine à vapeur équivalant à l'énergie d'un cheval choisi, actionnant un manège.

Il est donc facile de passer de la puissance d'une machine, exprimée en chevaux-vapeur, au travail en kilogrammètres qu'elle peut développer, dans l'unité de temps, la seconde, en multipliant le nombre N de chevaux-vapeur par 75; et à l'inverse, on peut toujours trouver la puissance d'un moteur, exprimée en chevaux-vapeur, lorsque l'on connaît le travail développé par seconde, et exprimé en kilogrammètres, en divisant le nombre de kilogrammètres par 75.

La chaudière employée par Watt n'était pas disposée pour produire de la vapeur à haute pression, aussi l'emploi de détentes assez prolongées n'est devenu possible que lorsque la chaudière à vapeur a pu être transformée.

C'est à la chaudière tubulaire horizontale, à simple ou à double parcours de flammes, que l'on a maintenant recours, d'une manière à peu près générale.

Cette disposition, inventée par Seguin pour les locomotives, s'est généralisée, et les chaudières de presque toutes les locomobiles à vapeur ne sont que des diminutifs des chaudières de locomotives, devant fournir toute la quantité de vapeur nécessaire pour l'alimentation de moteurs à vapeur de grande puissance.

Toute chaudière tubulaire horizontale se compose de trois parties distinctes, situées dans le prolongement les unes des autres, la boîte à feu, le corps cylindrique contenant le faisceau tubulaire, et la boîte à fumée, de laquelle part la cheminée, si la chaudière est à un seul parcours de flammes. S'il s'agit d'une chaudière à retour de flammes, les produits de la combustion se rassemblent dans une boîte à fumée, complètement entourée par l'eau de la chaudière, puis se rendent dans une autre série de tubes, pour se réunir à la base de la cheminée d'évacuation. Un simple examen de l'extérieur de la chaudière permet de se rendre compte immédiatement de la nature de l'appareil de vaporisation.

Si la chaudière est à parcours simple, la position de la cheminée est opposée à celle du foyer, et par suite à celle de la porte de chargement du combustible.

Si la chaudière est à retour de flammes, la cheminée est placée sur la façade de la chaudière, et débouche en un point situé ordinairement en dessus de la porte de chargement.

Au point de vue de la bonne utilisation du combustible, la disposition à retour de flammes permet de trouver, sous un petit volume, et avec une chaudière relativement courte, la surface de chauffe nécessaire pour produire la quantité de vapeur dont l'on a besoin, pour développer toute la puissance de la machine, en abaissant assez la température des gaz brûlés, pour que l'utilisation du combustible soit suffisante.

Pour arriver aux mêmes effets avec une chaudière à simple parcours, il faut allonger la chaudière, la rendre par suite plus encombrante ; mais ce dispositif présente le grand avantage, au point de vue agricole, de permettre une mise en pression beaucoup plus rapide, en même temps qu'un nettoyage intérieur des tubes beaucoup plus facile.

La complication de la chaudière est beaucoup moins grande, et c'est encore cette forme de chaudière qui rend les meilleurs services entre des mains peu expérimentées.

Quelquefois la boîte à feu est logée dans le corps cylindrique, comme dans l'exemple représenté fig. 36 et 37, qui montre un des derniers types de chaudières tubu-

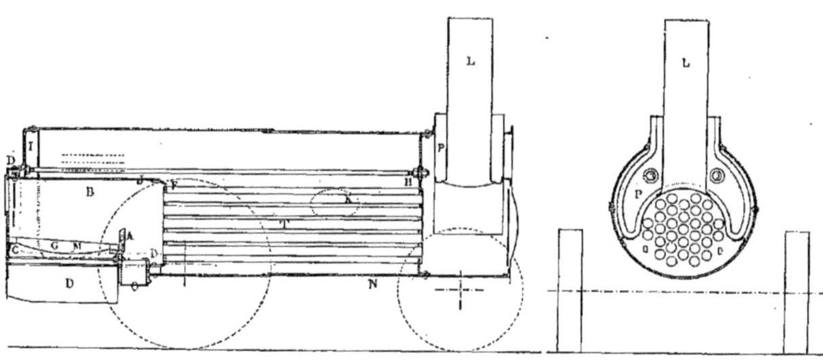

Fig. 36.

Fig. 37.

laires de la maison Albaret. Cette chaudière se compose d'une boîte à feu cylindrique B, dans laquelle se trouve placée la grille G, dont les différents barreaux qui la constitue viennent reposer sur une pièce transversale A, formant autel, et, à l'autre extrémité, sur une forte cornière C.

Au delà de l'autel, se trouve, en O; un orifice rectangulaire, fermé pendant la marche de la machine, et par lequel peuvent être évacuées les cendres provenant du foyer, ou celles entraînées, avec les gaz, dans le faisceau tubulaire.

Un cendrier en tôle D est disposé en dessous de la grille, de manière que les escarbilles puissent s'y loger et s'y éteindre facilement.

Le faisceau tubulaire T est composé de 31 tubes, enfoncés, par pression, dans des évidements coniques préparés dans deux plaques tubulaires F, H, l'une F fermant la boîte à feu, l'autre H fermant le corps cylindrique, du côté de la boîte à fumée.

Un fond embouti I ferme l'avant de la chaudière, en se rivant à l'enveloppe cylindrique de la chaudière et s'assemblant également avec la boîte à feu, par l'intermédiaire d'un cadre métallique D.

Des orifices K, fermés par des bouchons autoclaves, permettent le nettoyage de l'intérieur des tubes, et de plus petits orifices M, N, fermés également, permettent la sortie des dépôts, lorsqu'ils auront été détachés.

La base de la cheminée L est entourée d'un réservoir P, dont la forme, en coupe verticale, est donnée fig. 37, dans lequel on peut commencer le chauffage de l'eau d'alimentation, qui est reprise par la pompe et refoulée dans la chaudière, après avoir circulé dans un appareil spécial, connu sous le nom de réchauffeur de l'eau d'alimentation.

On peut, en effet, dans ces locomobiles, se servir de
la vapeur d'échappement du cylindre de la machine à
vapeur, pour obtenir, par voie d'échange de température, de l'eau chaude à 90 degrés environ, et se servir
de cette même vapeur d'échappement, un peu refroidie,
il est vrai, pour activer l'échappement des gaz brûlés par
la cheminée. C'est au moyen d'un souffleur, analogue à
celui des locomotives, que l'on a ainsi un tirage arti-
ficiel suffisant, malgré le peu de hauteur de la cheminée
d'évacuation.

Si l'on cherche le nombre de calories qu'il faut dépenser pour amener l'eau à l'état de vapeur, à une certaine
pression, et par suite à une température déterminée T,
en se servant de la formule

$$\lambda = 606, 5 + 0, 305 \text{ T}.$$

On trouve que, pour une température de 170°, correspondant à une pression de $8^k,105$ par centimètre carré,
la quantité totale de calories nécessaire est de

$$\lambda = 606, 5 + 0, 305 \times 170 = 658^c, 35.$$

En supposant que la température de l'eau d'alimentation soit de 0°. Si par le moyen du réchauffage de l'eau
d'alimentation, en employant la vapeur d'échappement
de la machine, c'est-à-dire, sans dépense de combustible,
on peut diminuer cette quantité totale de chaleur, l'économie qui en résulterait ne serait pas à dédaigner.

Le nombre de calories ainsi récupérées serait égal à
80, par kilogramme d'eau, en supposant que l'eau puisse
passer de 10°, température moyenne, à 90°, température
que l'on peut obtenir facilement.

L'économie serait, dans ce cas particulier, d'environ $\frac{1}{8}$ de la dépense totale.

Le combustible le plus ordinairement employé est la houille, quelquefois le coke, et l'alimentation de la grille s'effectue, à la pelle, d'une manière intermittente.

Lorsque ce combustible est cher, lorsque, d'autre part, il est possible de se servir, soit de roseaux, soit de broussailles, soit enfin de la paille, là où elle est sans valeur, on procède à l'alimentation du foyer de la chaudière, d'une manière continue, et au moyen de cylindres alimentaires, mis en mouvement par la machine, et qui ont une grande analogie avec les cylindres alimentaires du hache-paille, par exemple.

A l'exposition universelle de 1878, la maison Ransomes Sims et Head exposait une locomobile sur laquelle on avait appliqué un dispositif de MM. Head et Schemioth, permettant de brûler ces différentes substances ligneuses.

En 1889, la Société Française de matériel agricole et industriel de Vierzon exposait un appareil analogue, dont la portion caractéristique est représentée fig. 38.

Le foyer B est à section carrée et est entouré, sur toutes ses faces latérales, par une lame d'eau. Le ciel du foyer est consolidé par une série d'armatures A, et des entretoises E maintiennent l'écartement des deux feuilles de métal entre lesquelles circule l'eau de la chaudière.

En avant de la boîte à feu se trouve l'appareil d'alimentation, composé d'un tablier C d'assez grande longueur sur lequel on étale la paille, et de deux cylindres D pouvant se rapprocher l'un vers l'autre, et mis en mouvement par une transmission par courroie prise sur l'arbre du moteur. Une grille ordinaire G se trouve disposée à la manière ordinaire, à l'intérieur du foyer, et deux lames verticales en fonte L, L', dont l'une L est fixée à l'autel, et l'autre L′ est suspendue au ciel du foyer, obligent la flamme à se contourner dans l'intérieur du foyer, avant de pénétrer dans le faisceau tubulaire. Cette

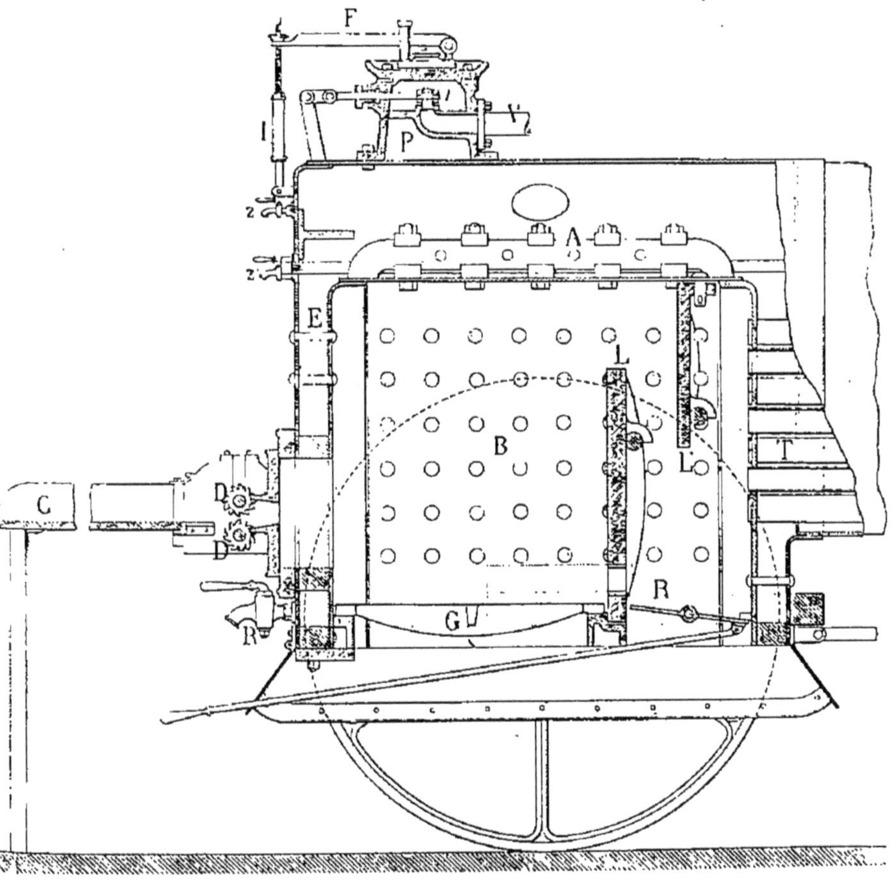

Fig. 38.

disposition a pour but d'obliger les différentes parties enflammées d'abandonner, dans le foyer lui-même, les matières siliceuses contenues dans le combustible.

Un registre R, manœuvré de l'extérieur, permet d'ouvrir une communication directe avec le cendrier, pour le départ possible des résidus solides de la combustion, en même temps que cet orifice peut laisser passer, par les interstices de la grille, une plus ou moins grande quantité d'air frais pour les besoins de la combustion.

Dans cette disposition, la chaudière est surmontée d'une pièce en fonte P, servant de prise de vapeur, et de support aux soupapes de sûreté, dont le levier de l'une d'elles est représenté en F. Comme dans presque tous les appareils locomobiles, ces soupapes sont pressées sur leurs sièges au moyen d'une balance à ressort I.

Enfin, en avant de la chaudière se trouvent les robinets de jauge, représentés en z, z'.

Un robinet de vidange est disposé à la base de la chaudière, en R, et une manœuvre d'un tiroir t peut ouvrir ou fermer la sortie de la vapeur de la chaudière par le tuyau V, pour la diriger vers le cylindre de la machine à vapeur, disposée sur le corps cylindrique de la chaudière.

La pression à laquelle on amène la vapeur, dans ces chaudières, varie ordinairement de six à neuf kilogrammes par centimètre carré, et les précautions doivent être prises pour que la vapeur contenue dans la chaudière, et maintenue à cette pression, ne produise aucun accident.

C'est pour les éviter, dans la mesure du possible, que chaque chaudière à vapeur doit être munie d'un certain nombre d'appareils de sûreté dont il est nécessaire de donner l'énumération.

Le corps des ingénieurs des mines, en France, a la surveillance des appareils à vapeur, et des décrets dictent les conditions dans lesquelles ils doivent être placés par rapport aux habitations voisines.

Parmi les conditions d'établissement de ces chaudières

se trouvent celles relatives aux appareils de sûreté.

Toute chaudière doit être munie :

D'un manomètre métallique, placé bien en vue du chauffeur.

De deux soupapes de sûreté de diamètre déterminé.

D'un timbre, posé sur la chaudière dans un endroit bien apparent, et sur lequel se trouve apposé le poinçon du garde-mines qui a dû assister à l'essai de la chaudière, avant sa mise en service.

D'un niveau d'eau et d'un flotteur permettant de vérifier le niveau de l'eau dans la chaudière, à chaque instant de son fonctionnement. Le flotteur met ordinairement en jeu un sifflet d'alarme qui avertit le chauffeur, dans le cas de manque d'eau, ou lorsque le liquide est en excès.

Le flotteur ne peut pas être employé dans les chaudières de locomobiles ; il est alors remplacé par une série de robinets, dits robinets de jauge, disposés, à des niveaux différents, sur le devant de la chaudière. Le plus élevé devant laisser écouler de la vapeur lorsque le niveau de l'eau est normal, le robinet intermédiaire devant laisser échapper un mélange d'eau et de vapeur, et le robinet inférieur ne devant laisser sortir que de l'eau chaude, toujours dans le cas du niveau normal.

Quelquefois, le robinet intermédiaire est supprimé, et l'on se contente de deux robinets de jauge, pour servir, à l'égal du flotteur, de moyen de vérification du niveau de l'eau, lorsque le tube indicateur du niveau se trouve obstrué ou brisé.

La constance du niveau de l'eau dans la chaudière est la condition la plus indispensable du fonctionnement de toute chaudière tubulaire. Si dans les appareils non tubulaires ce niveau peut varier dans d'assez grandes limites, il n'en est pas de même dans les chaudières tubulaires, dans lesquelles les tubes supérieurs doivent toujours être recouverts d'eau, sous peine d'atteindre la température rouge, et de s'écraser sous l'action de la pression de la vapeur agissant à leur extérieur.

L'alimentation de l'eau doit donc être réglée de telle manière que l'on puisse compenser, par cette alimentation, la perte due à la vapeur qui s'est échappée de la chaudière, pour agir sur le piston du moteur, ou pour servir à d'autres usages.

La pompe ou les injecteurs d'alimentation doivent avoir des dimensions telles qu'ils puissent fournir une quantité d'eau double de celle consommée normalement, afin de pouvoir, à un moment donné, revenir au niveau primitif, si celui-ci était descendu un peu au-dessous du niveau normal, pour une cause ou une autre.

Le moteur à vapeur qui constitue, avec la chaudière tubulaire, la locomobile à vapeur, est disposé ordinairement à la partie supérieure du corps cylindrique.

Dans quelques dispositions, on attache les différents organes qui constituent la machine sur la chaudière même, qui sert alors de lien entre les organes ainsi séparés. Ce moyen d'assemblage présente un inconvénient, en ce sens que les pièces du moteur subissent les effets de dilatation de la chaudière elle-même. Aussi préfère-t-on disposer toute la machine à vapeur sur une sorte de bâti horizontal qui se termine, à la partie inférieure, par des portions en arc de cercle, d'un diamètre égal au diamètre extérieur de la chaudière.

Quel que soit le type auquel on s'arrête, le moteur est composé, le plus ordinairement, d'un seul cylindre dans lequel la vapeur agit sur un piston, d'abord par sa pleine pression, et ensuite par sa détente.

Il suffit, pour produire successivement ces deux effets, de disposer le tiroir de distribution de telle manière qu'après avoir ouvert librement la communication de la chaudière au cylindre, le même organe vienne fermer cette communication avant que le piston ait parcouru le cylindre, dans toute sa longueur. La vapeur se détend, diminue de pression, à mesure que son volume augmente, et la vapeur, après avoir agi sur le piston, sort du cylindre et passe ordinairement dans le réchauffeur, avant de s'échapper par le souffleur, situé à la base de la cheminée.

Le caractère dominant de toute locomobile à vapeur, pour usages agricoles, devant être la simplicité, les dispositions à deux cylindres conjugués, celles dans lesquelles la détente commencée dans un cylindre se poursuit dans un autre, pour constituer la machine Compound, celles enfin dans lesquels on dispose un condenseur destiné à abaisser la contre-pression, au moyen de la condensation plus ou moins complète de la vapeur d'échappement, ne sont pas à recommander. La complication de ces machines est beaucoup plus grande, les joints sont beaucoup plus nombreux, et par suite, il est plus difficile de mettre ces machines entre des mains inexpérimentées, comme on en rencontre souvent encore.

La locomobile agricole devra donc se composer, ordinairement, d'un seul cylindre dans lequel la vapeur agira, par sa pleine pression et par sa détente, de manière à déplacer un piston qui, au moyen de sa tige, d'une bielle et d'une manivelle, mettra en mouvement l'axe moteur. Celui-ci doit être muni d'un volant servant à régulariser le mouvement et d'une poulie de transmission ; à moins que le volant prenne la forme d'une poulie-volant et puisse imprimer le mouvement de translation de la courroie de la machine opératoire.

Nous allons maintenant, par quelques exemples, choi-

sis parmi les types les plus simples, indiquer le groupement des différentes parties constituant une locomobile
à vapeur pour usages agricoles.

La figure 39 représente un ancien type de la maison
Calla, dans lequel on trouve déjà la chaudière tubulaire
dont le corps cylindrique est recouvert d'une chemise
protectrice en bois, pour éviter les déperditions de chaleur, la boîte à feu de forme rectangulaire et la boîte à
fumée de forme cylindrique surmontée d'une cheminée,
rabattue sur le dessin.

Le moteur, composé d'un seul cylindre et de sa transmission par bielle et manivelle, est soutenu par différents
supports isolés prenant leurs points d'appui sur la chaudière.

La pompe d'alimentation est placée parallèlement au
cylindre, et le piston plongeur de cette pompe a exactement la même course, et est animé de la même vitesse
que le piston moteur, par suite de l'assemblage particulier des deux tiges, au moyen d'une simple traverse horizontale. La boîte à soupape est placée à l'arrière de la machine, et un tuyau d'aspiration vertical vient plonger
dans un seau, ne faisant pas partie de la machine. Dans
le type primitif, la pompe alimentaire avait une beaucoup plus petite course.

Dans ce premier exemple, aucune disposition n'a été
prise pour le chauffage de l'eau d'alimentation par la
vapeur d'échappement du moteur.

Tout l'ensemble est déjà porté sur quatre roues en fer,
dont deux d'entre elles, d'assez faible diamètre, forment, avec leur essieu commun, l'avant-train de la voiture, auquel il suffit d'atteler un ou deux chevaux pour
déplacer facilement la locomobile.

Si nous examinons le type le plus récent de la même
maison de construction, représenté fig. 40, page 79, on

voit que M. Chaligny, successeur de M. Calla, a apporté,
au type primitif, de nombreux perfectionnements qui
sont les suivants :

Le foyer F, de section carrée, a été conservé, mais son
enveloppe a été élevée d'une certaine quantité, de manière

Fig. 39.

à constituer, à sa partie supérieure, un dôme de vapeur d'un volume suffisant, et c'est sur ce dôme de vapeur que se trouvent fixés les différents appareils de sûreté, soupapes, manomètre, ainsi que la valve de prise de
vapeur.

Sur e devant du oyer se trouvent disposés, en outre de
la porte de chargement, l'emplacement du timbre admi-

nistratif, les deux robinets de jauge, et le tube de niveau, muni de ses robinets de fermeture et de vidange.

Le corps cylindrique a été allongé, pour augmenter la surface de chauffe, et les tubes en laiton sont disposés, dans ce corps cylindrique, dans des plans verticaux parallèles, de manière à permettre le nettoyage plus facile de tout le faisceau tubulaire.

L'alimentation, au lieu de s'effectuer, comme primitivement, vers la partie inférieure du corps cylindrique, se fait maintenant en pleine vapeur, du côté de la boîte à fumée, de manière à n'obtenir que des dépôts pulvérulents qui cheminent dans la chaudière, en descendant, jusqu'à ce qu'ils arrivent à la partie inférieure du corps cylindrique, vers la boîte à feu, pour se réunir dans une sorte de compartiment composé par la paroi tubulaire de la boîte à feu et par un écran formé par une tôle échancrée et ayant sa partie supérieure au niveau des tubes de la rangée inférieure. Un tampon de lavage et un robinet de vidange, disposé en son milieu, permet l'enlèvement des boues ainsi réunies.

Tous les joints de la chaudière sont apparents, de manière à éviter les corrosions intérieures, de vérification pour ainsi dire impossible.

Quant au moteur proprement dit, le cylindre C′ est disposé sur un même bâti en fonte B que l'arbre A et les glissières, et ce bâti, d'une seule pièce, est solidement fixé sur la chaudière, au moyen de boulons qui traversent la tôle de la partie cylindrique horizontale.

Une enveloppe calorifuge entoure le corps cylindrique et vient s'arrêter au contour du bâti en fonte.

Le tiroir est un tiroir plan à canal de manière à présenter deux orifices d'introduction dans lesquels la vapeur doit passer pour se rendre dans chacune des chambres du cylindre.

Fig. 40.

Un modérateur à force centrifuge, et à masse centrale M, est mis en mouvement par l'arbre principal, au moyen d'une transmission accélératrice, composée de deux engrenages à dentures héliçoïdales, et l'action de ce modérateur est reportée vers l'arrière de la locomobile, au moyen d'une tringle horizontale *t*, dont on peut régler la longueur ; cette tige, en se déplaçant suivant son axe, vient agir à l'extrémité d'une manivelle fixée sur l'axe du papillon étranglant plus ou moins le tuyau d'arrivée de vapeur.

A l'arrière de la boîte contenant ce papillon se trouve disposée une soupape à siège circulaire, actionnée par une vis, munie d'un volant V, et constituant la mise en train du moteur à vapeur.

La pompe d'alimentation, de petit diamètre et de grande course, est disposée horizontalement sur le côté du cylindre à vapeur; la tige du piston de cette pompe est attachée à l'un des coulisseaux guidant le mouvement de la tige du piston du moteur à vapeur. Un tuyau d'aspiration T descend jusque près du sol, de manière à plonger dans une bache remplie d'eau. Cette eau, aspirée dans une des courses du piston de la pompe, est refoulée ensuite, par le tuyau T′, dans un réchauffeur R, composé du tuyau de refoulement plusieurs fois plié sur lui-même, qui baigne dans une capacité fermée, dans laquelle circule la vapeur d'échappement, avant de se rendre à la base de la cheminée d'évacuation des gaz brûlés.

En *b* se trouve disposé le bouchon de remplissage de la chaudière, en *r*, point le plus bas de la chaudière, le robinet de vidange, et tout autour de la base de l'enveloppe du foyer, des tampons O fermant des orifices de nettoyage.

Tout l'appareil est monté sur roues ; deux de grandes dimensions R′ entourant l'essieu d'arrière, fixé contre la boîte à feu, deux de plus petit diamètre R″ disposées sur l'avant train, réuni au corps cylindrique par une puissante cheville ouvrière. Ces roues toutes en fer sont formées d'un moyeu dans lequel se trouvent implantées des tiges de fer qui, par leur réunion deux à deux, au moyen de rivets, forment chacun des rais. Ces barres, courbées en deux points de leur longueur, forment chacune une partie de la jante, qui est en outre formée d'un cercle continu en fer laminé et cintré.

Dans un des types de la maison Albaret, de Liancourt, représenté·fig. 41, page 83, la boîte à feu F est verticale et cylindrique, et la partie supérieure du cylindre-enveloppe, également vertical, sert de réservoir de vapeur. Il est terminé, à sa partie supérieure, par le siège des soupapes de sûreté.

De cette boîte à feu part une série de tubes enfermés dans un corps cylindrique horizontal qui se trouve terminé par la boîte à fumée et la cheminée verticale, dont la partie supérieure peut se rabattre, et occuper une position horizontale, maintenue fixe à l'aide d'un collier et d'un support fixé à la chaudière.

. Sur l'enveloppe de la boîte à feu se trouvent fixés les essieux des roues porteuses R′,R″, l'avant de la chaudière est porté sur un avant-train, mobile autour d'une cheville ouvrière, et terminé par deux roues de plus faible diamètre.

Un bâti de grande longueur, fixé sur le dos de la partie cylindrique de la chaudière, porte les différents organes du moteur à vapeur.

Le cylindre C est placé près du dôme de vapeur et l'arbre coudé A, portant les deux poulies-volant P, du côté de la cheminée. Dans ce type, une seule glissière, de forme rectangulaire, est entourée par un coulisseau assemblé avec la crosse terminant la tige du piston. ·

La boîte à tiroir est placée, dans cette figure, en arrière

du cylindre, et le tiroir est mu, comme à l'ordinaire, par un excentrique calé sur l'arbre moteur et entouré par un collier, qui se termine par une sorte de bielle venant s'articuler en un point de la tige du tiroir.

Dans ce genre de machines, M. Albaret a imaginé une disposition ingénieuse qui permet de modifier le sens de la marche de la machine, suivant le sens de rotation des organes de la machine opératoire qu'il s'agit de commander.

Il suffit pour cela de modifier le calage de l'excentrique commandant le tiroir, et la disposition employée, pour obtenir ce résultat, est la suivante :

La poulie d'excentrique est folle sur l'arbre moteur, elle est située contre un plateau calé sur l'axe et portant une coulisse, dans laquelle s'engage le corps d'un boulon traversant la poulie. En desserrant ce boulon et en faisant tourner l'arbre sur lui-même, on peut amener le boulon à l'autre extrémité de la coulisse, le serrer à nouveau, pour obtenir ainsi facilement le changement de marche du moteur. Si le rayon maximum de l'excentrique est en avance sur la position de l'arbre coudé, c'est la marche en avant qui est obtenue. Si, au contraire, ce rayon maximum est en arrière par rapport à la position de l'arbre coudé, la machine est disposée pour la marche en arrière.

Un modérateur de mouvement, du genre du modérateur de Watt M, mis en mouvement par courroie, agit sur les organes composant le tiroir de distribution, de manière à constituer une machine à vapeur à détente variable par le régulateur. Le tuyau d'arrivée de vapeur peut d'ailleurs être fermé ou ouvert au passage de la vapeur par un robinet de mise en marche disposé contre la chaudière.

Ce tuyau se contourne ensuite de manière à arriver en

Fig. 41.

dessus de la boîte à tiroir avec laquelle il est assemblé.

Une autre prise de vapeur se trouve en D, pour le chauffage du cylindre, au moyen de la circulation de vapeur dans une double enveloppe.

La vapeur d'échappement passe dans le bâti creux de la machine, y circule de manière à réchauffer l'eau d'alimentation et s'échappe ensuite par la cheminée. L'eau d'alimentation est d'abord placée dans un petit réservoir R, accolé à la boîte à fumée, et dans lequel l'eau augmente déjà de température, puis cette eau passe dans le corps de pompe p, dont le piston est mis en mouvement par un excentrique calé sur l'arbre moteur. L'eau d'alimentation est refoulée dans le réchauffeur, pour en ressortir ensuite et être dirigée, par le tuyau T, dans la boîte d'un clapet de retenue E, et de là dans la chaudière.

Un autre type de machine locomobile de MM. Brouhot et Cie est représenté fig. 42.

La chaudière est encore à boîte à feu cylindrique, comme dans l'exemple précédent, et le dôme, formé par la partie supérieure de l'enveloppe, également cylindrique, sert de réservoir de vapeur. En dehors des appareils de sûreté, manomètre, soupapes, sifflet d'alarme qui le surmontent, on a disposé sur le dôme la prise de vapeur de la machine.

Cette chaudière est portée sur quatre roues, dont les deux plus grandes sont montées sur un essieu passant en dessous du corps tubulaire, et à côté de la boîte à feu.

Sur le côté du corps tubulaire se trouve disposé un réservoir, d'assez grande capacité, que l'on remplit d'eau, et dans lequel puisent le tuyau d'aspiration et le tuyau de retour d'eau de la pompe d'injection.

Le tuyau de refoulement de cette pompe se dirige vers le bâti de la machine, y pénètre, pour s'y contourner plusieurs fois, et en ressort pour se diriger vers la chau-

Fig. 42.

dière, l'eau qui y circule augmente graduellement de température, aux dépens de la vapeur d'échappement du moteur.

Le moteur à vapeur est placé horizontalement sur ce bâti creux et se compose, comme à l'ordinaire, d'un cylindre, d'un piston, de sa tige qui se termine par une traverse portant à ses deux extrémités des coulisseaux qui glissent dans des glissières horizontales, disposées à hauteur convenable, au moyen de supports venus de fonte avec le bâti général, d'une bielle et d'un arbre coudé, terminé par un volant et une poulie. .

Le tiroir est monté sur le côté du cylindre, et sa tige est mise en mouvement par un excentrique calé sur l'arbre moteur. Cette même tige, renflée sur une partie de sa longueur, sert de piston à la pompe d'alimentation.

Un robinet, de forme particulière, peut être déplacé par l'action des boules d'un modérateur de Watt, de manière à obstruer plus ou moins l'arrivée de vapeur dans la boîte à tiroir, et par suite dans le cylindre.

Enfin, la vapeur d'échappement, après avoir circulé tout autour du tube contourné renfermant l'eau d'alimentation, traverse le bâti, dans toute sa longueur, et est dirigée au centre de la cheminée par un tuyau courbé à angle droit, pénétrant dans la boîte à fumée. Comme dans les autres appareils qui viennent d'être décrits, la cheminée, maintenue dans une position verticale, pendant la marche normale, peut être disposée horizontalement, lorsqu'il s'agit de transporter la locomobile, d'un point à un autre, ou de la remiser sous un hangar, par exemple.

Malgré tous les avantages que présente l'emploi d'un bâti en fonte d'une seule pièce, que l'on vient poser sur la chaudière, et qui constitue une indépendance presque complète de la machine et de sa chaudière, quelques constructeurs anglais et franç aisdisposent leurs machines sur des supports isolés, fixés en différents points, du corps cylindrique de la chaudière.

La fig. suivante, fig. 43, donne la coupe de l'ensemble d'une locomobile de Garrett, faite par un plan vertical passant par l'arbre coudé. Des oreilles en tôle sont rivées sur la

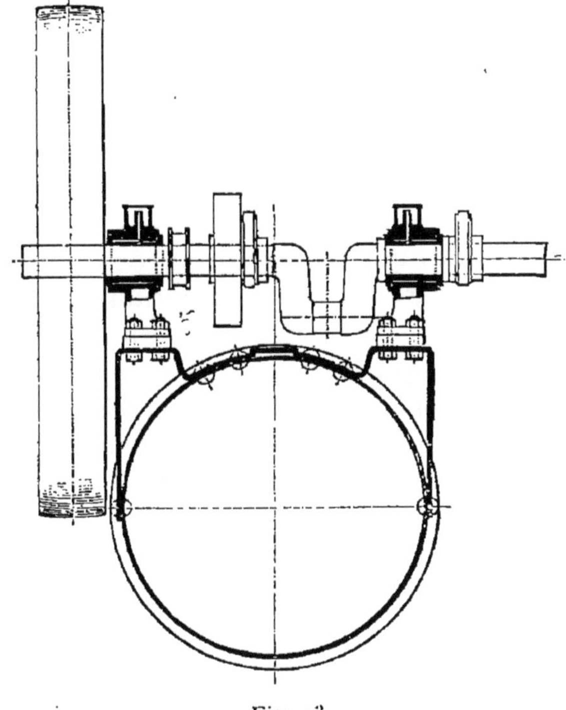

Fig. 43.

chaudière de manière à former deux tables horizontales sur lesquelles viennent se fixer les paliers de l'arbre moteur. Cet arbre est coudé, de manière que cette partie puisse servir de manivelle motrice, puis, sur les portions laissées cylindriques, on dispose l'excentrique servant à commander le tiroir, la poulie actionnant, par l'intermédiaire d'une courroie, le régulateur de Watt, et, en dehors des supports, la poulie volant et l'excentrique commandant la pompe alimentaire.

Quel que soit le type de machine locomobile employé, la consommation de combustible sera relativement assez faible, à la condition que la surface de la grille, la section totale des tubes, ainsi que la surface de chauffe soient bien appropriées à la puissance de la machine à vapeur.

Il est évident que la locomobile que l'on doit préférer, à égalité de complexité et de construction, est celle qui, en brûlant la même quantité de combustible, produirait la plus grande quantité de travail moteur; mais il faudrait bien se garder d'employer des machines par trop compliquées, par la seule raison qu'elles seraient un peu plus économiques que d'autres beaucoup plus simples.

En faisant la part des soins exceptionnels apportés à la conduite de ces machines, dans certaines expériences officielles, dans lesquelles des chauffeurs, très expérimentés, veillent à ce que tout le combustible soit employé le mieux possible, il est nécessaire d'augmenter, dans une certaine proportion, la quantité de combustible consommé dans ces essais, pour avoir celle nécessaire en service courant. L'on admet, d'une manière générale, qu'il faut consommer de trois à quatre kilogrammes de houille par cheval et par heure, dans la pratique journalière, cette quantité pouvant varier, dans une certaine mesure, suivant la qualité du combustible, et aussi suivant la perfection plus ou moins grande apportée à la construction de la machine.

Une expérience de consommation, faite en se servant du frein de Prony appliqué sur l'arbre du moteur, permettra à l'agriculteur de se rendre compte de la puissance du moteur locomobile dont il veut faire l'acquisition, en même temps que de sa consommation par unité de puissance, à la condition que l'expérience soit d'assez grande durée, au moins cinq heures, pour que la consommation de combustible puisse être établie exactement, et sans contestation possible.

Nous reviendrons, à la fin de ce chapitre, sur ces essais de moteurs, quelle qu'en soit la nature.

Moteurs thermiques autres que les moteurs à vapeur d'eau. Moteurs à hydrocarbures. — On a cherché à remplacer le combustible solide, la houille, par des combustibles liquides qui, mélangés à l'air, peuvent produire des mélanges explosifs que l'on peut utiliser pour produire un certain travail mécanique.

Dans ces appareils, la chaudière est supprimée et le mélange d'air et de liquide combustible est introduit dans le cylindre du moteur, comprimé d'abord par le déplacement du piston, puis enflammé, au moyen d'une étincelle électrique, de manière à acquérir, au moment de l'explosion, une pression très considérable. Les gaz ainsi enflammés agissent d'abord par leur pression initiale, puis par leur détente, de manière à mettre en mouvement le piston, comme le ferait de la vapeur d'eau. Suivant la nature du liquide, huile légère de pétrole, désignée ordinairement sous le nom de gazoline, ou huiles moins volatiles, également d'origine minérale, on charge l'air de vapeurs de pétrole dans un carburateur, ou on pulvérise le liquide, et on l'introduit dans le cylindre pendant que l'air y pénètre de son côté, pour constituer ainsi le mélange explosif.

Ces appareils, qui tendent à entrer dans la pratique agricole, sans y avoir pris encore une place importante, pourraient rendre de réels services, là où le combustible ordinaire est cher, d'un transport difficile, et où l'eau fait en partie défaut.

Moteurs hydrauliques. — Les moteurs hydrauliques permettent d'utiliser des chutes d'eau pouvant fournir gratuitement un certain travail mécanique; mais leur installation est assez coûteuse, et, de plus, ces moteurs ont le grave inconvénient d'être de position absolument fixe. Il est donc bien rare qu'une ferme puisse être créée à l'endroit même où il convient d'utiliser la chute d'eau, sans exiger des travaux de dérivation toujours fort coûteux.

Moulins à vent. — Les moulins à vent permettent aussi d'obtenir gratuitement une certaine quantité de travail mécanique, mais ce sont des appareils encombrants, ne permettant pas de recueillir une grande quantité de travail; l'irrégularité de sa production ne permet d'utiliser ces appareils que pour le fonctionnement de pompes élevant de l'eau, d'une manière intermittente, et la refoulant dans des réservoirs d'assez grand volume pour assurer les besoins de la consommation pendant les arrêts souvent prolongés.

Choix du moteur suivant sa puissance. — Cet examen rapide des différents procédés auxquels on peut avoir recours pour obtenir le mouvement d'un arbre de rotation, de manière à actionner des machines opératoires absorbant une certaine quantité de travail mécanique, conduit à cette conclusion que, suivant la quantité de travail exigé des machines opératoires, on peut utiliser la force musculaire de l'homme agissant sur une manivelle, celle du cheval attelé à un manège, ou l'action de la vapeur sur le piston d'un moteur ordinairement portatif, constituant une locomobile à vapeur.

L'homme à la manivelle ne peut donner qu'un travail évalué à 6 kilogrammètres par seconde, lorsqu'il s'agit d'un travail continu.

Le cheval attelé au manège, ne produit qu'un travail de

3 o kilogrammètres par seconde, par suite des pertes occasionnées par les différentes transmissions intermédiaires.

Le cheval-vapeur, équivalent du cheval exceptionnel de Watt, correspond à un travail, par seconde, de 75 kilogrammètres.

On peut donc dire qu'un cheval attelé au manège, est l'équivalent, au point de vue du travail mécanique produit, de cinq hommes agissant sur des manivelles, et qu'un moteur mécanique de la puissance d'un cheval-vapeur, de 75 kilogrammètres par seconde, peut fournir un travail égal à 2 chevaux et demi attelés au manège, ou à environ douze hommes agissant sur des manivelles.

Toutes les fois donc que l'on aura à dépenser, par unité de temps, un travail un peu important, c'est un moteur entièrement mécanique, la locomobile à vapeur, dans l'état actuel des choses, qu'il faudra employer, en laissant à l'homme la direction de l'opération que l'on a en vue, et en réservant au cheval les travaux de préparation du sol, de récolte ou de transport que l'on ne saurait, pour l'instant, effectuer sans son intermédiaire.

Unités de puissance adoptées. — Dans tout ce qui précède nous avons toujours parlé de l'unité de puissance mécanique, le cheval-vapeur, indiquant qu'il représentait un travail de 75 kilogrammètres développés dans l'unité de temps, la seconde; mais, pour rendre les calculs plus faciles, et se rapprocher plus des unités décimales, d'un emploi si commode, le Congrès de mécanique appliquée de 1889 a adopté, concurremment au cheval-vapeur, une autre unité, *le Poncelet*, qui représenterait l'unité de puissance, correspondant à un travail de 100 kilogrammètres par seconde.

Bien que l'usage de cette nouvelle unité de puissance mécanique ne se soit pas encore répandu, il était utile d'en donner ici la définition.

Transmissions de mouvement. — Dans la majeure partie des cas, le moteur est relié directement, par une courroie de transmission, à la machine opératoire qu'il s'agit de faire fonctionner, et, comme les organes de celle-ci tournent ordinairement à assez grande vitesse, on étudie le moteur de manière que le nombre de tours que fait son arbre soit compris entre 100 et 120 tours par minute.

Dans quelques cas particuliers, cependant, lorsqu'il s'agit de commander, par le même moteur, un assez grand nombre de machines pouvant fonctionner à la fois, on doit avoir recours à une transmission de mouvement, composée d'une série d'organes distincts, les uns rigides, les autres flexibles.

Parmi les organes rigides, nous citerons les arbres de transmissions, leurs moyens d'assemblage et leurs supports, ainsi que les poulies et engrenages pouvant être calés sur ces arbres. Parmi les organes flexibles se trouvent les courroies, les cordes et les câbles devant transmettre le mouvement entre deux arbres de transmission suffisamment distants, ou entre un arbre de transmission et les machines qu'il s'agit de mettre en mouvement.

Un arbre de transmission se construit ordinairement en fer ou en acier, en lui donnant la forme pleine ou creuse.

La réunion des différents tronçons s'effectue au moyen de manchons clavetés sur les portions à réunir. Quelquefois le manchon d'assemblage est formé de deux pièces demi-cylindriques réunies par des boulons, dont les têtes sont complètement noyées dans le manchon. Quelquefois encore, le manchon d'assemblage est formé de deux plateaux réunis par des boulons à tête non saillante également. Chacun de ces plateaux étant réuni au tronçon correspondant par un emmanchement à clavette.

Les supports changent de forme, suivant la position de l'arbre de transmission par rapport au sol.

Si la transmission est au niveau du sol, l'arbre, qui en compose la partie principale, est situé à environ 40 ou 50 centimètres du sol. Les supports ou chaises de transmission sont alors formés de pièces en fonte, en forme d'U renversé, terminées par des patins venant s'appuyer sur le sol, et la partie centrale de la chaise forme une sorte de table horizontale sur laquelle on vient fixer le palier supportant l'arbre.

Si l'arbre est disposé au-dessous du sol, on prépare, de distance en distance, dans un caniveau de faible largeur, de petits murs transversaux en maçonnerie sur lesquels on vient sceller les paliers, ou bien c'est la disposition précédente que l'on emploie, en fixant, au fond de la tranchée, les chaises en forme d'U renversé.

Si la transmission est aérienne, l'arbre est soutenu à une certaine hauteur au-dessus du sol, soit au moyen de consoles en fonte appliquées contre des murs, poteaux ou colonnes, soit à l'aide de chaises en J ou en V, si l'on peut fixer ces supports après la charpente du bâtiment, ou après les poutres horizontales d'une charpente spéciale.

Les poulies que l'on vient caler sur les arbres sont ordinairement en fonte, et formées d'une pièce ou de deux pièces, suivant leurs dimensions. Quelquefois, on leur préfère des poulies en fer plus légères, formées d'un moyeu en fonte dans lequel on insère, au moment de la fonte, des bras ou rais en fer, puis ces bras se recourbent et viennent s'assembler en dessous de la jante, formée d'un fer plat cintré au diamètre de la poulie, cette jante étant quelquefois perforée, pour augmenter l'adhérence de la courroie sur la poulie.

Dans le cas de poulies en fonte, les bras sont ordinairement courbes, de manière à supporter plus facilement les effets de la dilatation.

Si l'on passe maintenant à l'examen des organes flexibles, les courroies sont ordinairement formées d'une feuille de cuir de 5 à 6 millimètres d'épaisseur, cette épaisseur pouvant être doublée ou triplée, pour composer une courroie double ou triple.

On remplace quelquefois le cuir par d'autres substances, telles que le caoutchouc vulcanisé, ou mieux le caoutchouc garni de toile, présentant une résistance à peu près égale au cuir, en offrant cette particularité de pouvoir constituer une courroie de largeur quelconque, tandis que la courroie en cuir, lorsqu'elle est faite d'un seul morceau, dans sa largeur, ne peut pas avoir plus de 35 centimètres de largeur.

La courroie est quelquefois remplacée par un ensemble de cordes sans fin d'égales longueurs, venant pénétrer dans des rainures en forme de V, préparées sur les surfaces extérieures des jantes des deux poulies conductrice et conduite; mais ce genre de transmission ne convient que pour des efforts à transmettre assez considérables.

Lorsque la distance à franchir, au moyen d'un organe flexible, est très grande, lorsque la transmission doit s'effectuer à l'air libre, c'est à un câble métallique que l'on a recours, en faisant circuler ce câble sans fin avec une vitesse assez grande, qui atteint de 25 à 30 mètres par seconde.

En employant de grandes poulies aux deux extrémités de la transmission, de 5 à 6 mètres de diamètre, en garnissant les jantes métalliques de ces poulies de matière flexible, pour que l'adhérence de la poulie et du câble soit suffisante, en disposant tous les cent mètres environ des doubles galets de support, on peut ainsi constituer des transmissions importantes ayant quelquefois une longueur considérable. Par ce fait même, les applications agricoles de ce genre de transmission sont encore assez rares, et c'est pour cette raison que nous nous bornerons à ces simples indications.

Détermination de la puissance d'un moteur donné ou de la quantité de travail exigé pour la mise en mouvement d'une transmission donnée ou d'une machine opératoire quelconque. Avant que White d'une part, de Prony de l'autre, aient trouvé, par deux méthodes différentes, les moyens de déterminer le travail transmis à un arbre quelconque, il fallait recourir à l'emploi de la méthode de Smeaton qui consistait à enrouler sur le tambour d'un treuil, mis en mouvement de rotation, une corde à laquelle on attachait un poids, pour avoir, par la mesure de l'intensité du poids et de la longueur d'enroulement de la corde, une évaluation du travail dépensé.

Frein dynamométrique de de Prony. — De Prony, en imaginant le frein dynamométrique qui porte son nom, a rendu un immense service aux industriels, en donnant le moyen pratique d'absorber la puissance d'un moteur quelconque, pendant une durée suffisante pour qu'une expérience de consommation, par exemple, puisse s'effectuer, en même temps, dans des conditions d'exactitude suffisante.

De Prony a créé un appareil permettant d'absorber, en frottement, tout le travail disponible sur un arbre donné, de manière à pouvoir augmenter la durée de l'essai, autant que les constatations diverses le demandent.

Son appareil était composé de deux leviers d'égale longueur, L, L', entaillés de manière à enserrer l'arbre, fig. 44, page 96. Des boulons de serrage, B, B', permettaient d'obtenir une pression des coussinets sur l'arbre, et un poids, appliqué sur l'un des leviers, pouvait changer de position, jusqu'à ce que l'on en trouve une pour laquelle il y a équilibre entre les forces de frottement, dirigées tangentiellement à l'arbre, et la charge P, appliquée en un point du levier.

En réglant le serrage de telle manière que le mouvement de l'arbre dans ses coussinets soit uniforme, ce

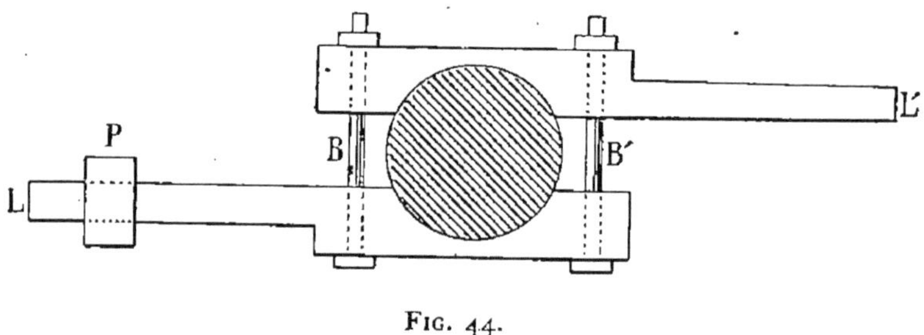

Fig. 44.

qui correspond évidemment à la condition de l'égalité entre le travail moteur et le travail de frottement

$$Tm = Tf.$$

En prenant les moments, par rapport au centre de l'arbre, des différentes forces se faisant équilibre, et en représentant par F' la somme des efforts tangentiels F dus au frottement, on a

$$Pl = \Sigma\, Fr = F'r,$$

or, le travail de frottement par unité de temps, la seconde, est donné par l'expression

$$Tf = F' \times \frac{2\pi r n}{60}$$

dans laquelle n est le nombre de tours par minute.

En remplaçant le produit F'r par son égal Pl, il vient

$$ \mathrm{T}m = \mathrm{T}f = \mathrm{P} \times \frac{2\pi n l}{60}, \quad (1) $$

expression dans laquelle P est la charge appliquée sur le levier du frein, l la longueur de ce bras de levier, et n le nombre de tours de l'arbre par minute.

Si les deux leviers n'ont pas la même longueur, et s'il n'est pas possible d'équilibrer l'ensemble du système, au moyen d'une charge supplémentaire, il faut tenir compte du poids même du levier, et l'on détermine, par expérience, la charge supplémentaire p' qui, ajoutée au point d'application de la force P, produirait le même effet que le poids p du frein, appliqué à son centre de gravité.

On aurait donc, dans ce cas particulier, l'expression

$$ \mathrm{T}m = \mathrm{T}f = (\mathrm{P} + p') \times \frac{2\pi n l}{60}, \quad (2) $$

permettant de calculer facilement le travail développé pendant l'unité de temps.

Il est utile de remarquer que, dans ces expressions (1) et (2), le rayon de l'arbre n'intervient pas, on peut donc, au moins théoriquement, se servir d'une poulie d'un diamètre quelconque, montée sur l'arbre, pour pouvoir y installer un frein de Prony.

La disposition originale de de Prony est d'une installation souvent difficile, et on lui préfère ordinairement une autre, représentée fig. 45 et 46, page 99, d'une construction peu coûteuse, et qui peut s'installer, à peu de frais, sur la poulie-volant d'une locomobile à vapeur, par exemple.

Ce frein se compose d'un collier D formé d'un fer feuillard terminé, à ses deux extrémités, par des tiges filetées B passant à travers un grand levier L, constitué, le plus ordinairement, d'un madrier en sapin sur lequel on vient fixer un sabot, également en sapin, épousant, le plus exactement possible, la forme de la poulie-volant devant servir de poulie de frein.

En dedans du collier, se trouvent fixés, au moyen de vis à bois, une série de coussinets E, de largeur un peu plus grande que celle de la poulie. On rapporte, de chaque côté de ces pièces, des joues en bois p, pour éviter de grands déplacements latéraux des coussinets par rapport à la poulie.

Il suffit de terminer les tiges filetées par des écrous B', de manœuvre facile, d'armer l'une des extrémités du levier d'un crochet D', auquel on attache des poids, pour constituer ainsi un frein d'un emploi assez commode.

En garnissant le collier de morceaux de suif en branches, et en serrant convenablement le collier de frein, pendant la rotation de la poulie P, on arrive facilement à un état de régime qui peut se continuer, sans inconvénient, pendant un temps souvent considérable. Par suite du travail absorbé en frottement, et de sa transformation en chaleur, la température de la poulie de frein s'élève, sans dépasser cependant une certaine limite, pour laquelle il y a échange constant de température entre la poulie et l'air ambiant. Le suif fond, à mesure que les cellules qui le contiennent se déchirent, sous l'action de la chaleur, et la lubrification est à peu près constante, pendant tout le temps de l'essai, quelle qu'en soit la durée.

Pour éviter certains accidents de se produire, on a soin de limiter les oscillations du frein, au moyen de pièces horizontales T, T', réunies au sol, d'une manière quelconque. Il peut, en effet, arriver que les poids attachés

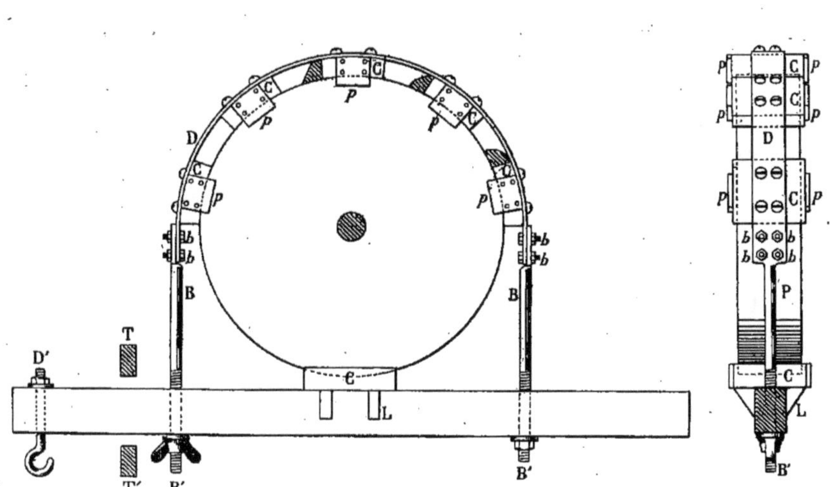

Fig. 45.   Fig. 46.

au frein se détachent, qu'une variation brusque de vitesse modifie rapidement la position du levier, sans que l'ouvrier puisse y parer assez vite, par un desserrage ou un serrage des boulons.

Lorsque la puissance à mesurer est un peu considérable, lorsque la poulie de frein est de faible diamètre, il est utile de se servir d'eau de savon pour aider à la lubrification du frein et à son refroidissement, mais ces cas ne se produisent pas ordinairement dans les essais agricoles. Nous n'y insisterons pas ici, et nous conseillerons seulement l'emploi du frein, représenté fig. 45 et 46, qui peut être construit partout, sans beaucoup de frais, et avec l'aide d'un ouvrier menuisier et serrurier seulement.

Le frein de Prony, dans les différentes formes qu'il peut présenter, peut servir à déterminer la puissance d'un moteur donné; il peut aussi servir à mesurer le travail exigé d'une machine opératoire, en opérant d'une manière particulière.

On commence par mettre en mouvement la machine opératoire à l'aide du moteur dont on dispose, et l'on note, avec soin, les différentes conditions de son fonctionnement, pression à la chaudière, degré d'ouverture du robinet de mise en marche, degré de détente, s'il s'agit d'une machine à détente variable, nombre de tours par minute; puis, après arrêt, on remplace la résistance de la machine opératoire par un frein de Prony, disposé, autant que possible, sur la poulie conductrice de la transmission précédente, et l'on cherche à faire fonctionner le moteur dans les mêmes conditions que précédemment. Si la vapeur agit dans les mêmes conditions, dans les deux essais successifs, il est évident que le travail mesuré au frein sera égal au travail exigé par la machine opératoire qu'il a remplacée.

Le frein de Prony peut donc servir à déterminer le travail dépensé par une machine opératoire quelconque; mais à la condition que le travail à mesurer, en employant cette méthode, représente une notable partie du travail maximum que peut développer le moteur.

Lors des concours généraux agricoles de Paris, de 1856 et 1860, les essais de machines à battre ont été faits par ce procédé, en tarant, au préalable, une locomobile, c'est-à-dire en notant avec soin le travail que l'on pouvait recueillir sur l'arbre du moteur, dans différentes conditions d'admission et de pression de la vapeur, et en disposant successivement ce moteur taré devant chacune des machines que l'on voulait comparer, au point de vue du travail mécanique exigé de chacune d'elles.

Lorsque ces déterminations doivent être faites avec plus de précision, ou lorsque le travail à mesurer ne représente qu'une très petite partie du travail maximum de moteur, on est obligé d'employer d'autres appareils connus sous le nom de dynamomètres de rotation.

Dynamomètres de rotation. — Presque à la même époque (1821) que de Prony imaginait le frein dynamométrique qui porte son nom, White proposait l'emploi d'un dynamomètre de rotation qui, placé intermédiairement entre le moteur et la machine opératoire, recevait le mouvement de rotation du moteur et le transmettait à l'outil, en mesurant le travail transmis. Le système de White, basé sur l'emploi de trois engrenages coniques, dont l'intermédiaire était monté sur un levier portant, à une distance connue de l'axe, un poids de valeur déterminée, ne pouvait convenir, au moins dans sa forme primitive, que pour la mesure d'un travail constant, tandis que presque toutes les machines opératoires sont soumises à des efforts variables, et par suite, exigent des travaux variables, dans un même essai.

Les dynamomètres dans lesquels on emploie, comme dans celui de White, une résistance de valeur constante, présentent donc des inconvénients tels que l'on y substitue ordinairement des appareils à ressorts.

Nous indiquerons successivement deux types de ces appareils.

Le général A. Morin que nous avons déjà cité, tome I, page 141, à propos de son dynamomètre de traction, a disposé un dynamomètre de rotation qui est encore en usage et qui, bien conduit, donne des résultats très précis.

Il est représenté figures 47 et 48..

Sur un arbre horizontal, maintenu, à une certaine distance du sol, par deux chaises en fonte S, se trouvent disposées trois poulies, l'une P calée sur l'arbre A, les deux autres P' et P" folles sur ce même arbre. La poulie P reçoit la courroie venant du moteur, ou d'un arbre de transmission quelconque, la poulie P" est destinée à recevoir la même courroie, lorsque l'arbre A ne doit pas tourner sur lui-même, enfin la poulie P' est entourée par une courroie, commandant le mouvement de la machine opératoire qu'il s'agit d'essayer.

Pour mettre en mouvement cette seconde courroie, et apprécier, en même temps, l'effort tangentiel qu'il faut développer pour vaincre les résistances de l'outil, deux lames de ressorts sont implantées dans l'axe A, sont dirigées, suivant des rayons, vers la jante de la poulie P', et leurs extrémités y sont maintenues au moyen de pièces en acier formant couteaux, repoussés l'un vers l'autre, au moyen de vis de pression v, de manière à enserrer ainsi les extrémités de ces lames, tout en leur permettant de changer de forme.

Si l'on suppose qu'un certain effort moteur agisse tangentiellement à la jante de la poulie P, si l'on suppose, de plus, qu'un effort résistant, dû aux organes de la ma-

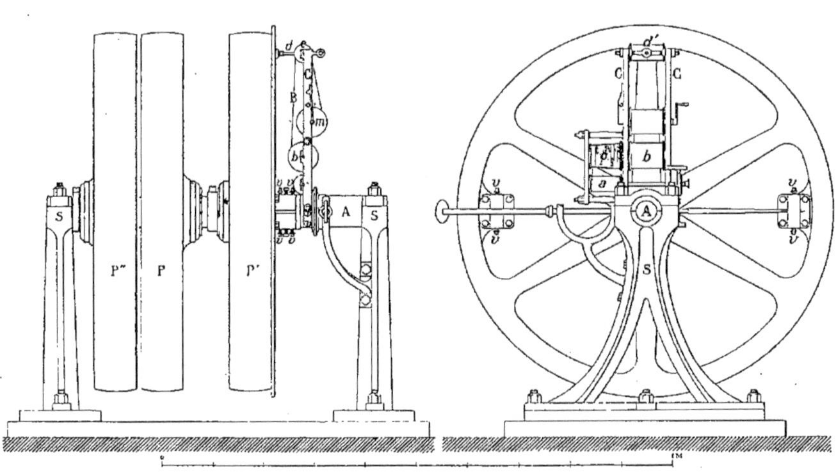

Fig. 47.

Fig. 48.

chine opératoire, soit opposé à cet effort moteur, les ressorts commenceront à se déformer, à se courber, avant que la poulie P′ puisse être entraînée dans le mouvement général de rotation, et cette déformation sera d'autant plus forte que l'effort résistant sera lui-même plus considérable.

Si, pendant la marche de tout le système, l'effort résistant vient à augmenter ou à diminuer, la courbure des ressorts deviendra plus prononcée ou diminuera dans une certaine proportion.

Il est donc nécessaire de munir cet appareil d'un enregistreur qui permette de conserver une trace des variations angulaires d'un point de la poulie P′ par rapport à un point de la poulie fixe P, et cet enregistreur est composé d'une bande de papier B se déplaçant devant deux crayons, l'un d appartenant à la poulie P′, l'autre d' fixé à la poulie P ou, ce qui revient au même, à un cadre C fixé sur l'arbre A, puisque la poulie P est elle-même calée sur cet axe.

Si l'effort tangentiel est nul, les deux crayons laisseront, sur le papier, une seule et même trace rectiligne. Si l'effort varie d'intensité, l'un des crayons, celui attaché à la poulie P′, laissera sur le papier une trace ondulée, tandis que l'autre tracera une ligne droite, et la distance de la courbe à la ligne droite représentera, à une certaine échelle, l'effort exercé à un moment donné.

Il est donc possible d'obtenir, par l'emploi de cet appareil, soit la succession des efforts, soit même le travail dépensé, si l'on a le soin de déplacer le papier devant les crayons, de quantités égales, pour des déplacements égaux du point d'application de l'effort, qui, dans ce cas particulier, n'est autre chose qu'un point de la jante de la poulie; la surface comprise entre la ligne courbe et la ligne droite, et limitée par deux ordonnées, représente, à une certaine échelle, le travail dépensé qu'il s'agit de mesurer.

Si donc l'on connaît la tare de l'instrument, c'est-à-dire le nombre de kilogrammes correspondant à un millimètre de flexion des lames, ou bien la surface correspondant à l'unité de travail, le kilogrammètre, il est possible de déduire, soit de l'ordonnée moyenne, l'effort moyen, soit de la surface totale, mesurée au planimètre, le travail total qui a été dépensé.

Si c'est la première forme qui a été adoptée, le travail s'obtient en multipliant l'effort moyen par la circonférence de la poulie, pour avoir le travail par tour, et en multipliant cette valeur par le nombre de tours de l'arbre de dynamomètre par seconde, le travail dépensé par unité de temps.

Tout l'appareil de mesure tournant rapidement avec l'ensemble des poulies, il faut pouvoir, de l'extérieur, arrêter ou mettre en mouvement le papier sur lequel s'effectue le tracé, et il faut, de plus, s'arranger pour que la vitesse de translation du papier soit toujours la même, quel que soit le degré d'enroulement du papier sur le cylindre, mis en mouvement par une transmission spéciale.

C'est en adoptant une fusée compensatrice, comme pour son dynamomètre de traction, que le général Morin a résolu ce problème d'une manière très simple. Un cylindre a, d'assez faible diamètre, est mis en mouvement, à volonté, par une transmission spéciale, un cône est situé sur un arbre parallèle portant le tambour b sur lequel s'enroule le papier, et enfin un fil, enroulé préalablement sur le cône portant une rainure en hélice, vient s'attacher sur le cylindre inférieur. A mesure que celui-ci tourne, le fil se déroule du cône qui est obligé de tourner sur lui-même avec une vitesse angulaire qui va en diminuant à mesure que le rayon du cylindre sur lequel s'enroule le papier augmente. Il est donc facile de comprendre que l'on peut combiner cette transmission par corde et fusée compensatrice de telle manière que la vitesse du papier soit constante, dans tout son parcours, pour une même vitesse de rotation de l'ensemble des poulies.

En *m* se trouve le tambour magasin de papier, et en *e* un cylindre supplémentaire permettant aux deux crayons de venir agir sur ce papier lorsque celui-ci repose sur une surface rigide, et obligeant la bande de papier à changer de direction.

L'autre dynamomètre, dont nous donnerons ici la description, est de construction beaucoup plus récente. La disposition est la même que celle du dynamomètre de rotation de la société Royale d'agriculture d'Angleterre, il a été construit également par MM. Easton et Anderson; mais il a subi, à son arrivée en France, quelques modifications qui en rendent le fonctionnement plus certain, et qui augmentent la précision de cet instrument de mesure.

Ce dynamomètre, représenté fig. 49 à 52, se compose, comme le précédent, de deux poulies, dont l'une P est calée à demeure sur l'arbre A, et l'autre P' est laissée folle sur le même axe.

La seconde poulie folle, du premier exemple, n'existe pas ici, et il est nécessaire, lorsque l'on veut arrêter le mouvement de la machine opératoire, commandée par le dynamomètre, soit d'arrêter le moteur, soit de se servir de la poulie folle de la machine à expérimenter.

Une courroie entoure la poulie fixe P, et la poulie du moteur ou de la transmission. Une autre, de mêmes dimensions, s'enroule sur la poulie folle P' du dynamomètre et sur la poulie de la machine opératoire.

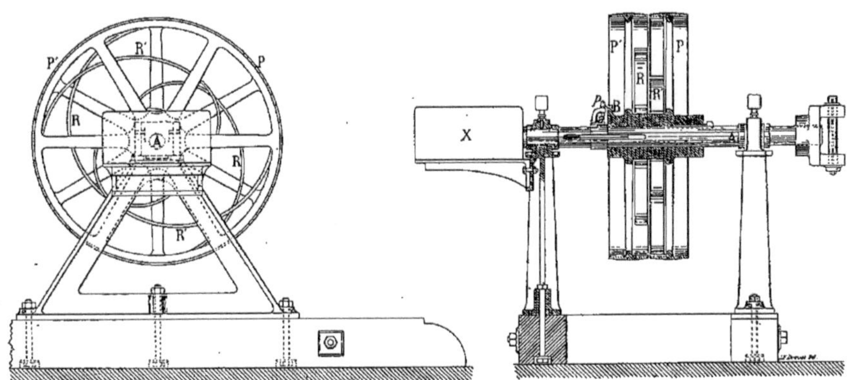

FIG. 49.

FIG. 50.

Pour que le mouvement soit transmis à cette dernière, tout en mesurant l'intensité de l'effort transmis, des ressorts R, R', de forme courbe, sont attachés en différents points de la jante de poulie fixe P et au moyeu de la poulie folle P', de sorte que le mouvement n'est transmis à cette poulie que lorsque les ressorts ont déjà fléchi, sous l'action de l'effort tangentiel à la jante de la poulie fixe P. Dès que l'effort moteur appliqué à la jante de cette poulie devient égal à l'effort résistant qui se développe à la circonférence de la seconde poulie, les ressorts cesseront de fléchir davantage, et les deux poulies tourneront ensemble, jusqu'à ce que une variation de l'effort résistant ne modifie, à nouveau, la position d'un point de la jante de l'une des poulies par rapport au point correspondant de la jante de l'autre organe de la transmission.

Le principe de cet appareil est donc exactement le même que celui du dynamomètre de rotation du général Morin ; mais le procédé employé pour la mesure des déplacements et, par conséquent, pour l'évaluation des efforts est tout différent, en ce sens, que les moyens de mesure sont tous réunis dans une boîte X attenant au dynamomètre, mais ne tournant pas avec les poulies, de telle manière que l'on peut suivre, plus facilement, la marche de l'expérience, la fractionner si l'on veut, et avoir même une première évaluation du travail dépensé, au cours de l'expérience même, sans avoir besoin de procéder par arrêts et mises en marche successifs.

Ce procédé consiste à transformer le déplacement angulaire de l'une des poulies par rapport à l'autre en un déplacement des différents points d'une tige t disposée dans l'axe de arbre et le dépassant à l'une de ses extrémités, et de différents organes permettant de traduire ces déplacements rectilignes, combinés avec le mouvement général de rotation, de manière à pouvoir obtenir, soit sous forme de tracé, soit par les indications d'un compteur de tours ordinaire, l'évaluation du travail mécanique que l'on veut mesurer.

Avant de nous occuper du compteur de travail, il est nécessaire d'indiquer quels sont les organes principaux permettant cette transformation d'un déplacement angulaire en un mouvement rectiligne.

Le moyeu de la poulie folle P' porte un arc denté B qui peut se déplacer devant un pignon p monté à la partie supérieure d'un arbre a, de direction perpendiculaire à l'axe principal, ce même arbre, porte, à son autre extrémité, un pignon p' engrenant avec une crémaillère G fixée à l'une des extrémités d'une tige horizontale t, ayant même axe que A et dépassant l'extrémité de cet arbre d'une certaine quantité. Une rainure, ménagée dans l'arbre A, sert de logement au cadre portant la crémaillère.

Si l'on suppose que, sous l'action des efforts exercés, une certaine déviation de la poulie folle P', par rapport à la poulie fixe P, vienne à produire, l'arc denté B agira sur le pignon p, pour faire tourner sur lui-même l'arbre a ainsi que le pignon p', et amener, par suite, un déplacement rectiligne de la crémaillère et de sa tige proportionnel à la déviation angulaire qu'il s'agit de mesurer. Comme celle-ci est proportionnelle à l'intensité des efforts exercés, on peut, en mesurant, avec soin, les déplacements rectilignes d'un point de la tige de la crémaillère, conclure, de la moyenne de ces déplacements, l'effort moyen qu'il a fallu exercer, et par suite le travail moyen qu'il a fallu dépenser.

Cette succession de mesures pourrait être prise pendant que les poulies tournent sur elles-mêmes, à des vitesses quelquefois très grandes, sans que pour cela les difficultés d'appréciation soient augmentées, et l'on a dès lors un moyen de mesure des efforts ou du travail, en partie indépendant du mouvement de rotation des poulies de transmission, permettant, par conséquent, de suivre la marche de l'essai dans des conditions de commodités beaucoup plus grandes que lorsque ces organes de mesure font partie intégrante des poulies de transmission.

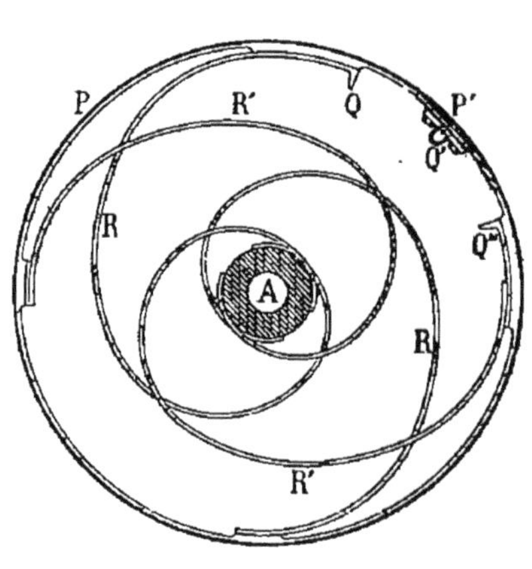

Fig. 51.

Des précautions doivent être prises pour que la flexion des lames n'atteigne pas une limite dangereuse, et des buttoirs, représentés en Q, Q′, Q″, de la figure 51, limitent la déviation angulaire de l'une des poulies par rapport à l'autre, et par suite la flexion des lames, par l'intermédiaire desquels le mouvement de rotation se trouve transmis de la poulie fixe P à la poulie folle P′.

Reste maintenant à indiquer la disposition du compteur de travail, dont est muni le dynamomètre de MM. Easton et Anderson, et quelles sont les additions que l'on a cru devoir apporter à cette partie de l'instrument.

Au lieu de mesurer, aussi fréquemment que possible, les déplacements d'un point de la tige centrale t, le compteur de travail X, représenté fig. 52, est disposé de telle manière que la lecture du nombre des divisions passées par les aiguilles de trois cadrans successifs c, c', c'' donne un nombre de centaines, dizaines et unités proportionnel au travail dépensé. Il suffit donc, connaissant ce nombre ; de l'affecter d'un coefficient, on tare

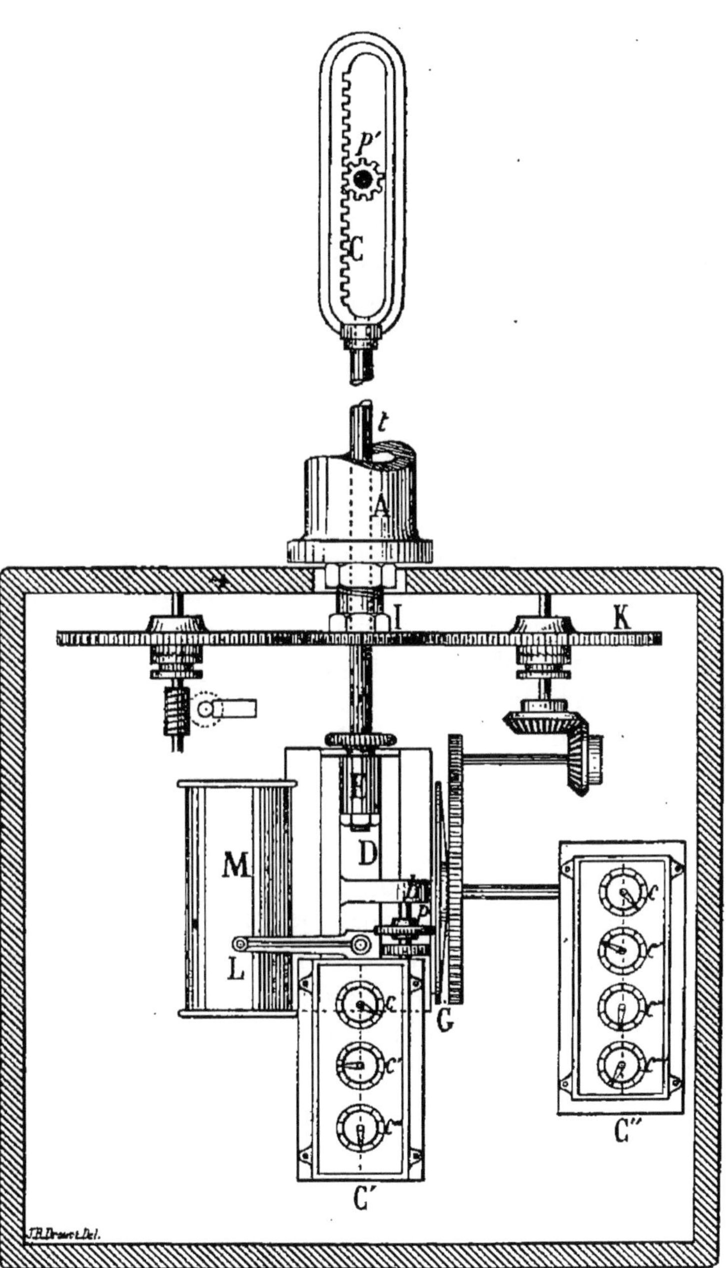

Fig. 52.

l'instrument, pour avoir, en kilogrammètres, l'évaluation du travail exigé par la machine opératoire, mise en mouvement par l'intermédiaire de ce dynamomètre de rotation.

Pour arriver à ce résultat, un chariot D est attaché, par une sorte de rotule E, à l'extrémité de la tige t, et participe, par conséquent, à tous les déplacements des différents points de cette tige. En r se trouve fixée, sur ce chariot, une roulette en acier sur laquelle s'appuie constamment un plateau G animé d'un mouvement de rotation continu, donné par l'axe du dynamomètre.

L'axe b de la roulette porte un tambour divisé, permettant de lire les fractions de tour de cette roulette, et pénètre dans une boîte de compteur portant, en c, c', et c'', trois cadrans fixes, devant chacun desquels se déplace une aiguille dont la position indique le nombre de tours de la roulette. Celle-ci, se déplaçant, en ligne droite, devant le plateau, tourne plus ou moins rapidement, suivant la position de son plan par rapport au centre du plateau. Le plateau tourne lui-même plus ou moins vite, suivant le nombre de tours de l'axe du dynamomètre, au moyen d'une transmission composée d'un pignon droit I, monté à l'extrémité de l'axe du dynamomètre, d'un engrenage K, disposé fou sur un axe parallèle, qui peut tourner sur lui-même, lorsque les deux parties d'un embrayage à griffes se trouvent en contact, de deux engrenages coniques, et enfin d'un pignon et d'un engrenage droits, ce dernier monté sur l'arbre portant le plateau G. Cet axe passe dans l'intérieur de la boîte d'un autre compteur chargé de donner les nombres de tours de l'arbre de dynamomètre, pendant toute la durée de l'essai.

La roulette tournant d'autant plus vite que la distance de son plan au centre du plateau augmente, le nombre

de tours de cette roulette, pour le même effort tangentiel développé, variant avec le nombre de tours de l'arbre
du dynamomètre, ou, ce qui revient au même, avec la
vitesse tangentielle d'un point de la jante des poulies, le
compteur spécial C' donnera des indications proportionnelles, à la fois, à l'effort tangentiel et à la vitesse du
point d'application de l'effort, c'est-à-dire des nombres
proportionnels au travail transmis. Il constitue donc
un véritable compteur du travail.

Un compteur de tours C'', composé de quatre cadrans,
c, c', c'', c''', complète cette partie du dynamomètre de
rotation.

Ce premier appareil enregistreur du travail transmis
donne des indications suffisamment exactes toutes les fois
qu'il s'agit d'un travail continu, variable cependant, mais
ne présentant pas des alternances de travaux positifs et négatifs, comme on le remarque dans la mise en mouvement
des machines opératoires munies de volants. Si l'on voulait effectuer cette mesure au moyen d'un appareil à roulette semblable à celui qui vient d'être décrit, il faudrait
compter, d'une manière trop absolue, sur le changement
de sens de rotation de la roulette, toutes les fois que son
plan dépasserait le centre du plateau, dans l'un ou dans
l'autre sens, et l'expérience montre que chaque fois que
cet effet se produit, il y a arrêt plus ou moins prolongé
de la roulette, et par suite erreur dans les indications du
compteur de travail. Si ces arrêts pouvaient être considérés comme négligeables, les indications de ce compteur donneraient, par une seule lecture, la différence entre
la somme des travaux positifs et négatifs, c'est-à-dire
le travail mécanique réellement dépensé.

M. N. J. Raffard a proposé l'emploi de deux roulettes,
munies chacune de son compteur, et disposées sur un
même cadre à une distance fixe l'une de l'autre. Quelles

que soient les variations de travail, sa mesure se trouverait donnée par la différence des indications des deux compteurs, en ayant soin de disposer les deux roulettes de telle manière que, pour un effort tangentiel nul, la distance de leurs plans au centre du plateau soit égale.

Dans le dynamomètre appartenant à la Société des Agriculteurs de France, c'est à un tracé graphique que l'on a recours pour contrôler les indications du compteur de travail, ou se substituer à ce premier mode de mesure.

Deux crayons, l'un L fixé au chariot portant déjà la roulette, l'autre, fixé sur une tige horizontale, non représentée sur la figure, et attachée à la boîte du compteur, sont disposés pour que leurs traces soient reçues sur un papier continu partant d'un magasin, passant en dessous d'un rouleau de direction, s'enroulant sur le cylindre M, pour s'échapper ensuite, de la boîte du compteur, par une fente longitudinale, vers laquelle il est dirigé par un second rouleau de direction. Une transmission, composée de deux séries de vis sans fin et de roues à denture hélicoïdale, met en mouvement le cylindre porte-papier, et un débrayage, de même forme que celui qui commande le mouvement de rotation du plateau de friction, et symétriquement placé, permet de mettre en mouvement le papier continu, ou d'en déterminer l'arrêt. Si un effort tangentiel résistant vient à s'exercer sur la jante de la poulie mobile, cet effort pourra se mesurer par la déviation de l'un des crayons par rapport à l'autre, et si l'on admet que ces deux crayons laissent leurs traces sur un papier se déroulant de quantités proportionnelles au déplacement du point d'application de l'effort, l'aire comprise entre les deux traces, dont l'une est plus ou moins sinueuse et l'autre rectiligne, et limitée par deux lignes perpendiculaires à cette dernière, représentera, à une certaine échelle, le travail dépensé, avec une exactitude aussi grande qu'en employant d'autres appareils du genre du dynamomètre de rotation du général Morin.

Il est à peine nécessaire de faire remarquer, en terminant cette description, que dans cet appareil, ainsi modifié, l'essai total peut être fractionné en autant d'expériences partielles que l'on veut, et que les indications de ces deux enregistreurs de travail, renfermés dans une même boîte, de position fixe, peuvent être consultées à un moment quelconque de l'expérience en cours.

Nous ne nous étendrons pas davantage sur ces différents appareils de mesure du travail, dont les détails de réalisation peuvent varier à l'infini, et nous commencerons maintenant l'étude du matériel d'intérieur de ferme proprement dit.

CHAPITRE III.

BATTAGE DES GRAINS.

Les opérations qui constituent le battage des grains varient suivant leur nature, et nous devrons diviser ce chapitre en trois parties distinctes :

La première, de beaucoup la plus importante, aura trait au battage des céréales.

La seconde sera relative à l'extraction des graines oléagineuses ou fourragères de leurs gaînes ou gousses.

Enfin, dans le troisième, il sera question de certaines machines spéciales à l'égrenage de certaines graines, telles que le maïs, par exemple.

Battage des céréales. — La séparation des grains de la paille, dans les céréales, peut s'effectuer par des procédés très divers, les uns fort anciens, que l'on trouve encore en usage dans les petites exploitations, les autres exigeant des machines plus ou moins complètes qui tendent à remplacer les procédés anciens, un peu trop primitifs, en activant beaucoup le travail du battage et en laissant de moins en moins, dans la paille ou les déchets, le produit que l'on voulait extraire.

Le battage au fléau, le dépiquage, par le piétinage des chevaux ou par le passage au rouleau, et le battage,

au moyen de la machine à battre proprement dite, sont
les procédés encore en usage.

Nous les décrirons successivement, en passant rapidement sur les premiers, et en entrant, au
contraire, dans d'assez longs détails, en
ce qui concerne les machines à battre
proprement dites.

Emploi du fléau. Lorsque l'on veut,
sans machine, et en utilisant les bras
de l'homme, battre de petites quantités
de céréales, on emploie le fléau, dont la
fig. 53 indique la forme, ainsi que les
dimensions principales.

Cet outil se compose de deux parties
distinctes : le manche, et la batte ou
batteur, celui-ci étant réuni au manche
par des sortes d'anneaux flexibles, pour
donner au batteur toute la mobilité nécessaire.

La nature du bois composant le manche est à peu près indifférente, mais il
ne peut en être de même pour le batteur,
qui vient frapper la gerbe disposée sur
le sol. La batte est formée d'une pièce en
frêne, de forme conique, ayant environ
80 centimètres de longueur et pour diamètres extrêmes 40 et 29 millimètres,
la portion la plus grosse étant située vers
le manche. Pour éviter que, sous l'effet
des chocs répétés, le bois ne vienne à
s'effeuiller, on dispose l'articulation de telle manière que
les couches soient dirigées perpendiculairement au sol,
au moment de la frappe.

La même figure 53 donne un des modes de liaison

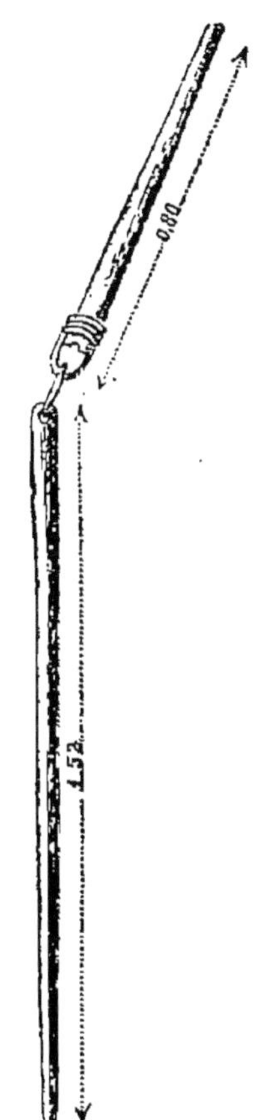

FIG. 53.

que l'on peut employer pour réunir le batteur au manche.

Une bande de cuir, formant demi-anneau, est percée, à ses deux extrémités, de quatre trous, dans lesquels passe une même lanière de cuir entourant la batte et fixant solidement la bride ainsi formée.

Une seconde courroie, faite en peau d'anguille, ou en nerf de bœuf ramolli, passe dans la bride et à travers un trou percé à l'extrémité du manche, de manière à former une liaison suffisamment mobile du manche et de la batte, en dirigeant cette dernière de manière que les couches de bois soient dans la direction voulue, au moment du choc.

On peut encore produire cet assemblage, comme l'indique la fig. 54, en disposant deux brides à angle droit aux extrémités de chacune des deux pièces à réunir et en formant, par le croisement de ces brides, l'articulation nécessaire.

Fig. 54.

On doit disposer, d'autre part, dans la grange, d'une aire spéciale formée, soit de terre argileuse battue et enduite, lorsqu'elle est sèche, de sang liquide, soit de ciment, soit d'un carrelage ou encore d'un plancher jointif, constituant le meilleur mode de préparation de la surface sur laquelle on vient étendre la gerbe qu'il s'agit de battre.

Après avoir donné quelques coups de fléau sur la gerbe encore liée, le batteur en grange délie la gerbe et étend les tiges, de manière à en former une couche d'épaisseur uniforme, puis bat les tiges, à l'aide de coups répétés et réguliers, puis, en engageant le manche du fléau au-dessous des tiges, les retourne en les faisant pivoter autour de leurs pieds, les bat à nouveau, mais en y employant moins de temps qu'au premier battage, et l'égrenage se trouve ainsi terminé.

Il suffit, à l'aide d'une fourche, de secouer la paille, pour en laisser tomber le grain, puis de former, avec la paille battue, une botte, en disposant la paille sur un lien préalablement étendu sur le sol, ou bien en rejetant simplement cette paille sur le côté, lorsqu'elle doit avoir un usage immédiat dans l'intérieur de la ferme.

On admet ordinairement qu'un bon batteur en grange donne environ 35 coups de fléau par minute, et qu'il faut de 140 à 150 coups de fléau pour obtenir le battage, aussi complet que possible, d'une gerbe de blé de 10 kilogrammes. Il faut donc employer quatre minutes environ pour le battage d'une gerbe de blé.

En comptant le temps perdu entre chaque opération, celui nécessaire pour le secouage de la paille et la formation de la botte de paille battue, on trouve qu'un homme peut obtenir, par le battage au fléau, et par jour : 1.5 hectolitre de blé, environ le double, s'il s'agit d'orge, et le triple pour l'avoine.

En dehors de cette faible production, la quantité de grains laissés dans la paille est assez importante, et on l'évalue de 5 à 7 % de la quantité de grain total.

Quelquefois, le battage se fait en plein air, en ayant soin de préparer une assez grande surface de terrain battu et bousé, et en employant un assez grand nombre d'ouvriers effectuant le battage au fléau en même temps ; mais il faut alors utiliser les temps secs et chauds, et l'on perd ainsi un des avantages principaux du battage en grange, permettant d'utiliser la main-d'œuvre des ouvriers de la ferme, lorsque le temps ne permet pas de les utiliser au dehors. Le battage au fléau en plein air doit s'effectuer aussitôt après la moisson, tandis que le battage en grange dure pendant l'automne, l'hiver et quelquefois le printemps.

Emploi de l'action directe des chevaux, opérant par piétinage, pour le battage de céréales. — Les chevaux, à demi-sauvages, des marais de la Camargue ont été, de tout temps, employés pour le dépiquage des grains; mais ce procédé, qui ne peut convenir que dans des pays relativement chauds, tend à disparaître complètement, pour faire place à des méthodes plus perfectionnées.

Ce procédé de dépiquage par piétinage ne peut évidemment convenir que lorsqu'il s'agit de la préparation d'un grand nombre de gerbes que l'on dispose en couche épaisse suivant les rayons d'une piste circulaire de grand diamètre. Quelquefois même les gerbes étaient posées verticalement et les chevaux marchant sur cet ensemble de tiges commençaient à produire l'égrenage, puis, sous l'action du piétinement des chevaux lancés au grand trot, la paille se trouvait brisée en fragments de petite longueur et le grain complètement détaché.

En faisant agir ainsi les chevaux pendant toute une journée, le temps de travail n'étant séparé que par deux intervalles de faible durée, l'égrenage est terminé, et il suffit de soulever à la fourche la paille, ainsi battue, la secouer, et l'enlever de l'aire, pour retrouver le grain séparé de la paille, mais mélangé de nombreuses impuretés.

Le nombre d'hommes dont il faut disposer pour le placement des gerbes, le secouage et le déplacement de la paille battue, ainsi que l'enlèvement du grain, est encore assez considérable, et l'on admet que par hectolitre de blé il faut employer :

1/5 ou 20 % de la journée d'un cheval

et 12 à 15 % de la journée d'un homme.

Emploi des_rouleaux. — Suivant que l'on peut disposer d'une aire circulaire ou rectangulaire les rouleaux dépiqueurs sont coniques ou cylindriques. Ils
sont formés soit d'une masse de pierre, soit d'un solide
évidé sur lequel des battes, ordinairement en bois, viennent, en tournant autour de l'axe du rouleau, agir sur
la récolte déposée sur le sol. S'il s'agit d'une aire circulaire, il suffit de disposer, au centre du cercle, un poteau
vertical terminé par une tige cylindrique, d'y attacher
la longe des chevaux, pour que ceux-ci décrivent une
spirale, dont le rayon va en diminuant à mesure que la
longe vient à s'enrouler sur la tige, ou une autre spirale
à rayon allant en croissant, lorsqu'après avoir retourné
les chevaux attelés au rouleau, on vient dérouler la longe
de la tige cylindrique servant d'axe à cette sorte de manège.

Lorsque le rouleau dépiqueur est en pierre, on lui
donne de 0^m,80 à 0^m,90 de diamètre, et de 1^m,00 à 1^m,20
de longueur; son poids est alors compris entre 2 000 et
3 000 kilogrammes.

Ce procédé, encore bien défectueux, et dont on trouve
cependant encore de nombreux exemples, dans le midi
de la France, exige une main-d'œuvre assez considérable.
Il doit être combiné avec l'emploi du fléau, pour terminer la séparation des grains de l'épi, et la quantité de
grains laissés dans la paille ne laisse pas que d'être assez
importante. On l'évalue aux 3 ou 4% de la quantité totale.

Machines à battre proprement dites. — Depuis que
les machines à battre à mouvements mécaniques ont
été introduites dans la pratique agricole, les procédés, un
peu trop primitifs, qui viennent d'être indiqués, d'une
manière sommaire, ont perdu la plus grande partie de
leur importance, et l'on peut dire que l'introduction de
la batteuse mécanique dans des exploitations, même de

faible importance, a été aussi rapide que celle de la moissonneuse mécanique, qui s'est substituée à l'emploi de la faucille, de la serpe, et de la faux, dans la coupe des céréales.

On rencontre encore ces outils, comme on fait encore usage du fléau, dans des exploitations de faible importance; mais les moyens mécaniques acquièrent, de jour en jour, une plus grande importance, aussi bien pour l'égrenage des céréales que pour récolter ces produits du sol.

Le battage mécanique des céréales peut s'exécuter au moyen de machines très diverses qui peuvent se grouper en deux divisions bien distinctes, suivant la position que présentent les tiges, par rapport aux organes chargés du battage ou de l'égrenage.

Dans le battage en long, les tiges sont disposées perpendiculairement à l'axe de l'organe principal de toute machine à battre, le batteur, et ces machines à battre ont toute pour inconvénient de détériorer la paille soumise à l'action des organes principaux de la batteuse.

Dans le battage en travers, les tiges sont disposées dans une direction perpendiculaire, et la paille, à sa sortie de la machine, doit conserver toute sa valeur marchande, si la batteuse est bien agencée et bien réglée.

Les machines à battre pour petites exploitations, à largeur très réduite, sont toutes des machines à battre en long.

Les machines à battre pour moyennes ou grandes exploitations, à l'exception de certaines machines américaines, sont constituées de manière à exécuter le battage en travers, leur largeur doit être alors au moins égale à la longueur des tiges.

Enfin, l'on désigne, sous le nom de machines à battre

à grand travail, des appareils assez compliqués, ne pouvant être utilisés que dans la grande culture, et qui permettent, en dehors du battage proprement dit, de séparer complètement les différents produits à obtenir, en triant les grains, et les divisant en plusieurs catégories distinctes.

Les machines à battre à grand travail, d'origine française ou anglaise, sont toutes de la catégorie des machines à battre en travers. Certaines machines à battre à grand travail, de construction américaine, sont de la catégorie des machines à battre en long; elles peuvent avoir, comme toutes les machines de cette catégorie, une largeur variable avec la quantité de matières à y faire passer par unité de temps, et peuvent être employées en offrant certains avantages que nous indiquerons plus loin, là où la paille n'a pas de valeur marchande, où elle doit être employée dans la ferme, sous forme de litières, ou encore comme combustible pour la production du travail mécanique nécessaire pour la mise en mouvement de ces machines de grandes dimensions.

C'est à Andrew Meickle, de Tyningham, que l'on est redevable de la véritable machine à battre devant remplacer, par la suite, tous les anciens procédés.

On avait bien proposé, à différentes reprises, de mettre en mouvement, par moyens mécaniques, des fléaux ou de simples gaules venant frapper les épis; mais ces engins n'avaient pas donné de bons résultats, jusqu'à ce que Meickle, en 1786, inventa le batteur rotatif agissant dans l'intérieur d'une pièce en forme de portion de cylindre creux, formant le contrebatteur, de manière que les tiges soient soumises à des chocs très répétés amenant l'égrenage des épis. Une première machine de ce genre n'était composée que de ces deux organes principaux, le grain et la paille battue sortant en même temps de la machine et devant être séparés par procédés manuels, au moyen de fourches soulevant la paille battue et laissant tomber le grain. Bientôt Meickle sentit la nécessité d'adjoindre à sa première machine des secoueurs de paille, des élévateurs de grain, et même un tarare cribleur, pour constituer ainsi une machine beaucoup plus complète et ne pouvant convenir que dans des exploitations de quelque importance.

L'idée de Meickle demanda une trentaine d'années pour se répandre en certains pays de l'Europe, et ce n'est que vers 1835 que les machines à battre ont commencé à se répandre en France, en y occupant, par la suite, la place que l'on connaît maintenant. L'emploi de plus en plus fréquent de la locomobile à vapeur a été pour beaucoup dans cette propagation, en ce sens qu'étant assuré de trouver un moteur portatif, d'une puissance suffisante, sous un petit volume, le cultivateur n'a plus hésité à faire l'acquisition de ces machines à grand travail, permettant la séparation complète des différents produits à obtenir, mais exigeant une puissance mécanique pouvant atteindre 12 et 14 chevaux-vapeur.

Si l'on voulait se rendre compte du nombre de batteurs en grange, armés de fléaux, qu'il faudrait employer pour faire le même travail qu'une de ces grandes machines, il faudrait établir le calcul suivant :

Un batteur au fléau peut séparer de sa paille $1^h,5$ de blé par jour, soit, en kilogrammes :

$1,5 \times 78 = 117$ kilogrammes, pour une durée de battage de 6 à 8 heures, représentant la journée ordinaire d'un batteur en grange.

Si l'on considère maintenant le produit de l'une des machines à grand travail, essayées, en 1880, à la ferme de l'Institut national agronomique, essais dont il sera rendu

compte un peu plus loin, on trouve : que 4823ᵏ de gerbes de blé, représentant 689 gerbes, de 9 kilogrammes, ont
été passées, par heure, et que 1649 kilogrammes de blé
en ont été extraits, soit un produit de 16490 kilogrammes, par journée de dix heures.

Si l'on compare ce dernier chiffre à celui obtenu par
un seul batteur en grange, on trouve qu'il faudrait 141
de ces unités pour obtenir le même résultat. Cette différence, dans la rapidité du battage, tient au nombre plus
considérable de tiges mises en contact avec les outils
principaux, dans l'unité de temps, et aussi à la forme
de ces outils.

Le secouage plus méthodique de la paille, dans les
machines bien construites, permet d'y laisser moins de
grains, et l'on admet que la perte en grains n'est que
de 1 à 2 %.

Cette comparaison entre le travail à bras et le battage à
la machine peut se faire encore à un autre point de vue.

Le batteur d'une machine à battre est ordinairement
composé d'un cylindre à paroi pleine ou à jour sur
laquelle se trouvent fixées des tiges ou battes de différentes formes, suivant les constructeurs, ces tiges, dirigées
suivant les génératrices du cylindre, sont au nombre de
8 ou 10, dans les machines de construction récente.

Si l'on se reporte aux essais de 1880, le diamètre du
batteur variait, suivant le type de machines, de 0ᵐ,497 à
0ᵐ,590, et le nombre de tours, que l'on imprimait à l'axe
du batteur, a varié de 933,5 à 1203 par minute.

Il s'ensuit que la vitesse à la circonférence était comprise, dans ces essais, entre 26ᵐ,83 et 33ᵐ,35, soit, en
moyenne, 30 mètres environ.

Le nombre des battes étant ordinairement de 8 à 10,
le nombre moyen des coups de battes s'est élevé à 150,53
par seconde, ou 9032 par minute.

L'ensemble des tiges de céréales se trouve rencontré, par les organes percuteurs, 9032 fois à la minute.

Dans le battage au fléau, la batte ne rencontre les tiges que 35 fois par minute, et si l'on prend le rapport de ces deux nombres 9032 et 35, on trouve 258, ce qui montre quelle est l'importance de la vitesse des organes en mouvement, dans les machines de ce genre, au point de

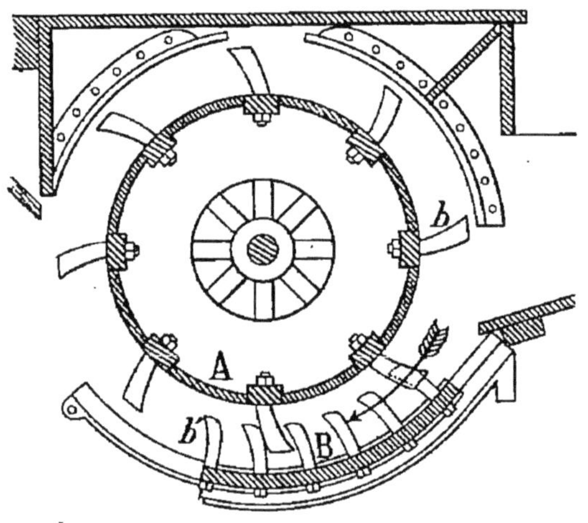

Fig. 55.

vue de leur débit, et aussi de l'énergie de la frappe, nécessaire pour séparer les grains de leurs enveloppes.

Description des organes principaux composant une machine à battre les céréales. Batteur et contrebatteur. — Toute machine à battre, même la plus simple, est constituée de deux organes principaux, le batteur et le contrebatteur, entre lesquels doivent circuler les tiges dont il s'agit d'enlever les grains.

S'il s'agit d'une machine à battre en long, on emploie, de préférence, le batteur américain, ou batteur à pointes, représenté fig. 55, qui a remplacé maintenant, dans toutes ces machines, le batteur écossais, représenté

fig. 56. S'il s'agit, au contraire, de batteuses en travers, ce sont les dispositions des fig. 57 et 58 que l'on rencontre dans ces machines.

Dans le batteur américain, fig. 55, ce sont des barres légèrement recourbées *b*, et terminées en pointes, qui sont implantées sur la surface d'un cylindre en tôle A et dirigées suivant des rayons. Le contrebatteur B, situé en dessous du batteur, se compose, dans cet exemple, d'une

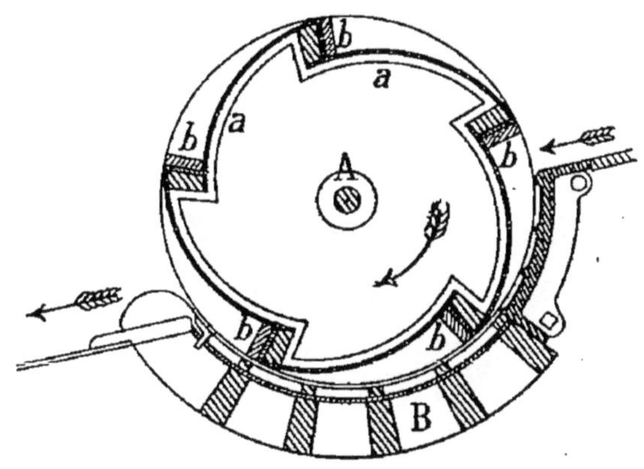

FIG. 56.

portion concave également cylindrique, à l'intérieur de laquelle on a fixé, au moyen de tiges filetées et d'écrous, un certain nombre de lames *b'* de même forme que les tiges du batteur, mais recourbées en sens inverse.

En supposant que le batteur tourne rapidement sur lui-même, dans le sens indiqué par la flèche, les tiges, présentées en bout ou en long, sont attirées vers la machine et sont obligées de passer entre les dents mobiles *b* du batteur et les dents fixes *b'* du contrebatteur, en abandonnant les grains renfermés dans les épis. Ces grains suivent le même chemin que la paille, et c'est à l'aide d'organes mécaniques secouant ce mélange que la séparation des grains de la paille peut s'effectuer.

Dans le batteur dérivé du système écossais, fig. 56,

page 127, les battes sont formées par des faces planes *b*, d'assez grande surface, dirigées suivant des rayons et réunies les unes aux autres par une sorte d'enveloppe en tôle *a*, de forme courbe, constituant un tambour creux à paroi pleine, comme dans l'exemple précédent, mais de forme différente. Ce tambour est monté sur un axe A, et

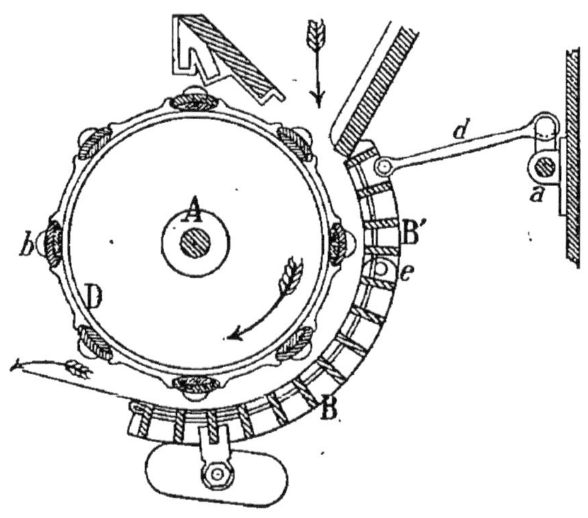

FIG. 57.

un contrebatteur B, à claire-voie, forme, avec le batteur, la partie essentielle de la machine à battre.

Les fig. 57 et 58 sont toutes les deux relatives à la forme des batteurs pour machine en travers.

Dans la disposition de Garrett, de la fig. 57, les battes sont formées chacune d'un fer demi-cylindrique cannelé *b*, monté sur un support, également en fer, enchâssé dans des tourteaux en fonte D, montés sur l'arbre A du batteur. Le batteur est donc à claire-voie, dans cette première disposition.

Le contrebatteur est constitué de deux parties B B', formées de pièces de fonte ajourées, de manière qu'une portion des grains détachés des épis puisse ainsi se séparer immédiatement de la paille. La partie supérieure de ce contrebatteur peut se déplacer, par rapport au batteur, de manière à diminuer ou augmenter, à volonté, l'espace compris entre les deux organes principaux de toute machine à battre.

A cet effet, une transmission, mue à la main, et composée d'un arbre coudé a et d'une bielle d, peut attirer ou repousser la partie supérieure B' du contrebatteur, qui, en tournant autour d'un axe horizontal e, modifie, à volonté, la largeur de l'espace compris entre le batteur et le contrebatteur.

Une disposition analogue se retrouve dans les machines de Marshall, dont la fig. 60, de la page 135, donne, à assez grande échelle, la disposition du batteur et de son contrebatteur.

Le batteur est composé d'un tambour cylindrique à paroi évidée et de battes, de forme cylindrique, réparties, au nombre de dix, sur la surface latérale de ce cylindre.

Le contrebatteur à jour est composé de deux parties B', B',, articulées en a, et portant, aux deux extrémités, des oreilles avec rainures allongées dans lesquelles viennent se placer des boulons de réglage $a'\,a''$. Il suffit de desserrer ces deux boulons pour pouvoir modifier la position des deux parties du contrebatteur, par rapport à celle du batteur, et changer, à volonté, la distance qui sépare ces deux organes.

Dans la plupart des machines de construction française, les battes ont la forme d'une sorte de fer cornière que l'on peut assembler de différentes façons avec les tourteaux montés sur l'axe du batteur.

Sur la fig. 58, page 130, ces battes sont fixées sur les tourteaux, au moyen de boulons traversant à la fois l'extrémité de la batte et la jante du tourteau, et terminés par des écrous de serrage.

Nous nous contenterons, pour l'instant, de ces seuls exemples, l'examen de l'ensemble de quelques types de machines à battre nous permettra, un peu plus tard, de revenir sur cette question. Mais il est cependant utile d'indiquer quelles sont les dispositions que l'on a cherché à réaliser pour permettre, à un moment donné, le déplacement brusque du batteur ou du contrebatteur, afin d'atténuer certains accidents qui peuvent survenir, pendant la marche continue de la machine à battre.

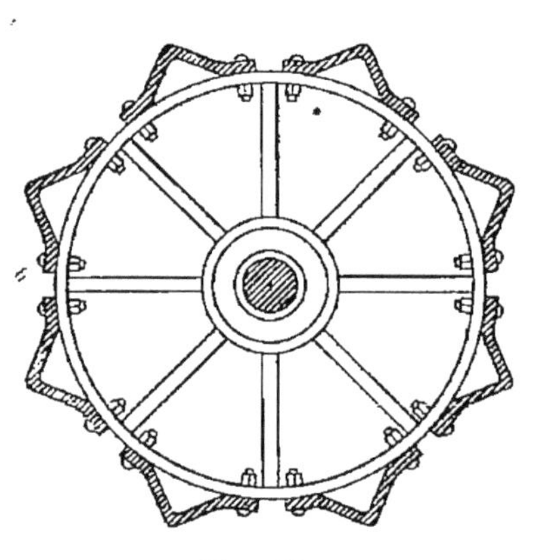

Fig. 58.

Il peut arriver, en effet, qu'une gerbe tout entière, dont les éléments sont encore reliés par le lien, soit engagée dans la machine, par suite d'une fausse manœuvre de l'ouvrier engreneur. Si le batteur et le contrebatteur sont obligés de rester dans leurs positions respectives, la gerbe pourra être cependant entraînée, laminée, pour ainsi dire, et par suite de cette résistance supplémentaire, opposée à la libre rotation du batteur, la courroie motrice est obligée de céder, soit en se rompant, soit, le plus ordinairement, en glissant le long de la poulie conduite, ordinairement de faible diamètre. Si, au contraire, l'un de ces organes peut se déplacer momentanément, par rapport à l'autre, la masse engagée peut s'échapper, et la machine ne peut plus bourrer, comme dans le premier cas.

Pour arriver à ce résultat, on peut disposer chacune des extrémités de l'arbre du batteur sur un levier, oscillant

autour d'un point fixe de la charpente de la batteuse, et
portant le point d'attache d'un ressort, dont l'autre extrémité est fixe, et, en plus, un poids curseur pouvant
agir en différents points de la longueur de ce levier. Le
poids curseur a pour effet de créer, sur l'axe du batteur,
une force verticale s'opposant à son déplacement, lors
du passage normal des tiges de céréales, et le ressort,
en s'allongeant sous l'ac-
tion d'efforts anormaux,
ouvre momentanément
la mâchoire formée par
le batteur et le contre-
batteur, et permet de dé-
gager la gerbe, qui continue son chemin dans
l'intérieur de la ma-
chine, pour être expulsée
avec la paille battue.

Ce procédé ne présente
que l'inconvénient d'exi-
ger que l'arbre du moteur
soit, à peu près, au même

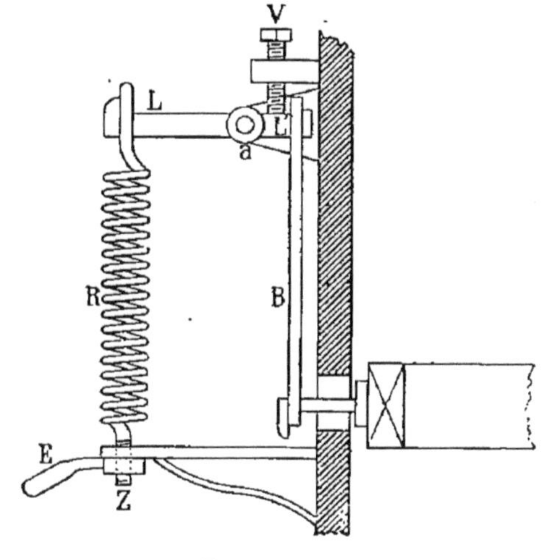

Fig. 59.

niveau que celui du batteur de la machine, pour que la
tension des brins de la courroie reste sensiblement la
même, quelle que soit la position de l'axe du batteur.

Pour éviter cet inconvénient, c'est le contrebatteur que
l'on rend mobile, au moyen de quatre ressorts de suspension, et d'un système de leviers, dont l'un est représenté fig. 59.

Un ressort à boudin, R, est terminé, à sa partie inférieure, par une tige filetée r, et un écrou à manette, E, permet d'en modifier la tension. La partie supérieure de ce
même ressort vient s'attacher à l'extrémité d'un levier L, à
deux branches inégales, oscillant en a, la plus petite bran-

che L' de ce levier se termine par le point d'appui d'une bielle verticale B, dont l'extrémité inférieure se trouve attachée, par une sorte de crochet, à l'une des extrémités du contrebatteur. Celui-ci se trouve ainsi suspendu par quatre points en dessous du batteur, et si la machine vient à bourrer, les quatre bielles s'abaissent d'une certaine quantité, en déterminant une tension supplémentaire des ressorts verticaux R.

Pour régler l'écartement normal du contrebatteur, par rapport au batteur, des vis verticales V agissent sur les leviers correspondants L', pour limiter les déplacements des ressorts.

Dans ce système, le contrebatteur constitue une sorte de corbeille, pouvant monter et descendre, d'une certaine quantité, suivant le volume de matières interposées entre le batteur et le contrebatteur.

Avant de décrire les principaux types de machines à battre, il paraît utile de passer en revue les différents organes dont elles peuvent être composées, en dehors des deux outils principaux qui viennent d'être décrits : le batteur et le contrebatteur.

Il suffira, en effet, de prendre tout ou partie de ces organes supplémentaires pour constituer, par leur groupement, une machine à battre plus ou moins complète.

Ces organes supplémentaires sont les suivants :

1° Table pour étaler la gerbe, après l'avoir déliée, ou engreneur automatique, suivant le genre de machine.

2° Secoueurs de paille entraînant la paille battue vers l'extérieur de la machine, en la séparant, en même temps, du grain qui y était mélangé.

3° Plan incliné à claire-voie pour la sortie de la paille battue, ou son remplacement par un lieur automatique de la paille, dans certaines machines à battre.

4° Tarare ventilateur et sortie des menues pailles.

5° Élévateur des otons ou blés vêtus, de manière à pouvoir procéder à un nouveau battage.

6° Élévateur des grains vers le trieur.

7° Trieur des grains permettant leur séparation en plusieurs qualités distinctes.

8° Ébarbeur d'orge.

Nous allons examiner successivement ces différents organes, dans l'ordre qui vient d'être indiqué.

Table à étaler. — Engreneur automatique. — Dans la plupart des machines en usage, la partie supérieure de son enveloppe sert de table pour le déliage des gerbes, et la conduite des tiges vers le batteur. Des planchettes sont préparées sur les parois latérales de la caisse, de manière à supporter les hommes de manœuvre, et les disposer à hauteur convenable, pour que leur travail soit facilité, dans la mesure du possible.

L'homme placé le plus près possible du batteur, et qui se charge de son alimentation, est ce que l'on appelle l'*engreneur*, et il n'est pas rare que ses doigts et même le bras et l'avant-bras soient soumis à l'action percutante du batteur, ce qui peut occasionner des blessures graves; quelquefois même, l'homme blessé ne peut pas se dégager et est entraîné dans l'intérieur de la machine. C'est pour éviter ces accidents, ou en atténuer, au moins en partie, la gravité, que l'on a imaginé un grand nombre d'appareils, les uns fermant l'orifice supérieur de la trémie d'alimentation, dès qu'une pression, supérieure à la pression normale, vient à s'exercer près de cette trémie, et sur la partie supérieure de l'enveloppe de la batteuse, les autres devant remplacer, d'une manière plus ou moins complète, l'homme dans ses fonctions d'engreneur. Les engreneurs automatiques sont destinés à se substituer, d'une manière complète, à l'homme, pour assurer l'alimentation d'une machine à battre, le premier homme de manœuvre est alors éloigné du batteur, les blessures ne sont plus à craindre, et en même temps, l'alimentation de la machine à battre est plus régulière, que si elle était obtenue par la main de l'homme.

La figure 60 montre la disposition adoptée par la maison Marshall pour fermer la trémie d'alimentation dès qu'une pression anormale vient à se produire au-dessus de la machine, et près de la bouche d'alimentation.

La trémie d'alimentation est composée de deux parois obliques L et L′, régnant sur toute la largeur de la machine, et ayant, pendant le travail normal, les positions indiquées sur la figure. La paroi L est surmontée d'une planchette M sur laquelle l'engreneur vient déposer les tiges, qui, à la main ou à l'aide d'un râteau, sont dirigées vers la trémie, en restant toujours dans une direction parallèle à l'axe A du batteur.

La face L de la trémie est mobile autour d'un point d'articulation, formé par l'extrémité d'une ferrure e. Deux autres ferrures b et $b′$ peuvent se déplacer, sous l'action d'une pression appliquée sur la planchette M, et L, venant tourner autour de son point d'articulation, vient se rabattre sur L′, et fermer ainsi complètement la trémie.

Il suffit donc que, pour une raison quelconque, chute d'un homme ou charge exagérée, agissant sur la planchette M, celle-ci oscille légèrement et produise le déclanchement de L et, par suite, la fermeture de l'appareil.

Un couvercle D, D, maintenu ouvert pendant le travail, à l'aide d'une tige T, articulée en t et $t′$, et portant, en T′, une crémaillère, sur laquelle agit un verrou U, peut se rabattre autour de la charnière l, après que la partie antérieure du même couvercle a été renversée sur la partie inférieure, en tournant autour de la charnière *d*.

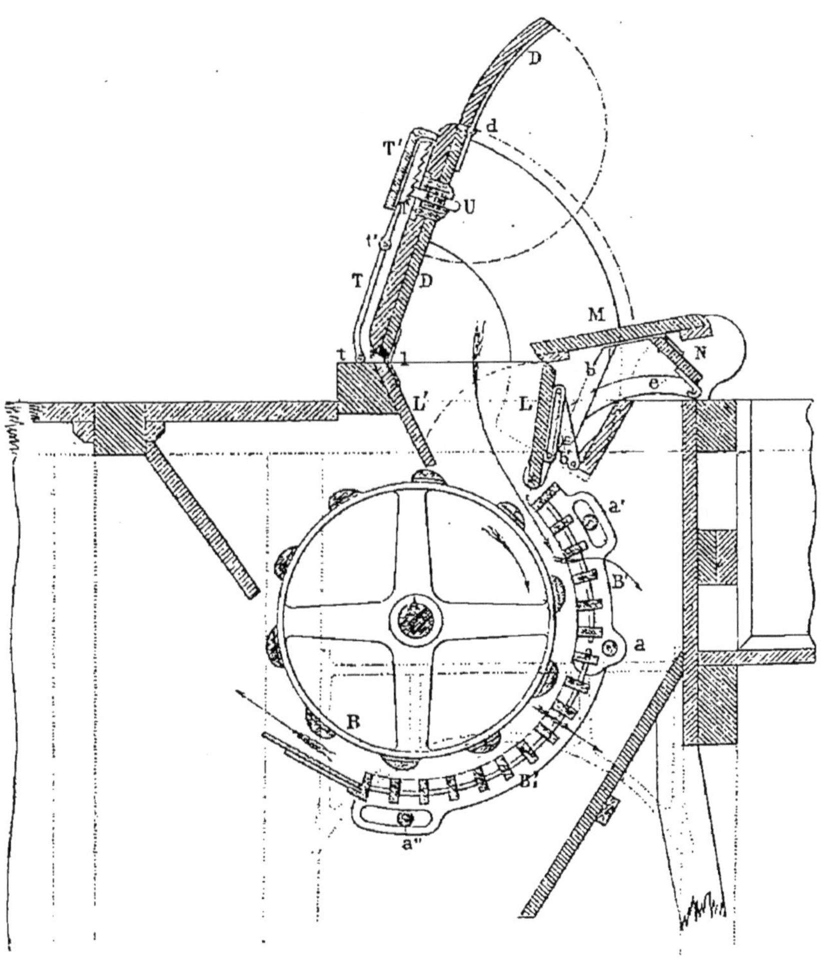

Fig. 60.

La trémie se trouve ainsi complètement fermée et la pluie ne peut plus pénétrer dans l'intérieur de la machine, et en détériorer les principaux organes, lors d'un arrêt un peu prolongé de l'appareil.

D'autres constructeurs ont employé des appareils de sûreté présentant beaucoup d'analogie avec celui que nous venons de décrire; mais ces dispositifs ne répondent pas complètement au but que l'on voulait atteindre, et les engreneurs mécaniques, ou automatiques, sont venus remplacer, dans les machines à battre à grand travail, ces appareils préventifs dont nous venons de donner un exemple.

Engreneurs automatiques. — Le but de ces engreneurs mécaniques est de soustraire complètement les hommes de manœuvre aux dangers que présente l'alimentation, à la main, de ces sortes de machines, en même temps qu'une alimentation plus régulière évite les engorgements, les arrêts produits par cette cause, et utilise plus complètement la puissance motrice dont on peut disposer.

Nous indiquerons successivement deux dispositions d'appareils de ce genre : l'engreneur automatique adopté par la Maison Albaret, et celui de M. Demoncy-Minelle, qui s'est fait, depuis quelques années, une spécialité de la construction de ce genre d'appareils.

La fig. 61 donne la forme de l'engreneur employé par la Maison Albaret. A la place de la trémie ordinaire se trouve une caisse de section rectangulaire ayant, comme largeur, la largeur même de la batteuse, et terminée par la trémie ordinaire, dans laquelle les ouvriers viennent placer les gerbes, après les avoir déliées.

Un tablier sans fin T, armé de pointes P, est mis lentement en mouvement par une transmission par courroie, poulie et engrenages, dont le point de départ est l'axe du batteur B, de manière à prendre les tiges à la base inférieure de la trémie, en les entraînant régulièrement vers le batteur, dans le sens de la flèche.

Une transmission par manivelle et bielle, ayant la

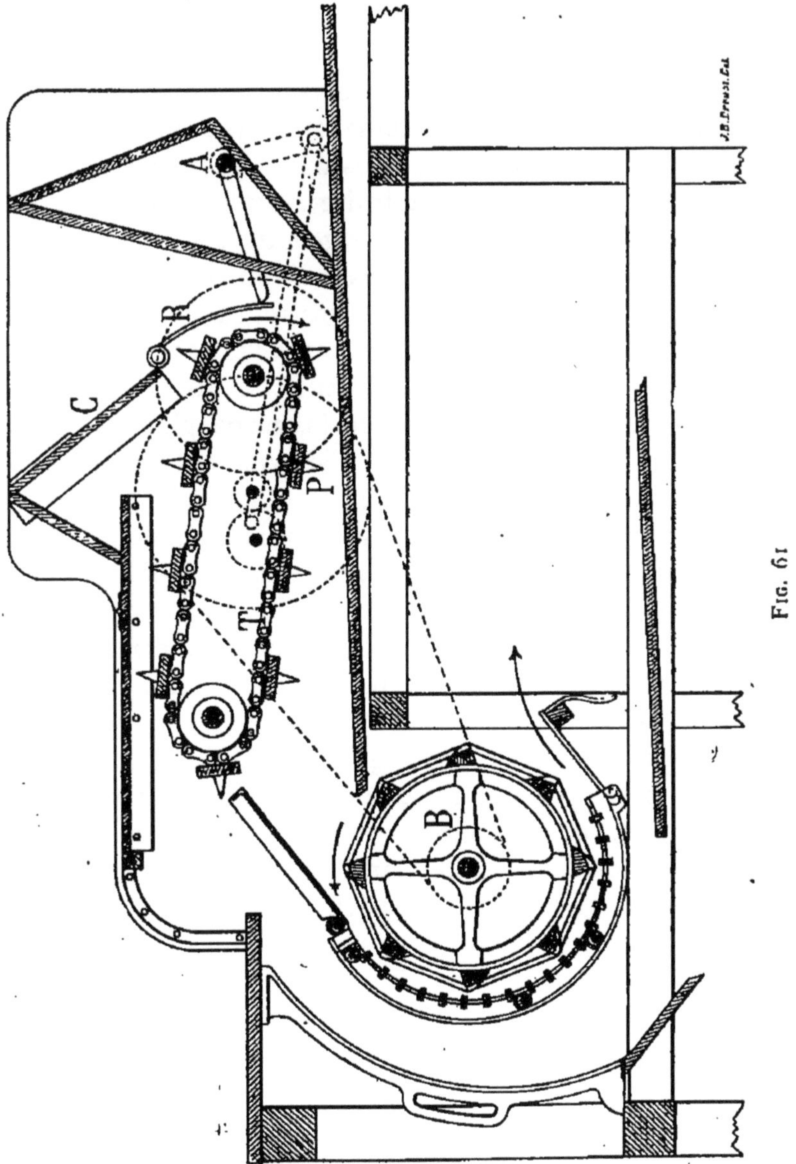

même origine, fait tourner autour d'un axe horizontal A, une série de doigts qui, en agissant sur les tiges, servent à les démêler et à régulariser leur entraînement, par le tablier sans fin T. Une lame à ressort R, fixée à l'une des parois C de la trémie, force les tiges à se présenter bien parallèlement à l'axe du batteur B.

M. Demoncy-Minelle s'est surtout proposé, dans l'étude de ses engreneurs, d'imiter, autant que possible, l'action de l'homme sur les tiges de céréales pour les ranger parallèlement les unes aux autres, et les approcher du batteur, à des intervalles réguliers.

Cet appareil, représenté, en coupe verticale, fig. 62, se compose de deux organes distincts, un élévateur diviseur, permettant de séparer la gerbe placée dans la trémie, en parties égales, et d'amener ces portions sur une sorte de tablier cylindrique, et une série de râteaux, à mouvement alternatif, remplaçant la main de l'ouvrier, agissant sur les tiges de céréales ainsi séparées et les amenant en contact avec le batteur et le contrebatteur.

L'élévateur diviseur E se compose d'une série de lames L montées sur des tourteaux fixés à un premier arbre horizontal A, tournant sur lui-même, au moyen d'une transmission qui sera indiquée plus loin.

Ces lames passent librement par des fentes ménagées dans une sorte de tambour circulaire T, saisissent les tiges de céréales, les élèvent d'une certaine quantité, et les déversent à la partie supérieure du tablier cylindrique N. Une série de lames *l*, dont on peut régler la position, suivant le débit de la batteuse, et au moyen d'un emmanchement à pompe des deux extrémités d'une barre creuse horizontale D, sur laquelle elles sont fixées, obligent les tiges de céréales à rester en contact avec la paroi concave du tablier N, et à descendre graduellement, jusqu'à ce qu'elles soient saisies par les râteaux engreneurs, dont l'un est représenté en R.

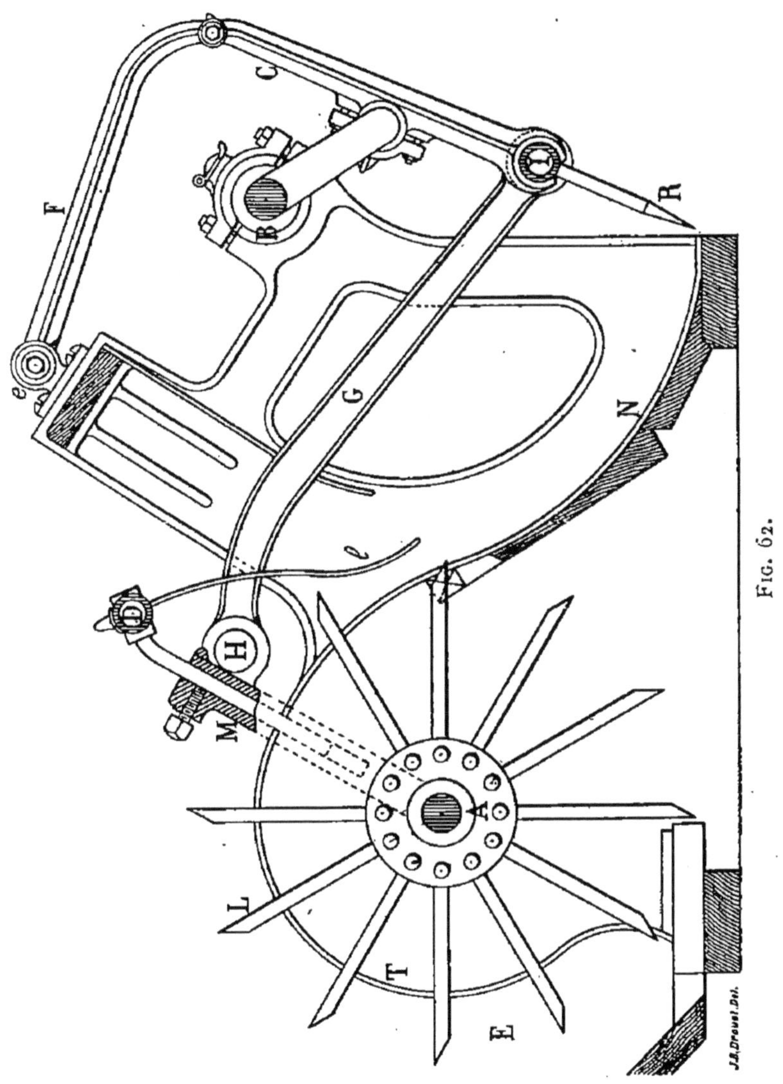

Un arbre horizontal B, portant, à l'une de ses extrémités, une poulie de transmission, est coudé en deux points de sa longueur et vient actionner deux bielles C, dont l'extrémité supérieure de chacune d'elles est articulée à un levier F, pouvant tourner librement autour d'un point *e* du bâti de l'appareil.

L'autre extrémité de cette même bielle C entoure une tige horizontale creuse I, portant, échelonnées sur toute sa longueur, des dents de râteau R.

Cette combinaison d'organes rappelle la disposition de la transmission des faneuses américaines, dans lesquelles un jeu d'organes rigides doit satisfaire aux mêmes conditions que le mouvement de l'homme maniant une fourche pour faner le foin.

Pour que la même transmission puisse servir à mettre en mouvement les deux organes principaux de l'appareil précédent, les arbres A et B portent chacun, à l'une de leurs extrémités, une manivelle, et ces deux manivelles sont réunies par une bielle, d'assez grande longueur, permettant de faire tourner, d'une manière continue, l'arbre A de l'élévateur diviseur, dès que les râteaux engreneurs sont mis en mouvement.

Enfin, la barre horizontale I porte, à ses deux extrémités, les points d'articulation de deux autres bielles G qui viennent s'attacher, en H, à des manivelles M, pouvant tourner librement autour de l'axe A, de manière à pouvoir ouvrir ou fermer l'espace compris entre le tambour N et les lames *l* autant de fois que l'ensemble des râteaux R agit pour repousser les tiges préparées sur le tablier cylindrique, de manière à rendre les mouvements des deux appareils diviseurs et engreneurs aussi corrélatifs que possible.

Secoueurs de paille. Les procédés que l'on peut employer pour séparer le grain de la paille, immédiatement après son battage, ont varié beaucoup avec le type de machine et la date de sa construction, mais on peut les grouper en deux séries distinctes, correspondant aux deux genres de machines à battre en bout ou en long et de machines à battre en travers.

Ces procédés sont tous assez différents de celui adopté par Meckle, dans sa machine à battre, et la fig. 63 est la représentation du type de secoueur employé dans cette première machine, beaucoup plus encombrante que les machines actuelles.

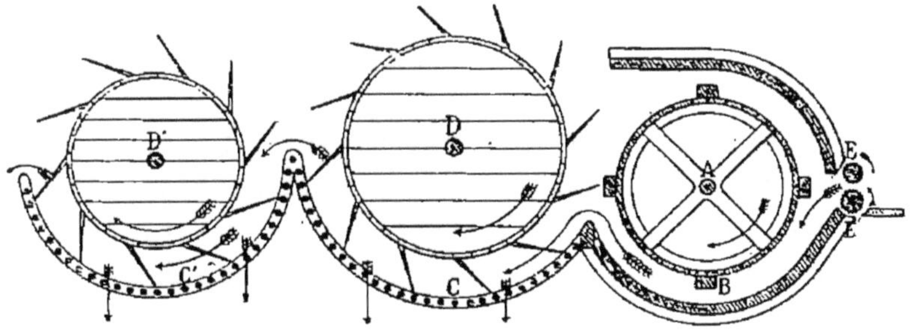

Fig. 63.

Le secoueur des machines écossaises se compose de plusieurs corbeilles demi-cylindriques à claire-voie, placées à la suite les unes des autres, dans lesquelles le mélange de grain et de paille se trouve remué, en le faisant passer d'une corbeille à l'autre jusqu'à ce que la séparation du grain soit complète.

Dans la première corbeille C, faisant immédiatement suite au batteur B, tourne un râteau circulaire composé d'un tambour monté sur un arbre D, et portant des dents métalliques enfoncées à 45°, par rapport aux rayons. Dans la seconde C', une partie des dents de râteau peut être remplacée par des brosses venant frotter sur une surface cylindrique pleine, faisant suite à la partie à claire-voie, et obligeant les grains de se séparer de la paille.

Les axes D et D′, de ces différents râteaux, sont animés d'un mouvement circulaire beaucoup moins rapide que celui du batteur disposé en A, et l'expérience montre que ce premier procédé est très efficace quant à la séparation du grain de la paille; mais qu'il présente le grave inconvénient d'exiger des organes très encombrants et un grand nombre d'axes de rotation.

Les tiges étaient entraînées, dans la disposition originale de Meckle, par un système de deux rouleaux cannelés E E′, situés à l'extrémité de la table à étaler.

Dans les machines à battre américaines à grand travail, qui sont de la catégorie des machines à battre en long, la séparation des grains de la paille s'effectue par un moyen tout différent qui est le suivant : Le mélange de grains et de paille battue vient se déposer, à sa sortie du batteur, sur un tablier sans fin T de grande longueur dont une partie seulement est représentée fig. 64.

Ce tablier porte, sur toute sa longueur, des casiers en bois C, de faible hauteur, fermés latéralement par des joues également en bois. Pour éviter une flexion trop considérable des différentes parties du tablier sans fin, on dispose un certain nombre de galets G, tournant librement autour d'axes horizontaux. Au-dessus de ce tablier se trouve disposé l'axe horizontal A autour duquel tourne un râteau rotatif D, dont les dents viennent saisir les tiges battues, les soulèvent d'une certaine quantité, pour les laisser retomber au-dessus des casiers en bois, dont se trouve recouverte toute la surface du tablier. Ces casiers se garnissent de grains, et la paille secouée se trouve entraînée, en même temps que les boîtes chargées de grains, vers l'extrémité opposée de la machine, où s'opère alors la séparation complète des grains de la paille battue.

Une sorte d'écran mobile B, facilement déplaçable par le mouvement même de la paille, empêche celle-ci de revenir vers le batteur, pour se mélanger avec les parties non encore secouées.

Dans les machines complètes battant en travers, le secouage des pailles s'effectue, le plus souvent, au moyen

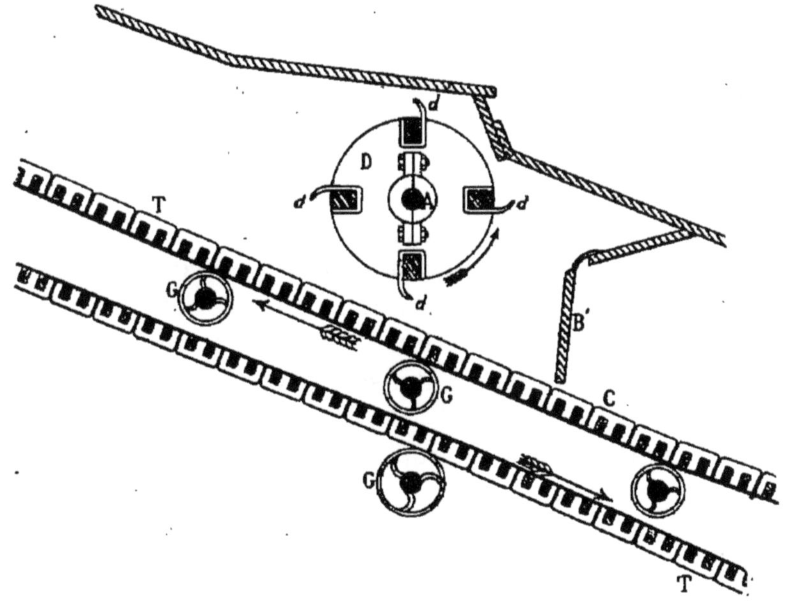

FIG. 64.

de planchettes qui divisent ordinairement la largeur de la batteuse en quatre ou six parties égales, et qui, en s'abaissant ou en s'élevant alternativement, abandonnent, pour un instant, la paille disposée horizontalement, et en laissent échapper les grains.

Ce mouvement de levé ou de baisse s'effectue au moyen d'un ou de deux arbres plusieurs fois coudés, de telle manière que lorsqu'un des secoueurs s'élève, en s'avançant d'une certaine quantité, le secoueur voisin s'abaisse et recule, ces mouvements simultanés ayant pour but le secouage de paille, en même temps que son cheminement vers l'une des extrémités de la machine à battre.

Lorsque l'on n'emploie qu'un arbre coudé, il agit près de l'une des extrémités des secoueurs, l'autre extrémité se déplaçant horizontalement sur des glissières, ou en déformant des ressorts en bois retenant cette extrémité. Quelquefois l'arbre coudé agit vers le milieu de chacun des secoueurs, qui, pour ceux de rang pair, par exemple, sont maintenus à l'une de leurs extrémités, tandis que ceux de rang impair ont leur autre extrémité obligée de se mouvoir presque en ligne droite, en suivant un arc de cercle d'assez grand rayon.

Lorsque l'on fait usage de deux arbres coudés, ceux-ci agissent ordinairement sur tous les secoueurs, en attaquant leurs deux extrémités, et obligeant ainsi les planchettes à s'élever ou à s'abaisser successivement de deux en deux.

Les figures 65 à 68 représentent quelques-unes des dispositions que peuvent présenter ces secoueurs à mouvements alternatifs, appliqués aux machines à battre en travers.

Dans la première disposition, fig. 65, les secoueurs S sont mis en mouvement par un seul arbre coudé D, disposé près de l'extrémité des secoueurs opposée au batteur B ; l'autre extrémité de ces mêmes secoueurs est logée dans des encoches préparées dans une barre transversale T régnant sur toute la largeur de la machine.

Si l'arbre A du batteur B tourne dans le sens de la flèche, les produits du battage viennent se déverser sur l'ensemble des secoueurs S, et si ceux-ci sont animés d'un mouvement d'oscillation, en même temps que d'un mouvement de translation, par suite du jeu de l'arbre

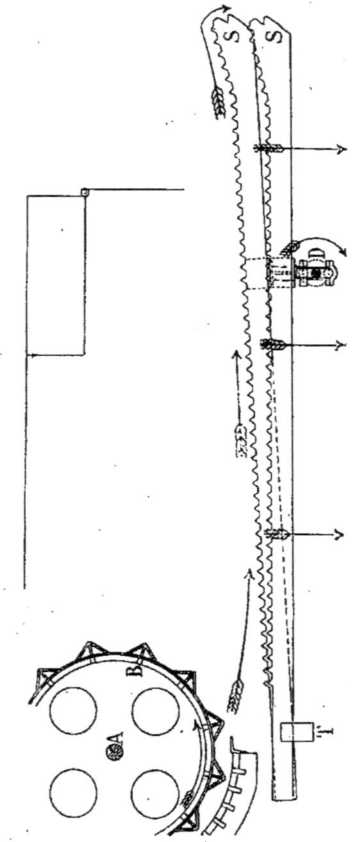

S
S
A
B
D
T

Fig. 65.

coudé D, tournant dans le sens indiqué sur la figure, les pailles sont attirées vers l'extrémité opposée du secoueur, pour se déverser sur le plan incliné, tandis que les grains, en se dégageant de la paille, viennent tomber verticalement sur les tables à secousses, placées immédiatement au-dessous.

Un volet mobile C oscille autour d'un axe horizontal *a* et oblige les pailles à rester en contact avec l'ensemble des secoueurs, tout en régularisant l'épaisseur de la masse de paille entraînée vers l'extérieur de la machine, par l'action alternative de l'ensemble des secoueurs.

La figure 66 donne une autre disposition de ce genre de secoueurs, dans laquelle la traverse, servant de glissière à l'ensemble des secoueurs, est supprimée, et remplacée par des bielles E, E′ augmentant la mobilité de l'ensemble des secoueurs qui, séparés en deux séries S et S′ distinctes, reposent, de deux en deux, sur des traverses mobiles T, T′ formées par des cornières métalliques. Ces cornières traversent les parois latérales de la batteuse par des évidements de forme courbe F, et sont suspendues à l'extrémité inférieure de bielles extérieures pouvant tourner librement autour de deux axes *b b′*.

Près de leur autre extrémité, les secoueurs sont actionnés par un arbre coudé D et par l'intermédiaire de ponts P, P′, de manière à leur donner, à la fois, un mouvement de déplacement dans le sens de la verticale et un déplacement horizontal, de façon que les pailles, soumises à l'action du batteur B, dont l'axe tourne dans le sens de la flèche, se trouvant déversées sur l'ensemble de secoueurs, le grain est séparé des pailles, et celles-ci rejetées à l'arrière de la machine.

Ce mouvement est facilité par la présence de planches longitudinales K, taillées en échelons inclinés, qui sai-

sissent les tiges et les obligent à se déplacer hori-
zontalement.

Entre ces planches K,
ainsi taillées, à leur partie
supérieure, se trouvent
toute une série de traverses
inclinées L, en forme de lames de persiennes, par les
interstices desquelles les
grains tombent, pour se
rendre sur les tables à secousses.

Au droit de l'arbre D, ces
lames sont supprimées et
remplacées par une plan-
che I, pour éviter que le
grain ne vienne tomber sur
les différentes parties de
l'arbre coudé.

Enfin, en C, se trouve
le volet mobile autour de
l'axe *a*, et en C' une paroi
fixe inclinée obligeant,
comme dans l'exemple pré-
cédent, les pailles à rester
en contact avec les se-
coueurs S, S'.

Dans la troisième dis-
position, fig. 67, page 149,
un seul arbre agit encore
en D, mais celui-ci est situé vers le milieu de l'ensemble des secoueurs S, S'.

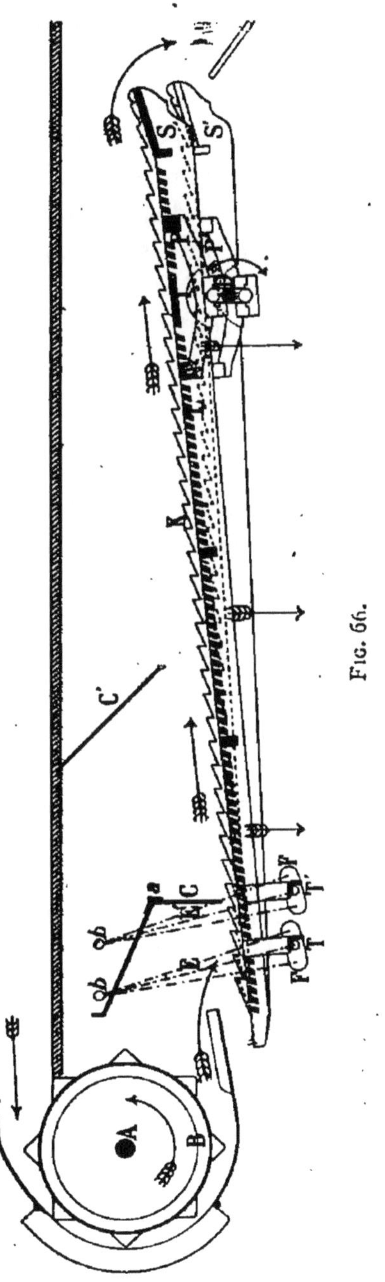

Les secoueurs S sont articulés à l'extrémité des bielles E pouvant osciller librement autour des points d'articulation fixés, en *b,* à une traverse fixe T.

Les secoueurs S', encadrant les secoueurs S, sont articulés à l'extrémité de bielles E', situées de l'autre côté de l'ensemble des secoueurs, et pouvant osciller autour d'un axe *b'* fixé sur des traverses inclinées T', formant corps avec le bâti de la machine. Deux volets inclinés C et C' servent à régulariser l'épaisseur de la couche de paille, disposée sur l'ensemble des secoueurs.

La paille battue sortant du batteur B, dont l'axe tourne dans le sens de la flèche, tombe sur les secoueurs, et est dirigée vers l'extrémité opposée de la batteuse. Les grains tombent verticalement, et une paroi inclinée M oblige ceux-ci à se diriger vers la table à secousses.

Enfin, la figure 68 donne une disposition de secoueurs actionnés par deux arbres coudés parallèles D et D', tournant, tous les deux, dans le même sens, et obligeant les différents secoueurs S et S' à s'élever et à s'abaisser successivement, pour dégager le grain des pailles, en même temps que ces dernières sont obligées de cheminer vers l'extrémité de la machine opposée au batteur. Les différents coudes de ces arbres sont entourés par des chaises métalliques P, P', venant s'appliquer en dessous du secoueur correspondant. Si l'axe A du batteur B tourne dans le sens de la flèche, et si les deux arbres coudés D et D' tournent sur eux-mêmes, la séparation du grain des pailles sortant du batteur s'effectuera dans les mêmes conditions, qu'en employant l'une quelconque des dispositions précédentes. Un plan incliné M oblige la dernière partie des grains, s'échappant des secoueurs, de rejoindre les autres portions réparties sur toute la longueur de la table à secousses.

Quelquefois cependant, on a recours à des organes ro-

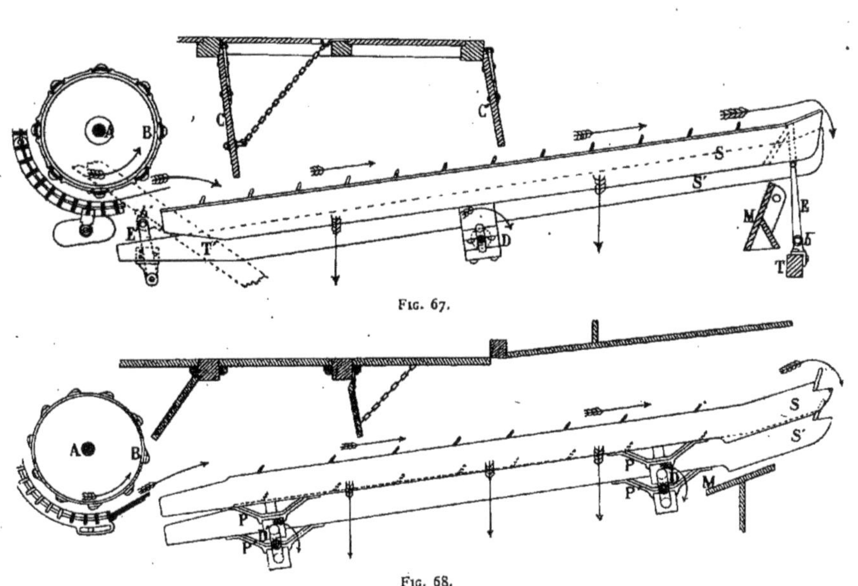

Fig. 67.

Fig. 68.

tatifs, comme dans la machine à battre de MM. Ransomes, Sims et Head représentée fig. 77, page 173.

Sur un plan incliné se trouvent disposés les axes de quinze prismes triangulaires d'assez faible section, mais de longueur égale à celle du batteur et du contrebatteur, armés de dents métalliques courbes, passant, pendant la rotation des prismes, à côté les unes des autres. Ces prismes constituent, dans leur ensemble, un chemin incliné, dans la direction de bas en haut, qui se trouve parcouru par les pailles sortant du batteur.

La rotation de ces prismes, sur eux-mêmes, a pour effet le secouage des pailles, en même temps que leur déplacement vers l'extrémité de la machine.

Une fourche oscillante aide encore au secouage des pailles.

Les grains séparés par ce secouage se réunissent dans un espace réservé en dessous de l'ensemble des prismes, pour de là glisser sur un plan incliné et se diriger vers les appareils de nettoyage, que l'on rencontre toujours dans la composition de ces machines à battre à grand travail.

Dans ces dernières années, MM. Ransomes et Sims ont abandonné cette disposition, pour la remplacer par celle des secoueurs à mouvements alternatifs analogues à ceux qui viennent d'être décrits.

Plan incliné pour la sortie de la paille battue. — Lieur automatique. — Dans les machines à battre en long, on éloigne la paille battue de la machine à l'aide d'un élévateur à toile sans fin, dont nous indiquerons la forme et la disposition, lorsque nous donnerons la description d'une machine à battre américaine à grand travail. Il suffit de dire, pour l'instant, que, dans ces machines, on ne prend aucune précaution pour l'arrangement de la paille battue, à sa sortie de la batteuse. La toile sans fin abandonne la paille, qui vient tomber sur le sol, en formant une sorte de meule composée de brins de paille brisés et enchevêtrés; et la seule manœuvre qui devienne nécessaire est celle relative au changement d'inclinaison de la toile sans fin, dont on est obligé de relever l'extrémité opposée à la machine, au fur et à mesure que le tas de paille augmente de hauteur.

Dans les machines à battre en travers, la paille ayant conservé une valeur marchande, il faut s'arranger pour que, à la sortie des secoueurs, les tiges conservent sensiblement leur parallélisme, en s'approchant du sol, de manière que des ouvriers viennent lier cette paille et puissent en former des bottes, dès la sortie de la batteuse.

Quelquefois même, l'action des hommes est remplacée par celle d'un appareil automatique, séparant les tiges, en masses d'égal poids, et liant les bottes ainsi formées.

Le plan incliné est à claire-voie, et formé de lames en bois soutenues, en dessous, par un cadre léger, de manière que ces supports ne puissent en rien gêner la descente des tiges parallèlement à elles-mêmes. Les portions de paille brisées et les poussières passent à travers les interstices de cette sorte de grille et viennent se réunir aux menues pailles.

Si l'appareil est muni d'un lieur automatique, on peut s'arranger pour que cet outil supplémentaire puisse se détacher facilement de la machine à battre, lorsque le liage mécanique n'est pas jugé nécessaire. Il suffit de monter l'appareil lieur sur un bâti spécial en bois, muni de brancards, et porté par deux roues que l'on rapproche ou que l'on éloigne de la machine à battre, suivant les besoins.

A la dernière exposition universelle de 1889, M. Albaret avait présenté une machine à battre à grand travail ainsi disposée.

Lieur automatique appliqué à une machine à battre. — La figure 69 donne la disposition d'ensemble d'un appareil de liage automatique appliqué aux machines à battre.

Comme dans les moissonneuses-lieuses actuelles, c'est le lien en corde qui a prévalu, et l'appareil lieur, de la figure 69, est du type Appleby, dont nous avons déjà eu l'occasion de parler lorsqu'il s'est agi des moissonneuses-lieuses.

Dans le dispositif, étudié par M. Albaret, l'appareil lieur peut être séparé, à volonté, de la batteuse, lorsque l'on veut effectuer le liage par le procédé ordinaire, ou rapproché, et fixé à l'extrémité de la machine à battre, lorsque l'on veut lier automatiquement la paille battue. A cet effet, les organes du lieur sont fixés sur un double cadre en charpente S,S', monté sur deux roues porteuses R, ce cadre pouvant être muni de brancards lorsqu'on veut constituer, avec cet ensemble, un appareil spécial pouvant être transporté indépendamment de la batteuse proprement dite. Des barres métalliques K permettent de solidariser l'appareil lieur et la batteuse, lorsque l'on veut obtenir le liage automatique.

Une sorte de grille à charnières G vient se placer immédiatement au-dessous des secoueurs de paille de la batteuse, pour conduire la paille battue vers le lieur. Le montage à charnières a pour but de permettre le réglage de cette grille, suivant la hauteur des secoueurs, par rapport au sol.

Une série de croisillons D, de forme courbe, montés sur un axe horizontal, B, tournant sur lui-même, au moyen d'une transmission par courroie C, venant de la machine à battre, agit sur les brins de paille, et en régularise la descente vers le lieur proprement dit.

Les organes du lieur L saisissent une quantité déterminée de la paille réunie sur la table inclinée,T, et la gerbe ainsi formée est liée au moyen d'une ficelle, dont le nœud est formé automatiquement, pour être ensuite séparée de la machine et rejetée sur le sol.

FIG. 69.

La disposition de ce mécanisme spécial est le même que celui que nous avons décrit page 486 et 487 du tome I, en nous aidant de la figure 359, représentant les organes d'un lieur à ficelle du système Appleby.

Quelquefois, ce liage est obtenu par deux liens, venant serrer la gerbe en deux points distincts de sa longueur. Il suffit, pour constituer une machine à deux liens, de répéter deux fois, dans le sens de la largeur de la machine, la même disposition des tasseurs et du bras venant enserrer la gerbe, et de disposer en outre deux aiguilles porte-ficelle; le double lien est ainsi obtenu.

Comme en ce qui concerne les moissonneuses-lieuses, le liage au fil de fer a complètement disparu, pour la même raison que celle qui l'a fait repousser pour le liage des gerbes de céréales avant battage, et l'on peut dire que les dispositions proposées et adoptées pour le liage de la paille battue, à la sortie des batteuses, sont toutes basées sur un principe analogue à celui qui vient d'être indiqué. L'emploi de ces lieurs automatiques de la paille battue ne s'est pas encore répandu beaucoup, et il est encore assez rare de rencontrer, dans la pratique agricole, ces appareils venant compléter utilement la machine à battre; mais en la compliquant, d'une manière notable.

Tarare ventilateur et sortie des menues pailles. — Le grain, mélangé de particules terreuses, de ses enveloppes et des débris de paille, après avoir été séparé de la paille, par l'action des secoueurs, tombe sur des tables à claire-voie animées de mouvements de faible amplitude qui obligent les particules pesantes, grains, terre, et grains enveloppés, à descendre vers un tarare ventilateur qui amène la séparation du mélange, en grains nettoyés, en otons, en menues pailles, en même temps que la terre et les produits plus lourds que le grain se trouvent séparés des grains eux-mêmes.

Sans décrire, pour l'instant, les différentes formes de tarares ventilateurs, qui peuvent constituer, à eux seuls, des appareils distincts, d'un emploi courant, dans l'intérieur des fermes, et que nous retrouverons un peu plus loin, il suffit de dire que la séparation de ce mélange très complexe, en ses différents éléments, s'effectue par l'action d'un courant d'air, de direction horizontale. sur les particules du mélange tombant verticalement.

Ce courant d'air pouvant être obtenu, suivant le type de batteuse adopté, soit au moyen d'un ventilateur soufflant, soit à l'aide d'un ventilateur aspirant.

Les produits les plus lourds tombent presque verticalement; les grains de plus faible densité sont déviés légèrement; les grains avariés, de densité encore plus faible, sont plus fortement déviés; les otons, ou blés vêtus, de grand volume par rapport à leur poids, sont déviés davantage; et enfin les menues pailles sont entraînées par le courant d'air, et sortent de la machine, pour se réunir aux pailles brisées, et ce mélange vient se loger ordinairement sous la grille servant de chemin de glissement aux pailles battues. Quelquefois les menues pailles sont dirigées, par le vent du ventilateur, dans une capacité spéciale, que l'on vient vider de temps à autre.

Élévateur des otons ou blés vêtus. — Les otons constituent un déchet du premier battage, qu'il est nécessaire de repasser une ou plusieurs fois entre le batteur et le contrebatteur, pour pouvoir effectuer complètement la séparation des grains de leurs enveloppes. Il est donc utile de remonter ces produits incomplètement battus, et l'on peut employer, pour cette élévation, deux procédés complètement différents.

Le premier, employé déjà dans la machine de Andrew Meickle, consistait en une véritable chaîne à godets, que l'on retrouve encore dans toutes les machines à grand travail, pour le remontage des grains nettoyés vers le trieur, et, dans quelques-unes d'entre elles, pour le remontage des otons.

Pour ce remontage des otons, vers le batteur, on emploie généralement maintenant le procédé de l'aspiration par le batteur lui-même.

M. Breloux exposait, en 1878, lors de l'exposition universelle de Paris, un système de machine à battre dans lequel il profitait du mouvement rapide de rotation du batteur pour constituer un véritable ventilateur aspirant, assez puissant pour relever les otons de toute la hauteur de la machine à battre.

Cette disposition, représentée fig. 70, est celle réalisée par M. Breloux, et exposée, par ce constructeur, en 1878.

Les otons sont dirigés vers l'extérieur de la batteuse, par des plans inclinés, pour être repris par des conduits métalliques C, C', disposés de chaque côté de la machine et aboutissant en *b* et *b'* au centre du batteur, constituant les ouïes d'un ventilateur aspirant. Ces matières incomplètement battues passent entre les battes, dont se trouve armé le batteur à claire-voie, et se trouvent mises en contact, à nouveau, avec le batteur B et le contrebatteur B', de manière que l'égrenage soit complété, et les produits de ce second battage suivent exactement le même chemin que les premiers, de telle façon que, si le battage était encore incomplet, après ce nouveau passage, il puisse être procédé, d'une manière automatique, à un troisième battage, s'il est nécessaire.

Des expériences spéciales, faites pendant le cours de l'exposition universelle de 1878, ont montré la parfaite efficacité de cet appareil élévateur des otons, et de nombreux constructeurs ont adopté cette disposition, ou d'autres présentant de grandes analogies avec cet appareil original, et l'on peut dire que, pour le relevage des otons, l'aspiration par le batteur a remplacé le remontage au moyen de la chaîne à godets.

Élévateur de grains vers le trieur. — Un trieur de
grains est ordinairement ajouté aux autres organes

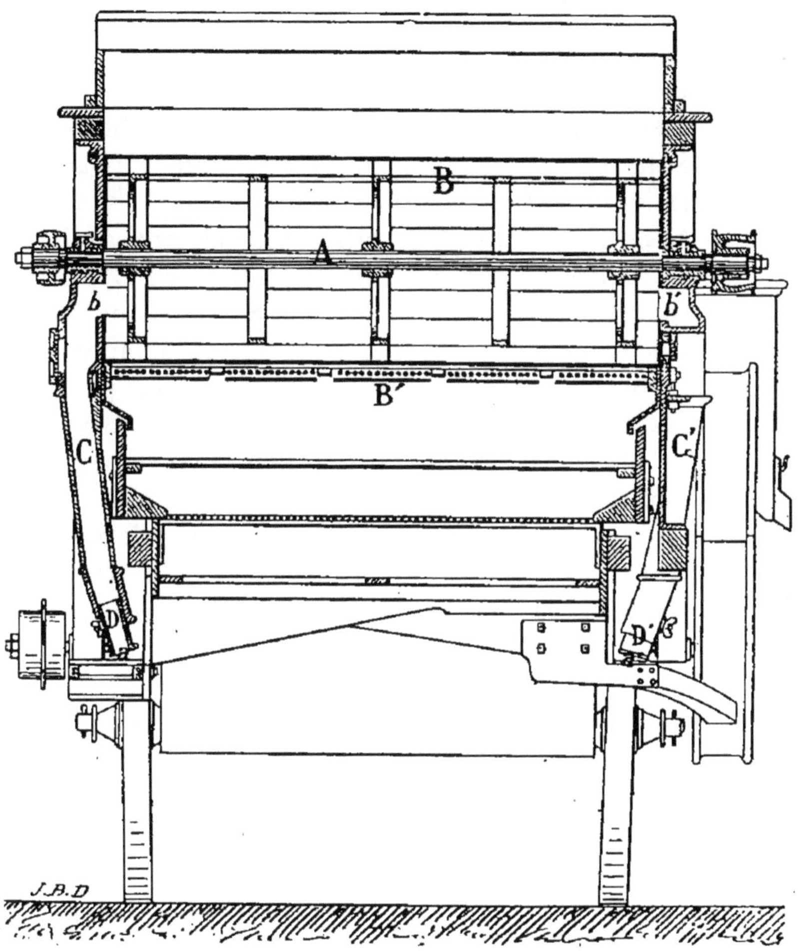

FIG. 70.

d'une machine à battre à grand travail; mais la hauteur dont on dispose, dans les appareils locomobiles, ne
permet pas de placer ces appareils de triage au-dessous

de ceux que nous venons de décrire; il faut donc, en allongeant un peu la machine, disposer le trieur vers sa partie supérieure, en employant un élévateur spécial pour apporter, à l'intérieur du trieur, le grain qui doit être séparé en différentes qualités déterminées.

Cet élévateur est toujours un élévateur à godets, et la fig. 71 en donne une vue d'ensemble, la double boîte rectangulaire qui le renferme, étant coupée, par un plan vertical, dans le sens de sa longueur.

En A, se trouve un arbre horizontal sortant de l'élévateur et actionné par courroie et poulie; en B, extrémité opposée de l'appareil, se trouve un second arbre horizontal. Les deux arbres A et B portent chacun une poulie enfermée dans l'appareil et entourée par une même courroie sans fin C, sur laquelle se trouvent fixés, au moyen de rivets, des godets G, de forme conique, en nombre variable avec la hauteur à franchir, venant puiser les grains en M pour les abandonner en N, et les diriger, à l'aide d'un couloir, vers le trieur ou l'ébarbeur, suivant les cas. Le grain sortant du tarare arrive en V, et une porte de nettoyage existe en P; il suffit de l'ouvrir lorsqu'on veut dégorger l'appareil.

Trieur de grains. — Le trieur, qui peut constituer, comme le tarare, un appareil spécial, sera décrit, avec détails, lorsque nous nous occuperons des appareils employés pour la séparation de différentes natures de grains mélangés, ou de différentes qualités d'une même sorte de grains, pour en obtenir des qualités marchandes. Nous dirons seulement ici que cet appareil, disposé à l'une des extrémités de la batteuse, est d'ordinaire du genre du trieur extensible de Penney, mais que cependant l'on a cherché à lui substituer, dans les machines à battre, le trieur à alvéoles tel qu'on le construit maintenant.

Ébarbeur d'orge. — Dans les pays du Nord, la barbe du grain y reste adhérente après le battage, et nous aurons à indiquer plus loin quelles sont les dispositions dont on peut faire usage pour ébarber l'orge; les appareils employés pouvant être distincts des machines à battre, ou en faire partie.

Quelquefois, à défaut d'instrument spécial, on fait repasser le grain, une seconde fois, dans la machine à battre, et les barbes se trouvent ainsi brisées.

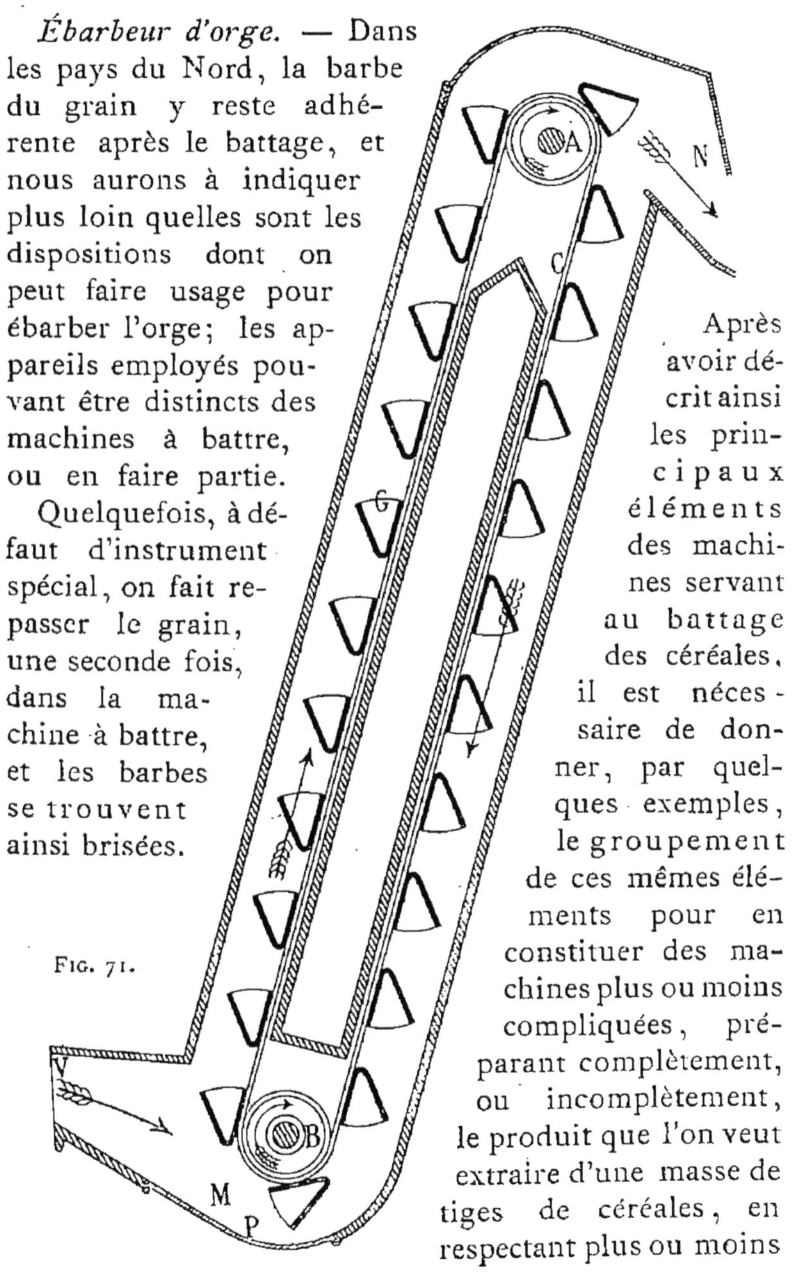

Fig. 71.

Après avoir décrit ainsi les principaux éléments des machines servant au battage des céréales, il est nécessaire de donner, par quelques exemples, le groupement de ces mêmes éléments pour en constituer des machines plus ou moins compliquées, préparant complètement, ou incomplètement, le produit que l'on veut extraire d'une masse de tiges de céréales, en respectant plus ou moins la paille, qui, dans les exploitations situées dans le rayon d'approvisionnement des grandes villes, constitue un produit secondaire, dont la valeur n'est pas à négliger.

Machines à battre les céréales pour petites exploitations. — Dans ces machines, on se propose seulement de produire l'égrenage, en réservant, pour d'autres opérations, la séparation du grain de la paille.

La machine se composera donc du batteur et du contrebatteur, sans qu'elle soit compliquée par la présence des secoueurs, nettoyeurs et trieurs, que l'on rencontre dans les grands appareils.

Ces machines sont du type des batteuses en long, ou en bout, permettant de donner au batteur et au contrebatteur une longueur très réduite, et de dépenser, pour la mise en mouvement de ces machines, un travail mécanique aussi faible que possible, et proportionné aux ressources de l'exploitation.

La conservation de la paille ne faisant pas question, dans ce genre de machines, ce sera le plus souvent le batteur à pointes, ou batteur américain, qui sera employé. Quelquefois cependant, on lui substitue le batteur ordinaire des machines à battre en travers.

Nous allons, par deux exemples, montrer quelle est, le plus ordinairement, la constitution de ces machines simples.

La figure 72 représente une machine à battre de petites dimensions, dans laquelle on emploie le batteur et le contrebatteur du genre américain.

Dans ce premier type de batteuse pour petites exploitations, le batteur B est mis en mouvement de rotation par la main de l'homme, et au moyen d'une série d'engrenages droits, E, E', E'', E''', ce dernier étant monté sur l'axe A du batteur B.

Le batteur B est surmonté d'un contrebatteur B' qui

se trouve dans la position du travail sur la fig. 72. Ce

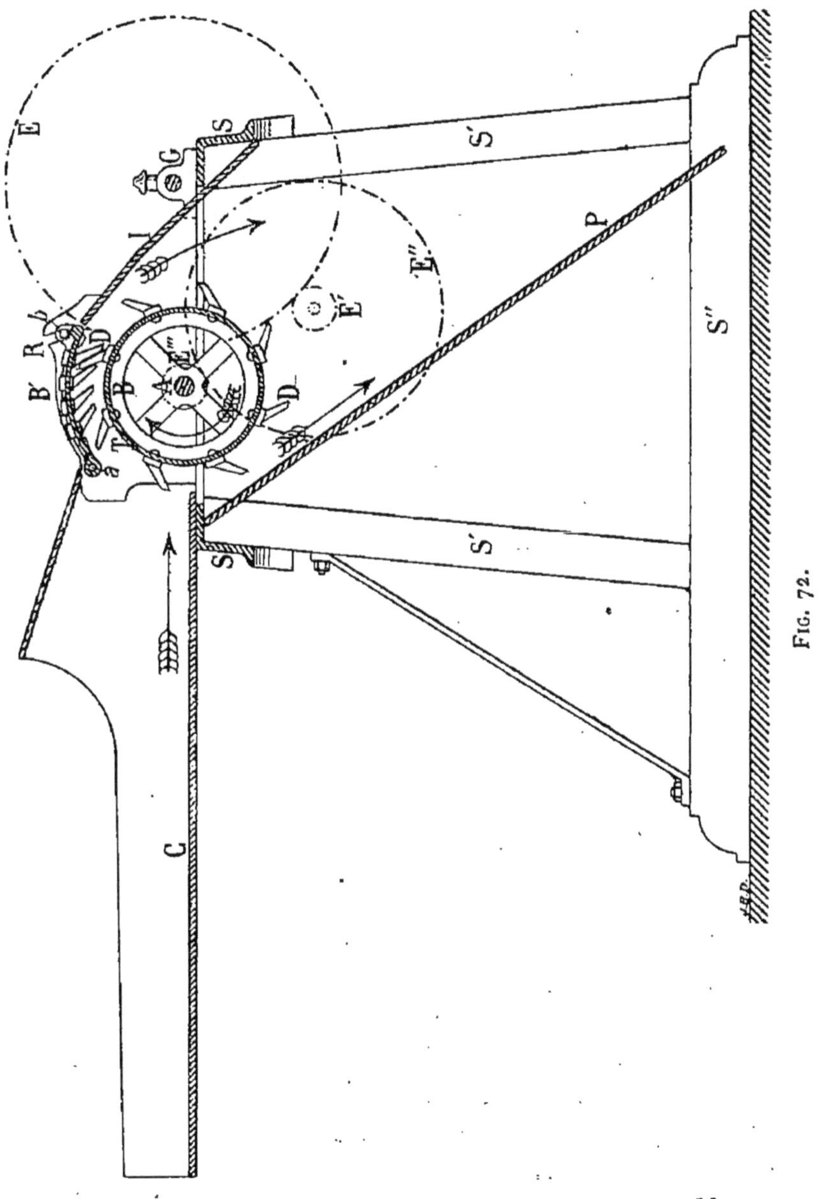

contrebatteur, fixé, dans cette position, au moyen de deux tiges filetées *b*, terminées chacune par un écrou à oreilles, et venant se placer à la partie inférieure d'une rainure R, peut tourner autour d'un axe horizontal *a*, de manière à ouvrir la machine et en dégager les organes principaux, dans le cas de bourrage.

Le batteur et le contrebatteur sont garnis de pointes, D, D', obliquées par rapport aux rayons du tambour du batteur, qui tourne dans le sens indiqué par la flèche. Ce tambour est formé, dans ce premier exemple, d'une paroi cylindrique en tôle T, reliée à l'axe par des couronnes et des bras en fonte. Les pointes D, D' sont implantées sur la partie mobile du contrebatteur, ou sur la paroi cylindrique du batteur, et y sont fixées au moyen de boulons ou de rivets.

Il suffit de disposer tout cet ensemble à environ 0^m, 80 du sol, au moyen d'un cadre en fonte S, soutenu par des supports en charpente S', reliés entre eux par une semelle également en bois S'', de terminer la machine, à l'arrière, par une sorte de couloir C', dans lequel l'ouvrier engreneur vient disposer les tiges de céréales, de mettre en mouvement l'arbre G, au moyen d'un ou deux hommes actionnant des manivelles, pour obliger les tiges de céréales à passer entre le batteur et le contrebatteur à pointes et produire ainsi l'extraction des grains des épis les renfermant.

Les grains ainsi détachés viennent, pour la plus grande partie, tomber sur le plan incliné P et sont ainsi conduits vers le sol.

Les pailles battues et froissées, et la dernière partie des grains, sont entraînées par la rotation du batteur et sont rabattues vers le sol, par suite de la présence d'une enveloppe en tôle I, de forme courbe, formant la suite du contrebatteur.

Ce mélange, tombant sur le sol, doit être soulevé à la fourche, pour pouvoir en extraire d'abord la paille battue, puis, au moyen d'un balayage soigneusement effectué, le grain, la menue paille et les otons sont réunis, pour être portés d'abord au tarare, pour la séparation des menues pailles et des otons des grains proprement dits, puis ces derniers sont passés au trieur, pour être classés en plusieurs qualités, en même temps que le grain, dont on veut effectuer le triage, se trouve séparé des autres graines, de différentes formes, qui peuvent y être mélangées.

La figure 73, page 165, donne un autre exemple de ces machines pour petites exploitations, mais de dimensions un peu plus grandes.

Pour donner le mouvement de rotation au batteur de cette machine, on ne se sert plus de l'action des hommes agissant sur des manivelles, mais d'une transmission de mouvement par courroies, ayant, comme point de départ, un manège à colonne, du genre de celui qui a été décrit page 53.

Une première courroie horizontale C est disposée à une assez grande hauteur au-dessus du sol, pour ne pas gêner le déplacement des chevaux autour du manège, et une autre courroie inclinée C' part de l'arbre intermédiaire D pour actionner directement l'axe du batteur A. L'un des montants en charpente, formant le bâti de la batteuse, est prolongé de manière à constituer, à sa partie supérieure, le support de l'arbre intermédiaire D.

Quant à la machine proprement dite, elle se compose d'un batteur B, monté sur l'axe A, et d'un contrebatteur ajouré B', pouvant être rapproché ou éloigné du batteur, par la manœuvre d'une vis V.

Une table à étaler T, de 1^m,60 de longueur, et ayant, comme largeur, la longueur du batteur, est terminée, sur deux de ses côtés, par des planches P d'une certaine hauteur, formant, avec la table, un peu inclinée vers la machine, un couloir dans lequel on fait glisser, à la main, les tiges qu'il s'agit d'égrener. Une sorte de buse inclinée E, également en bois, oblige ces tiges à s'engager dans l'intervalle laissé entre le batteur et le contrebatteur. Sous l'action simultanée de ces deux organes, les épis se trouvent battus, une partie importante des grains tombe, avec les menues pailles, à travers les interstices du contrebatteur, et une masse de grains assez considérable se trouve ainsi réunie, en forme de tas, sous la machine. Les pailles battues, et une partie de grains, se trouvent entraînées hors de la machine et tombent sur le sol, en y étant dirigés par un plan incliné *h* et une sorte de couvercle I, de forme courbe, fixé au bâti de la machine à battre.

Ce type de machines étant essentiellement portatif, le démontage de la table à étaler doit s'effectuer, sans difficulté, et, en passant des leviers dans des étriers métalliques, disposés sur les pièces de charpente, il est possible de transporter toute la machine, d'un point à un autre de la ferme.

Machines à battre à grand travail. — Si nous passons maintenant à l'étude des machines à battre à grand travail, nous avons à décrire le groupement des différents appareils dont la nomenclature a été donnée précédemment pour constituer soit une machine à battre en long, ou en bout, soit une machine à battre en travers, dont nous indiquerons successivement différents types.

Machine à battre en bout du type américain, fig. 74 et 75, pages 166 et 167. Cette machine, de très grande longueur, lorsque les différents organes dont elle se compose sont dans leurs positions de travail, est une de celles qui ont été expérimentées à Joinville-le-Pont, en 1880;

elle est de la construction de MM. Aultman et Cie.
Si nous examinons tout d'abord la coupe transver-

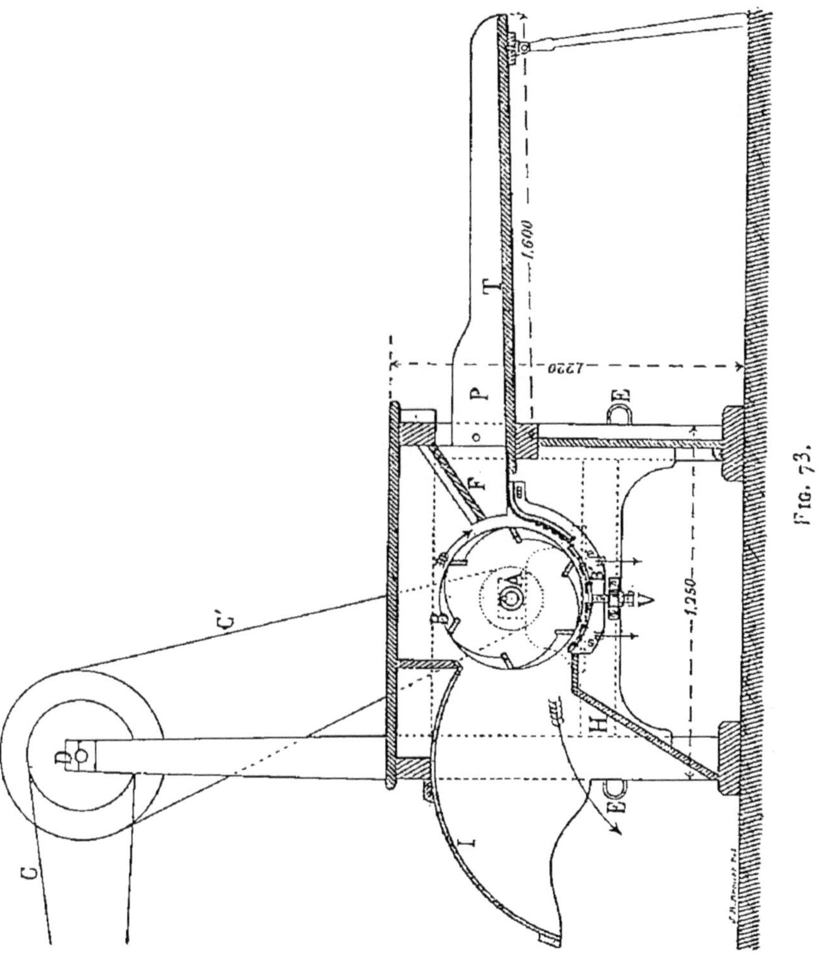

sale, fig. 74, on voit que, dans cette machine, le batteur et le contrebatteur sont garnis de pointes s'en-
trecroisant, et amenant l'égrenage des tiges de céréales,

obligées de passer entre les tiges fixes du contrebatteur et les tiges mobiles du batteur.

De chaque côté de la batteuse se trouvent de larges
plates-formes P, sur lesquelles on effectue le déliage et
l'étalage des gerbes que l'on soumet ensuite à l'action du batteur et du contrebatteur. En E, se trouve
la partie supérieure de l'élévateur des otons, et un cou-

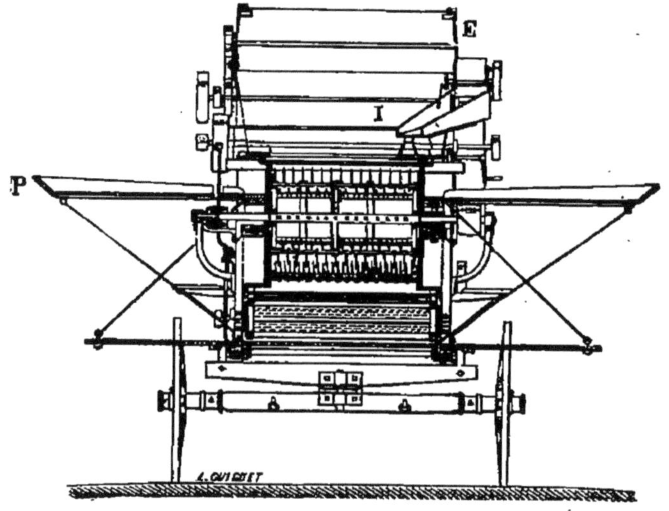

FIG. 74.

loir incliné I vient déverser ces matières, incomplètement battues, en avant du batteur, pour y être repas-
sées une seconde fois, en même temps que de nouvelles
tiges.

Si l'on se reporte maintenant à la figure 75, représentant la coupe longitudinale de la même machine, on voit,
en P, l'extrémité des plates-formes qui encadrent l'arrière
de la machine à battre. Un couloir incliné dirige les
tiges vers le batteur et le contre-batteur. Les différents
produits du battage viennent tomber sur un tablier

sans fin T, muni de casiers mobiles en bois, dont le détail est figuré page 143, fig. 64.

Un secoueur rotatif D agit sur les matières entraînées par ce tablier, de manière à permettre aux grains de tomber à travers la paille, et de se réunir dans les casiers portés par le tablier sans fin T. La paille, une fois arrivée à la partie supérieure de T, est à nouveau soulevée, par l'action d'un prisme triangulaire tournant sur lui-même, et est conduite sur une toile sans fin S, qui l'entraîne vers l'extrémité opposée de la machine. Arrivée à l'extrémité de cette toile sans fin, la paille tombe sur un élévateur U, formé d'une autre toile sans fin, et est con-

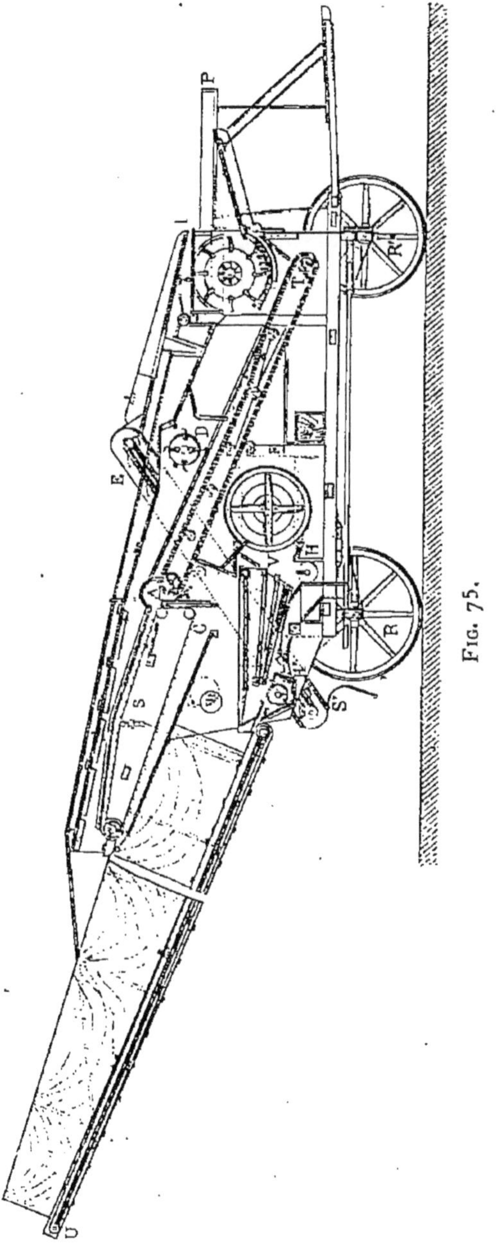

Fig. 75.

duite ainsi au dessus de la voiture devant emmener ce sous-produit, ou est amenée à la partie supérieure d'une véritable meule de paille, dont la hauteur s'élève à mesure que l'opération se poursuit.

Un treuil à corde, situé au-dessus du batteur, permet, par sa manœuvre à bras d'hommes, de modifier l'inclinaison de ce long chemin mobile U, et par suite d'atteindre toujours la partie supérieure du tas de paille que l'on veut former.

Pour ne pas augmenter inutilement le poids de la machine, et pour fermer suffisamment ce chemin mobile U, des toiles verticales empêchent l'action du vent de se faire sentir sur les matières transportées par ce tablier mobile.

Les grains séparés de la paille et réunis dans les alvéoles, dont se trouve muni le premier tablier sans fin T, les otons et les grains séparés de cette même paille pendant son trajet sur la toile sans fin S et venant glisser sur le couloir G, tombent sur une série de grilles situées en regard du ventilateur V, sont soumis à l'action du vent produit par ce ventilateur, et sont débarrassés des menues pailles, et autres matières étrangères au grain. Les menues pailles sont projetées à la base du tablier mobile U et remontées par lui, pour être mélangées à la paille battue. Le grain nettoyé tombe dans un canal transversal H, muni d'une vis d'Archimède, qui l'entraîne vers l'une des faces latérales de la machine, où il est ensaché.

Les otons, ou blés vêtus, présentant une plus grande surface à l'air que les grains eux-mêmes, sont rejetés jusqu'en H' et entraînés transversalement de la même manière que le bon grain. Ces otons arrivent à la base d'une chaîne à godets E pour être reportés à la partie supérieure de la machine, de manière à être déversés par le couloir I, en avant du batteur.

La partie inférieure de la caisse inclinée renfermant cet élévateur peut être ouverte, en S', pour dégager la chaîne à godets des causes d'obstruction qui auraient pu se produire.

Enfin, tout l'appareil est monté sur un ensemble de quatre roues R, R', de manière à constituer un instrument locomobile.

Machines à battre en travers. — Dans la machine à battre à grand travail de la maison Marshall, fils et Compagnie, représentée fig. 76, page 171, les tiges de céréales sont engagées parallèlement à l'axe du batteur; il s'agit par conséquent d'une machine à battre en travers.

Le batteur B est composé d'un cylindre en tôle sur lequel se trouvent fixées des battes demi-cylindriques, au nombre de dix; le contrebatteur B' est formé de deux parties susceptibles d'un certain réglage, pour pouvoir diminuer ou augmenter l'espace compris entre ces deux organes principaux de toute machine à battre. Ce contrebatteur est à jour, et une partie des grains, séparés de leurs tiges, vient tomber par les interstices ménagés dans le contrebatteur.

Les pailles battues et une partie du grain se trouvent repoussés, dans le sens de la flèche, sur l'ensemble des secoueurs, à mouvements alternatifs, S, qui, dans cet exemple, sont supportés par deux arbres coudés, animés d'un mouvement de rotation continu.

La paille, après avoir abandonné, dans le parcours des secoueurs, la presque totalité des grains qui y étaient mélangés, vient tomber sur le plan incliné à claire-voie T, terminé par une béquille, pour descendre ainsi jusqu'au sol, où elle est reprise, pour être liée et constituer des bottes de paille d'une valeur marchande.

Les grains abandonnés, sous l'action des secoueurs,

tombent sur un plan incliné C, animé d'un mouvement de translation assez rapide, mais de faible amplitude, et se réunit, sur la table à secousses C', au grain tombant directement à travers le contrebatteur, et cet ensemble passe à travers les orifices de ce premier crible, tandis que les pailles brisées sont obligées de suivre ce plan incliné C' et de sortir de la machine, pour se déverser en dessous du plan incliné T, et former, en dessous de cette grille, un tas spécial de déchets d'une nature particulière.

Une troisième table C″, animée, comme les deux autres, d'un mouvement de trépidation continuel, et au moyen d'une transmission par excentrique et bielle ayant, comme les deux premières, comme point de départ, l'axe O, oblige les grains à descendre vers le tarare ventilateur V, et à tomber verticalement, pendant qu'un courant d'air horizontal en fait dévier les parties les plus légères, les menues pailles, qui viennent se loger dans un coffre F situé en dessous de la machine.

Les grains continuent à descendre à travers une série de cribles situés en D, et de là se rendent, par un tuyau incliné, à la base d'un élévateur à godets E.

S'il s'agit d'orge à ébarber, le grain se déverse dans l'ébarbeur d'orge F, et tombe dans une sorte de trémie qui peut être terminée par un sac. S'il s'agit de blé, de seigle, d'avoine, l'ébarbeur n'est plus nécessaire et, par un simple déplacement d'un volet, le grain se rend directement dans un trieur extensible P, muni d'une brosse cylindrique, destinée à en nettoyer continuellement la surface. Le grain est ainsi classé en plusieurs catégories, qui se rendent dans des compartiments spéciaux, terminés par des sacs de remplissage.

Comme dans l'exemple précédent, l'appareil est rendu locomobile par la présence de quatre roues R

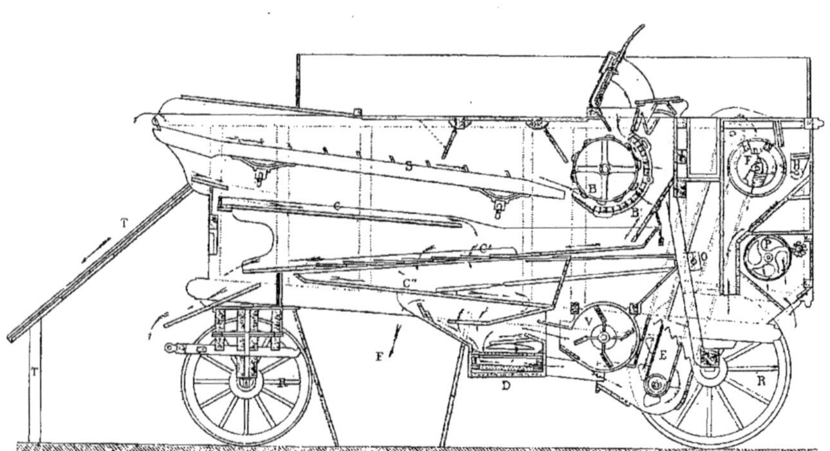

Fig. 76.

dont deux d'entre elles constituent, avec leur essieu, l'avant-train analogue à celui d'une voiture ordinaire.

Le troisième exemple des machines à battre en travers est celui que nous avons déjà cité lorsqu'il s'est agi de la description des différents genres de secoueurs de paille.

Pendant de longues années, la maison Ransomes, Sims et Head a adopté, comme le montre la fig. 77, un batteur polygonal et un contrebatteur à jour, à travers duquel une partie du grain vient passer.

La paille battue est projetée sur un ensemble de prismes triangulaires armés de dents métalliques qui, tournant sur eux-mêmes, obligent la paille à sortir de la machine, après s'être débarrassée du grain qu'elle contenait encore.

Le grain est forcé ensuite à se déplacer sur un ensemble de tables à secousses, de manière à le débarrasser d'abord de la paille brisée, puis, sous l'action du vent du ventilateur, des balles et menues pailles; celles-ci sont projetées contre une tôle perforée de forme cylindrique et peuvent encore abandonner quelques grains encore mélangés à ce déchet, puis sont déplacés, dans un sens perpendiculaire à la figure, au moyen d'une vis sans fin ayant même axe que ce cylindre.

Le grain est remonté, au moyen d'une chaîne à godets, vers la partie supérieure de la machine, est soumis à l'action d'un nettoyeur et du vent d'un second ventilateur, et enfin se rend dans un trieur extensible qui le divise en plusieurs catégories distinctes.

Pour constituer, avec ces mêmes éléments, des machines à battre en usage dans des exploitations moins importantes que celles pouvant utiliser des machines à grand travail, il suffirait de supprimer de ces dernières une partie des appareils de nettoyage, et les instruments

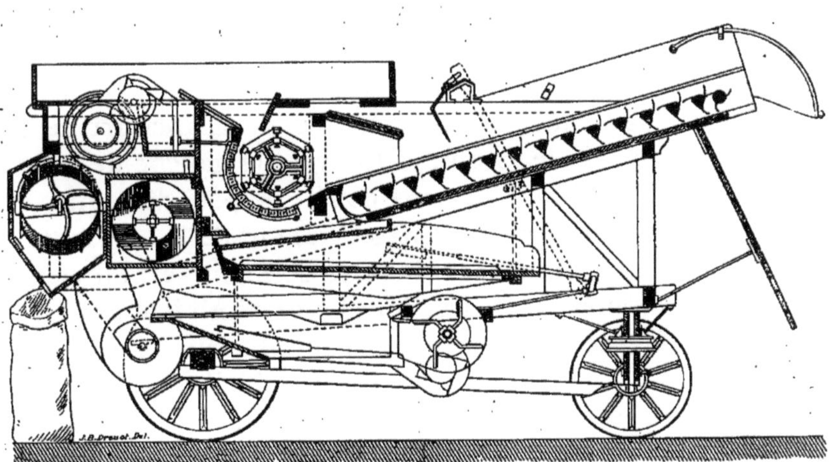

Fig. 77.

de triage. En supprimant le second ventilateur, ainsi que le trieur extensible, on évite d'être obligé de remonter le grain, et la machine est, dès lors, assez simplifiée, en même temps que ses dimensions sont plus réduites.

Mais pour se rendre compte, d'une manière plus exacte, de la complication des transmissions nécessaires pour la mise en mouvement des différents organes constituant une machine à battre plus ou moins complète, il nous paraît utile de donner, par deux nouveaux exemples, la représentation extérieure d'une machine à battre de construction moderne, munie de toutes les courroies de transmission et prête à fonctionner.

Dans la batteuse de M. Albaret, de Liancourt, représentée fig. 78, le batteur, situé vers la gauche de la machine, est actionné par une poulie de petit diamètre, sur laquelle on dispose la courroie venant de la locomobile ; des transmissions par courroies donnent le mouvement aux secoueurs de pailles, dont les extrémités apparaissent à l'arrière de la batteuse. La paille battue, sortant de la machine, vient glisser sur le plan incliné à claire-voie, d'où elle est reprise pour être bottelée. L'arbre coudé actionnant les secoueurs, traverse la machine, dans toute sa largeur, et vient se terminer, en dehors de la batteuse, par une poulie entourée par une courroie qui vient faire tourner l'axe supérieur d'un élévateur à godets, qui déverse le grain, déjà nettoyé, dans un trieur du genre des trieurs extensibles de Penney, de manière à séparer les grains en trois catégories, petit blé, moyen blé et gros blé.

Le tarare ventilateur est disposé à la partie inférieure de la machine, et son axe est mis en mouvement par une courroie actionnée par l'arbre du batteur.

Dans la disposition de la machine de M. Albaret, le

trieur est ainsi placé en dessous des secoueurs, de manière à réduire, autant que possible, la longueur de l'en-

Fig. 78.

semble de la machine à battre.

Dans la figure 79, page 177, représentant une batteuse à grand travail de la construction de MM. Merlin et Cie, de Vierzon, les organes de triage sont disposés en avant du batteur, en allongeant ainsi un peu la machine.

L'axe du batteur commande, au moyen d'une première courroie, située de l'autre côté de la machine, l'axe mettant en mouvement les secoueurs, la paille battue, et secouée, sort à l'arrière de la batteuse, et tombe sur un plan incliné à claire-voie, comme dans toutes les machines similaires. Au moyen d'une courroie croisée, l'axe des secoueurs met en mouvement l'arbre du tarare ventilateur, situé près du sol.

De l'axe du batteur partent deux autres transmissions par courroies, l'une d'elles actionne, au moyen d'excentriques placés extérieurement, les tables à secousses, servant à la séparation des grains de la menue paille; l'autre met en mouvement l'axe d'un second ventilateur, terminant le nettoyage des grains, et l'axe du trieur, qui permet la séparation du grain nettoyé en plusieurs catégories bien distinctes. Chacune des espèces de grains se rassemble dans une trémie spéciale, terminée par un conduit pouvant être fermé par une vannette, et sur lequel on peut attacher un sac.

Dans tous les exemples que nous venons de citer, c'est le type locomobile qui est en usage, présentant ce grand avantage de pouvoir être approché de la meule de céréales, et permettant le battage sur place, sans exiger le transport préalable d'une matière qui s'égrène facilement, et pour laquelle chaque nouvelle manipulation correspond à un déchet plus ou moins important.

C'est aussi le type courant des machines adoptées par les entrepreneurs de battage, qui, en disposant souvent d'une seule batteuse et d'une locomobile, parcourent toute une région, en battant la récolte, de ferme en ferme, là où l'exploitation de faible étendue ne permet pas au

cultivateur de faire l'achat d'une batteuse un peu complète et de son moteur.

Fig. 79.

Dans certaines installations, on rencontre encore des machines à battre disposées, dans la ferme, à poste fixe, et mises en mouvement ordinairement par un manège, également fixe, et à plusieurs tournants.

Dans ces machines fixes, la hauteur que peut occuper, sans inconvénient, la série des organes composant une machine à battre un peu complète, n'est pas aussi mesurée que dans les appareils locomobiles, et l'on fait alors occuper aux différents instruments formant, par leur réunion, une machine à battre complète, les différents étages d'une construction en charpente, en évitant ainsi l'emploi d'élévateur pour le grain passé au tarare, si l'on veut, dans ce même ensemble, procéder à son triage.

Dans ces installations fixes, on cherche encore à se débarrasser des poussières, en installant, au sommet de la machine, une véritable cheminée aspirant les poussières, ou l'additionnant d'un ventilateur aspirant, pour permettre plus facilement leur évacuation. Dans quelques machines locomobiles ce même ventilateur aspirant a été appliqué pour se débarrasser rapidement des poussières qui se dégagent de la paille dans l'opération du battage.

Telle est la constitution des machines à battre adoptées dans la pratique agricole.

On a cherché à en modifier la construction, sans toutefois y réussir, en cherchant à remplacer le batteur et le contrebatteur, agissant, par chocs répétés, sur les tiges de céréales, par un action de friction. L'action du batteur et du contrebatteur est toujours un peu brutale et l'on reconnaît que dans les produits du battage se trouvent une certaine quantité de grains cassés, même dans les machines les mieux réglées, et à plus forte raison dans les appareils mal conduits. Aussi a-t-on construit des machines dans lesquelles le batteur et le contrebatteur étaient remplacés par des organes froissant l'épi, mais ne le battant pas, à proprement parler.

En 1855, M. Gardissal avait construit une machine de ce genre, composée, comme organes essentiels, d'un cylindre en fonte présentant, à sa surface, des cannelures assez fines dirigées suivant les génératrices du cylindre, et d'un contrebatteur mobile formé de plaques en fonte, également cannelées, se déplaçant devant le cylindre remplaçant le batteur ordinaire.

M. Fournier a conservé le cylindre en fonte de Gardissal, en le garnissant d'aspérités en forme de pointes de diamant, et en constituant le contrebatteur d'une série de cylindres de petit diamètre, garnis d'aspérités de mêmes formes, et montés sur un châssis mobile dans le sens de l'axe du cylindre remplaçant le batteur. En donnant un mouvement de rotation continu au cylindre principal, en même temps qu'un mouvement rectiligne alternatif au châssis mobile, on arrivait à extraire de la paille tout le grain qui y était contenu.

En 1863, MM. Barbier et Daubrée, fabricants de caoutchouc à Clermont-Ferrand, ont fait expérimenter une machine à battre en travers dans laquelle les tiges de céréales étaient obligées de passer en deux cylindres garnis de caoutchouc, ayant, comme longueur, la largeur de la machine, et animés du mouvement de rotation en sens inverse l'un de l'autre, les vitesses à la circonférence étant différentes pour chacun d'eux. Il se produisait une sorte de friction de l'épi dans son passage entre les deux cylindres et l'égrenage se produisait très facilement.

Ces différents types de machines ne se sont pas répandus, par suite surtout de leur faible débit, si on le compare aux machines actuelles, et l'on ne rencontre plus que des appareils dont nous avons indiqué longuement la composition dans le cours de ce chapitre.

Résultats obtenus des divers essais de machines à battre. — Les essais auxquels ont été soumises, à différentes époques, ces différents types de machines sont assez nombreux; mais, pour les premiers notamment, la quantité de matières donnée à préparer à chaque machine était souvent insuffisante pour que l'on puisse juger la qualité des différents appareils pour un service un peu prolongé.

Certains de ces essais, effectués dans les concours régionaux agricoles, consistent simplement à faire passer, dans chacune des machines à battre, nettoyée au préalable, une quantité insignifiante de gerbes de céréales, sans que l'on puisse apprécier si le moteur en usage est suffisant pour conduire la machine à battre, alimentée d'une manière continue, et si, d'un autre côté, il ne se produit aucun engorgement ou obstruction, pendant le passage de l'énorme quantité de matières que l'on doit faire passer, en service courant, dans la machine, qui doit, par procédés mécaniques, effectuer la séparation des grains de la paille, et, en même temps, la division de la matière en plusieurs sous-produits parfaitement distincts.

Des essais complets sur les machines à battre exigent beaucoup de temps, une grande quantité de matières premières et, en même temps, des manœuvres considérables.

Les essais les plus importants qui aient été faits, en France, sur les machines à battre à grand travail, sont ceux exécutés par la Société des Agriculteurs de France, en septembre et octobre 1880.

Dans ces essais, exécutés à la ferme de l'Institut national agronomique, de Joinville le Pont, près Paris, six types des machines à battre à grand travail ont été seulement expérimentés, et l'on a employé, dans les différents essais, environ 100 000 kilogrammes de matières premières, gerbes de blé, seigle et avoine; ces essais ayant duré près de trois semaines, du 23 septembre au 12 octobre, en exigeant un personnel considérable, qui, certains jours d'essai, s'est élevé à soixante hommes, empruntés, pour la plupart, à la garnison de Vincennes. Tout le service des transports a pu être fait également par des voitures d'artillerie qui amenaient les gerbes prises à la meule, et après passage au pont bascule, pendant que d'autres voitures recevaient la paille battue qui n'était remisée qu'après un nouveau pesage, contrôlant ainsi la première évaluation de la quantité de matières passées dans chacune des batteuses.

Nous croyons utile de donner, dans ce chapitre, un résumé de ces essais de longue durée, rappelant ceux faits sur la même question, au concours de Cardiff, par les soins de la Société royale d'Agriculture d'Angleterre.

Un premier battage de trois cents gerbes de seigle, par batteuse, a été fait simultanément par toutes les machines présentées, mises en mouvement par leurs locomobiles, et sans autre examen que celui de la perfection du battage ou du nettoyage.

Deux essais, pour lesquels on a pu disposer de huit cents gerbes de blé et de deux cents gerbes de seigle, ont été entrepris en déplaçant successivement chacune des batteuses, en les mettant en mouvement par une locomobile spéciale, et par l'intermédiaire d'un dynamomètre de rotation.

Un nouvel essai de battage, en employant deux cents gerbes de blé, par machine, a permis de se rendre compte des facilités de nettoyage spéciales à chaque machine.

Le battage d'environ neuf cents gerbes d'avoine, par machine, a clos cette série d'essais, auxquels avaient été joints un certain nombre d'essais spéciaux, tels que ceux relatifs au rebattage de la paille, provenant des différentes machines, pour déterminer la quantité de grains laissés dans la paille, des essais de triage pour déterminer la quantité de grains cassés, et le passage au tarare de la totalité des grains provenant de l'essai des différentes machines battant du blé, pendant lequel la déterminaison du travail mécanique dépensé a pu se faire à l'aide du dynamomètre de rotation.

Les tableaux suivants, A et B, pages 183 et 184, renferment les principaux résultats de ces essais.

De l'examen de ces deux premiers tableaux, il résulte :

1° Que lorsqu'une machine à battre, dite à grand travail, doit extraire des tiges de céréales la presque totalité des grains qu'elles contiennent, en respectant la paille, et en nettoyant et triant le grain, il faut évaluer que la puissance mécanique nécessaire pour la mise en mouvement d'une machine à battre complète est comprise entre $8^{ch},67$ et $13^{ch},12$, d'après les essais de 1880.

2° Que la mise en marche à vide de ces mêmes machines exige une puissance mécanique assez grande, qui a varié de $5^{ch},95$ à $8^{ch},88$, dans ces mêmes essais, et que si l'on prend le rapport entre les travaux à vide et en charge, on trouve des nombres assez concordants, 0,637 à 0,657. Ces nombres montrent que les deux tiers du travail total sont absorbés par la mise en marche des différents organes composant une machine à battre à grand travail, et que le tiers seulement de ce travail total est employé pour le battage, nettoyage et triage proprement dits.

3° Que les résultats obtenus pour la machine de Aultman sont notablement inférieurs à ceux qui viennent d'être relatés, mais qu'il s'agit d'une machine à battre américaine, du type des machines à battre en long, ou en bout. L'essai de cette machine a permis de constater que la puissance mécanique nécessaire pour sa mise en

A. — *Machines à battre à grand travail. — Essais dynamométriques. — Battage du blé.*
Travail en charge et à vide.

| DÉSIGNATION des MACHINES. | Poids des gerbes. | Poids du blé nettoyé. | TRAVAIL EN KILOGRAMMÈTRES | | | Durée du battage. | Travail en charge par seconde. | Puissance correspondante en chevaux-vapeur. | Travail à vide par seconde. | Puissance mécanique absorbée par la marche à vide. | Rapport des puissances absorbées à vide et en charge. |
			par 1000 kil. de gerbes battues.	par 100 kil. de blé nettoyé.	dépensé pendant l'essai.						
	k.	k.	klgm.	klgm.	klgm.		klgm.	ch. v.	klgm.	ch. v.	
Marshall (grande machine).	5 155	1 763.4	678 728	198 400	3 498 948	64' 10" = 3 850"	908.82	12.12	580.25	7.74	0.639
Aultman.................	5 066	1 621.2	525 492	163 199	2 663 147	91' 10" = 5 470"	486.69	6.42	216.93	2.89	0.475
Pécard	4 875	1 589.4	600 037	184 038	2 925 114	75' 00" = 4 500"	650.03	8.67	446.27	5.95	0.686
Garrett (grande machine)..	5 205	1 669.4	611 922	191 435	3 185 012	54' 45" = 3 285"	969.56	12.93	666.32	8.88	0.687
Garrett (petite machine)....	4 967	1 484.9	550 390	178 107	2 738 789	61' 30" = 3 690"	740.87	9.88	493.33	6.58	0.666
Marshall W. B.............	5 041	1 512.5	637 848	212 579	3 215 361	63' 20" = 3 800"	846.15	11.28	538.56	7.18	0.637

B. — *Machines à battre à grand travail. — Essais dynamométriques.*

Battage du seigle.

DÉSIGNATION des MACHINES.	Poids des gerbes.	Poids du grain nettoyé.	TRAVAIL EN KILOGRAMMÈTRES			Durée du battage.	Travail dépensé par seconde.	Puissance mécanique absorbée pendant la marche en charge exprimée en ch. vap.
			par 1000 kil. de gerbes battues.	par 100 kil. de grain nettoyé.	dépensé pendant l'essai.			
	k.	k.	klgm.	klgm.	klgm.		klgm.	k.
Marshall (grande machine).	1 037	358.9	635 853	183 723	659 380	11'10" = 670"	984.15	13.12
Aultman....................	974	279.0	454 954	158 819	443 124	17'00" = 1020"	454.44	5.79
Garrett (grande machine)..	899	288.1	716 982	223 729	644 565	11'00" = 660"	976.60	13.02
Garrett (petite machine)....	910	290.3	678 396	212 662	617 339	15'00" = 900"	685.93	9.14
Marshall. W. B.............	930	281.9	609 940	216 338	567 283	11'20" = 680"	834.24	11.12

mouvement n'a été que de 5^{ch},79 et 6^{ch},42 pour le battage du seigle et du blé, et que la machine, fonctionnant à vide, n'a exigé que 2^{ch},89, correspondant à un rapport de 0,475, entre la puissance absorbée à vide et celle employée en charge, soit environ un demi au lieu de deux tiers.

Mais ces premiers chiffres ne donnent qu'une première évaluation qui dépend des dimensions de la machine, ainsi que de la rapidité d'action du batteur et de l'ouvrier chargé de préparer l'alimentation de la machine.

Les colonnes 4 et 5 de ces mêmes tableaux donnent les travaux en kilogrammètres nécessaires pour battre 1000 kilogrammes de gerbes de blé ou de seigle, ou pour obtenir 100 kilogrammes de grain nettoyé.

Les nombres extrêmes, extraits de ces tableaux, sont les suivants :

Par 1000 kilogrammes de gerbes de blé, le travail a varié de

550 390 à 678 728 kilogrammètres,

Par 1000 kilogrammes de gerbes de seigle, de

609 940 à 832 858 kilogrammètres,

nombres notablement supérieurs à ceux résultant du battage du blé.

Par 100 kilogrammes de grain nettoyé, le travail a varié de

178 107 à 212 579 kilogrammètres,

pour le blé, et de

183 723 à 223 729 kilogrammètres,

pour le seigle.

Enfin, si l'on considère le travail dépensé par la machine américaine de Aultman, les nombres correspondants étaient de :

525 492 kilogrammètres par 1000 kilogr. de gerbes de blé.
454 954   —   par —   —   de gerbes de seigle.
163 199   —   par 100   —   de blé nettoyé.
158 819   —   par —   —   de seigle nettoyé.

Ces nombres sont tous inférieurs à ceux obtenus pour l'ensemble des machines en travers, et semblent prouver en même temps, ce qui mériterait d'être vérifié, par de nouveaux essais, que le seigle se détache plus facilement de ses épis que le blé, en employant le batteur à pointes ou batteur américain, tandis que c'est l'inverse que l'on observe, en adoptant les autres batteurs employés communément dans les machines à battre en travers.

Si nous passons maintenant aux expériences de rebattage des pailles, instituées pour permettre de se rendre compte de la proportion des grains laissés dans la paille battue, le tableau C montre que la quantité de grains non battus a varié de 0,905 à 2,022 %, pour le seigle, et de 1,303 à 1,586 pour le blé, si l'on compare les résultats obtenus par l'emploi des différentes machines à battre en travers, et que cette proportion s'est abaissée jusqu'à 0,707 %, pour la machine à battre américaine d'Aultman, employée pour le battage du blé.

On peut donc dire, qu'à ce point de vue encore, les machines à battre en long, du type américain, seraient préférables aux différentes machines à battre en travers, employées généralement ; mais l'état de conservation de la paille, à la sortie des machines à battre en long, ne permet pas de les employer toutes les fois que l'on a intérêt à conserver à la paille une valeur marchande.

C. — *Expériences de rebattage des pailles provenant des essais dynamométriques.*

DÉSIGNATION des MACHINES.	Poids des pailles réservées et rebattues.	Poids du grain nettoyé provenant de ce battage supplémentaire.	Rapport du grain extrait à celui de la paille.	Poids total de la paille battue obtenue dans l'essai dynamométrique.	Poids du grain laissé dans la totalité de la paille battue.	Poids du grain provenant du premier battage.	Poids total du grain obtenu.	Rapport du poids du grain laissé dans la paille au poids total du grain recueilli.
PAILLES DE BLÉ.								
Marshall (grande machine).....	125^k.00	0^k.9900	0.79 %	2940^k	23^k.28	1763^k.40	1786^k.68	1.303 %
Aultman........................	88.80	0.4100	0.46 %	2501	11.55	1621.20	1632.75	0.707 %
Pécard.........................	91.00	0.7540	0.83 %	2750	22.57	1589.40	1611.97	1.400 %
Garrett (grande machine).......	114.60	1.0450	0.91 %	2950	26.90	1669.40	1696.30	1.586 %
Garrett (petite machine)........	90.00	0.6350	0.71 %	2898	20.45	1484.90	1505.35	1.358 %
Marshall. W. B.................	84.60	0.5850	0.69 %	2885	19.95	1512.50	1532.45	1.318 %
PAILLES DE SEIGLE.								
Marshall (grande machine).....	76^k.00	0^k.5500	0.72 %	580^k.	4^k.20	358^k.90	363^k.10	1.157 %
Garrett (grande machine).......	36.00	0.2045	0.57 %	485	2.76	288.10	290.86	0.905 %
Garrett (petite machine)........	66.00	0.7700	1.16 %	513	5.99	290.30	296.29	2.022 %
Marshall W. B.................	146.00	1.2400	0.85 %	546	4.64	274.10	278.74	1.665 %

Pour procéder à ces expériences de rebattage, l'on avait adopté l'une des machines déjà expérimentées, la machine Pécard, en réglant, spécialement pour cette opération, la position du contrebatteur, par rapport au batteur de cette machine, et sans tenir compte de la détérioration que la paille pouvait éprouver en passant à l'intérieur de cette machine ainsi disposée.

Les expériences de vérification de l'état de nettoyage ou de triage des produits du battage méritent d'être mentionnées. On y a procédé, soit en prélevant un échantillon de faible poids, 500 grammes, de la masse de blé nettoyé sortant de chaque machine, soit en soumettant, à l'action d'un tarare, l'ensemble du blé provenant d'un même essai, et pour toutes les machines expérimentées.

Le tableau D donne les résultats obtenus en soumettant à un vannage et à un triage à la main chacun des échantillons prélevés.

Le tableau E, page 190, renferme toutes les indications que l'on a pu recueillir dans l'essai au tarare, et ces deux expériences distinctes ont permis de montrer qu'aucune des machines à battre à grand travail ne permet d'obtenir du grain trié et suffisamment nettoyé, et qu'il est utile de procéder, à nouveau, à ces deux opérations, du nettoyage et du triage, à l'aide d'appareils spéciaux, complètement indépendants de la batteuse, lorsqu'on veut obtenir des produits complètement nettoyés et classés.

Les résultats consignés dans le tableau E montrent, qu'en effet, il reste encore des déchets dans la proportion de 1,15 à 3,98 %, nécessitant de nouvelles opérations de nettoyage et de triage.

Les appareils de cette catégorie annexés aux machines à battre à grand travail ont cependant leur grande utilité en ce qu'ils débarrassent le produit de la machine

D. — *Résultats obtenus dans le troisième essai de battage du blé
quant à la perfection du nettoyage et du triage.*

BATTAGE DES GRAINS.

DÉSIGNATION des MACHINES.	Poids des gerbes.	Poids de l'échantillon moyen prélevé sur la masse du blé nettoyé provenant de chaque machine.	PRODUITS OBTENUS PAR UN VANNAGE.					Rapport entre le poids de grains cassés et le poids total.	Rapport entre le poids des déchets et le poids total.
			Grains triés.	Grains cassés.	Grenailles ou petit blé.	Ottons.	Total.		
	k.	gr.	gr.	gr.	gr.	gr.	gr.		
Marshall (grande machine).....	1354	500	470.0	14.0	12.5	2.5	499.0	0.0281	0.0050
Aultman......................	1280	500	475.0	2.7	13.0	5.0	495.7	0,0054	0.0101
Pécard.......................	1252	500	470.5	13.5	13.0	3.0	500.0	0.0270	0.0060
Garrett (grande machine)......	1187	1er blé (1) 500 / 2e blé (2) 500	484.5 } moy. 476.0 / 400.0 }	5.0 } moy. 8.91 / 45.5 }	9.5 } moy. 13.4 / 49.5 }	1.0 } moy. 1.20 / 3.0 }	500.0 / 498.0 }	} 0.0178	0.0024
Garrett (petite machine).......	1272	500	477.0	12.4	8.6	2.0	500.0	0.0248	0.0050
Marshall W. B.................	1382	500	475.0	2.7	13.0	5.0	495.7	0.0054	0.0101

(1) La quantité totale de blé de 1re qualité a été de 375 k. 0. — (2) La quantité totale de blé de 2e qualité a été de 41 k. 1 seulement.

E. — *Nettoyage du blé battu dans les expériences dynamométriques, pour en obtenir une même qualité de blé marchand.*

DÉSIGNATION des MACHINES.	Poids total du blé passé au tarare.	POIDS DES PRODUITS OBTENUS.				Poids des produits mélangés au blé marchand, à la sortie de la batteuse.	Rapport du poids de ces déchets au poids total.
		Blé marchand.	Grenailles ou petit blé.	Ottons.	Total.		
	k.	k.	k.	k.	k.	k.	
Marshall (grande machine)......... { 1ᵉʳ blé 1 343.2		1 325	9.7	1.60	} 1740.00	20.10	1.15 °/₀
2ᵉ blé 404.5		395	7.2	1.60			
Aultman........................	1 621.2	1 604	8.0	17.10	1629.10	25.10	1.54 °/₀
Pécard.........................	1 589.0	1 524	20.0	12.00	1556.00	32.00	2.08 °/₀
Garrett (grande machine)..........	1 669.0	1 593	17.2	13.60	1623.80	30.80	1.89 °/₀
Garrett (petite machine)..........	1 484.0	1 408	26.0	32.40	1466.40	58.40	3.98 °/₀
Marshall. W. B...................	1 512.5	1 479	16.8	3.60	1499.40	20.40	1.36 °/₀

de la plus grande quantité des impuretés qui y resteraient mélangés, si ces appareils annexes étaient supprimés ; mais leur rôle n'est pas cependant assez efficace pour que l'on puisse éviter toute nouvelle opération, à la sortie de la batteuse, afin de constituer des produits parfaitement marchands.

Enfin un dernier élément recueilli pendant ces essais est la vitesse moyenne à la circonférence du batteur, déduite du nombre de tours par minute de l'arbre du batteur, déterminé, à différentes reprises, pendant le cours des principaux essais, et le tableau F, page 192, donne les différents éléments de la détermination de cette vitesse moyenne à la circonférence du batteur des diverses machines.

Si l'on écarte le chiffre de $38^m,84$, correspondant à un nombre de tours de 1374 par minute, nombre bien supérieur au chiffre de 1200, indiqué par le constructeur, on voit que la vitesse à la circonférence du batteur est restée comprise entre $23^m,93$ et $33^m,64$; la moyenne générale des chiffres contenus dans les quatre dernières colonnes du tableau F donne, pour vitesse moyenne, $28^m,73$.

Nous ne nous étendrons pas davantage sur ces essais qu'il serait utile de recommencer, après un certain laps de temps, pendant lequel les perfectionnements que l'on pourrait apporter à ce genre de machines auraient pu être réalisés ; et si, au moment de l'exposition universelle de 1900, le Gouvernement français, ou les sociétés d'agriculture, pouvaient organiser des expériences de machines à battre analogues à celles réalisées, en 1880, par les soins de la Société des Agriculteurs de France, rappelant celles entreprises précédemment par la Société Royale d'agriculture d'Angleterre, et en conviant à ces essais le plus grand nombre de constructeurs, il serait rendu un

F. — *Nombre de tours et vitesse du batteur.*

DÉSIGNATION des MACHINES.	NOMBRE DE TOURS OBSERVÉ PAR MINUTE PENDANT LES ESSAIS				Diamètre moyen du batteur.	VITESSE MOYENNE A LA CIRCONFÉRENCE DU BATTEUR.			
	24 Sept. Seigle.	Exp. dyn. Blé.	Exp. dyn. Seigle.	5 Octobre. Blé.		24 Sept. Seigle.	Exp. dyn. Blé.	Exp. dyn. Seigle.	5 Octobre. Blé.
	t.	t.	t.	t.	m.	m.	m.	m.	m.
Marshall (grande machine).....	879.3	1031	1083	804	0.557	25.65	30.07	31.59	23.45
Aultman.......................	1108.0	1023	1012	1095	0.505	29.31	27.06	26.77	28.96
Pécard	1018.0	935	1082	938	0.590	31.46	28.89	33.60	28.95
Garrett (grande machine)......	1374.0	1006	»	940	0.540	38.84	28.44	»	26.58
Garrett (petite machine).......	1133.0	1166	»	1273	0.497	29.48	30.34	»	33.12
Marshall W. B................	776.0	893	900	1091	0.589	23.93	24.20	27.75	33.64

nouveau service d'intérêt général, dont profiteraient à la fois les cultivateurs et les constructeurs de matériel agricole.

Avant de terminer cependant la partie de ce chapitre relative au battage des céréales, il y a lieu d'indiquer quelles sont les modifications que l'on est conduit à faire subir aux machines à battre lorsqu'on veut les employer dans les pays méridionaux.

Ces modifications sont de deux natures toutes différentes : quelques constructeurs, lorsqu'ils étudient des batteuses ayant cette destination, proscrivent entièrement l'emploi du bois dans l'ossature de la machine à battre. Les panneaux, ordinairement en bois, qui ferment latéralement la machine, sont même remplacés par des feuilles de tôle, afin d'éviter toute dislocation de la machine sous les effets d'une trop grande sécheresse.

Dans les pays chauds, où l'on est obligé de nourrir les animaux avec de la paille hachée et broyée, cette dernière opération étant nécessitée par la nature particulièrement ligneuse de cette matière, on a cherché non plus à conserver la paille intacte dans son passage dans la machine, mais à la détériorer, au contraire, en la faisant passer à travers des organes spéciaux ajoutés à la machine à battre.

Avant l'adjonction de ces organes, on était conduit à faire piétiner la paille battue par des animaux pour l'amener à cet état de trituration jugée nécessaire.

Dès l'année 1863, la maison Ransomes, Sims et Head avait employé une disposition de couteaux et de broyeur de paille qui avait pour but de rendre cette matière suffisamment molle et souple pour qu'elle pût être mangée par les animaux.

Sous le titre de perfectionnement applicable aux machines à battre, pour couper et froisser la paille, MM. John Head et Henri Brinsmead ont pris, en Angleterre, une patente, le 25 juin 1863, et l'appareil qu'ils ont imaginé se compose de deux rouleaux tournant à grande vitesse, le rouleau supérieur porte des couteaux qui coupent la paille en fragments de 5 centimètres de longueur, et le rouleau inférieur est muni d'aspérités, ainsi qu'une enveloppe partielle de ce cylindre, de manière à briser ces fragments, et les rendre propres à l'alimentation des animaux.

Cette partie de la machine à battre de MM. Ransomes, Sims et Head est représentée fig. 80.

Un couloir en planches oblige la paille secouée à venir en contact avec un premier cylindre tournant à raison de 1100 tours environ par minute. Ce cylindre est armé de couteaux qui coupent la paille en fragments de faible longueur, et cette paille coupée tombe entre un cylindre muni d'aspérités et un contre-batteur, formé de deux parties, que l'on vient serrer plus ou moins contre le cylindre, suivant la dureté de la paille et le degré de froissement que l'on veut obtenir.

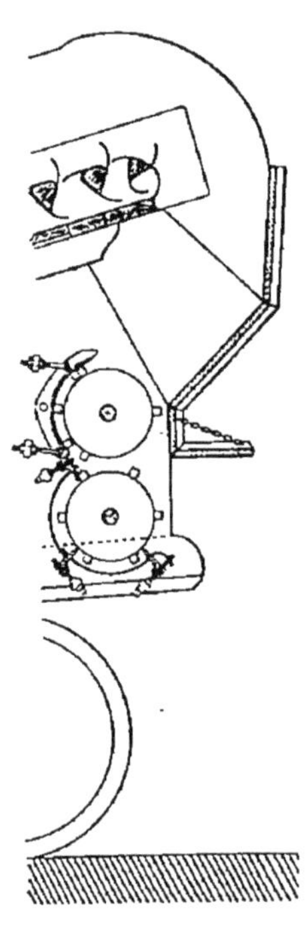

Fig. 80.

La paille ainsi préparée sort de la machine et tombe sur le sol, où elle est recueillie.

Cette question du broyage de paille, à la sortie de la machine à battre, a été reprise il y a quelques années, et M. L. Vigreux, alors professeur à l'École Centrale des

Arts et Manufactures, depuis décédé, a pensé que l'on pourrait employer, pour cet objet, un instrument usité dans les fabriques de papier, connu sous le nom de *Barbotte*, et dénommé par lui du nom arabe *Noradj,* sous lequel l'on désigne, dans le pays, l'instrument primitif encore employé, en le distinguant de cet outil par l'appellation de française.

La noradj française, représentée fig. 81, page 196, peut se placer à la suite d'une coupeuse de forme quelconque, et cet ensemble peut être disposé à la suite d'une machine à battre, de manière à constituer une batteuse préparée spécialement pour les pays chauds, et des essais, faits en Égypte, en 1890, ont permis de se rendre compte du bon fonctionnement de ces engins perfectionnés.

Dans la disposition de la fig. 81, l'appareil est monté sur un chariot spécial C, que l'on vient approcher de la machine à battre et qui est destiné à recevoir et préparer le produit de la batteuse, en ce qui concerne la paille battue et divisée par son passage dans une coupeuse attenante à la machine à battre M.

Cette coupeuse ne présente rien de particulier et se compose, comme toujours, de deux cylindres dont l'un A, est armé de dents attirant la paille en travers de sa longueur, et dont l'autre B, animé d'un mouvement en sens inverse du premier, porte des disques en acier à bords tranchants, disposés de chaque côté des disques dentés fixés sur l'autre arbre, de manière à réduire la paille en fragments de faible longueur, deux, trois, quatre centimètres, suivant l'épaisseur des disques dentés.

Le broyeur est disposé verticalement, et son axe D est mis en mouvement par l'un des organes de la machine à battre, en s'arrangeant pour que cet axe ne tourne qu'à une vitesse très réduite, 10 tours par minute. A cet effet, deux engrenages droits E et E', et, à la suite, deux

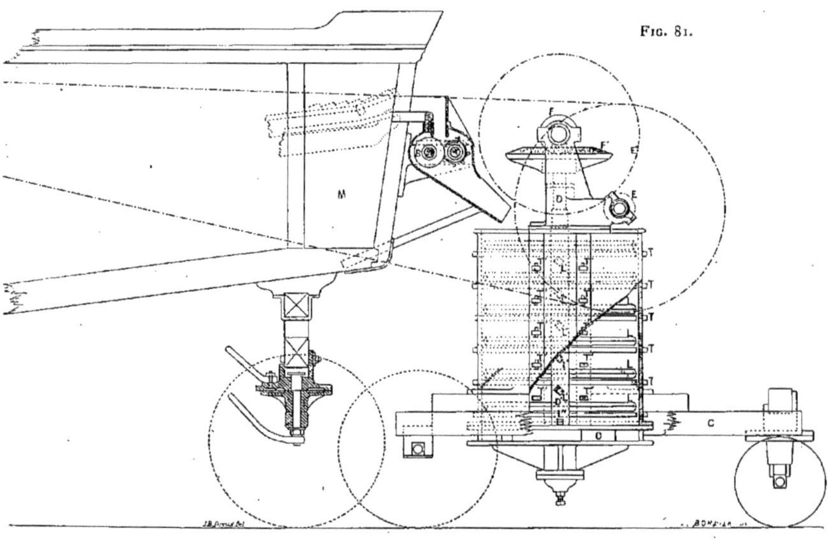

Fig. 81.
M
D
E
C
O

engrenages coniques F et F' permettent de passer d'un
nombre de tours de 166 par minute au nombre très réduit indiqué plus haut.

Dans l'intérieur du cylindre se trouvent des traverses
métalliques T, T', disposées, deux par deux, dans des sens
perpendiculaires, et, de distance en distance, se trouvent
fixées dans un arbre vertical D', de section carrée, de fortes lames en acier L L' venant brasser l'ensemble de la
paille hachée déversée dans le cylindre, et retenu de
place en place par les traverses de positions fixes.

On pourrait, au besoin, supprimer même la coupeuse,
en donnant aux premières lames mobiles un tranchant
assez aigu pour effectuer le découpage de la paille en
fragments de longueur suffisamment réduite.

La matière chemine verticalement dans l'intérieur de
l'appareil et sort à sa partie inférieure, par un certain
nombre d'orifices latéraux O, dont on peut faire varier
la section de passage, suivant le débit de l'appareil
broyeur. Le fond du cylindre porte, en saillie, des cloi-
sons, venues de fonte avec lui, qui dirigent, vers ces orifices de sortie, la matière triturée, et la dernière lame mobile L″ fait alors l'office de ramasseur, pour obliger la
paille coupée et broyée à sortir régulièrement.

On peut légèrement simplifier cet appareil en supprimant l'un des axes de la coupeuse, et en remplaçant
les disques tranchants par des lames fixes B, en acier,
présentant la forme de fourches, attachées, au moyen
de boulons, sur une pièce en U faisant partie du bâti de
la machine. L'appareil est alors seulement d'un débit un
peu moins grand. Une série de lames L, L', L″, L‴,
découpées dans une suite de disques montés sur l'arbre
A, sont disposées de manière que les parties agissantes
soient échelonnées, comme l'indique la fig. 82, page 198.

Tout cet ensemble est placé dans une sorte de caisse

en tôle dans laquelle arrive, en M, la paille battue, et qui se termine à sa partie inférieure, en N, par un couloir à section décroissante déversant la paille divisée dans la noradj.

La fig. 83 représente, en plan, une partie de l'appareil coupeur qui doit occuper toute la largeur de la machine à battre. Les disques D, montés sur l'arbre, sont séparés par des rondelles R que l'on vient serrer avec l'ensemble des disques au moyen d'écrous et de contre-écrous, disposés sur deux parties filetées de l'arbre A.

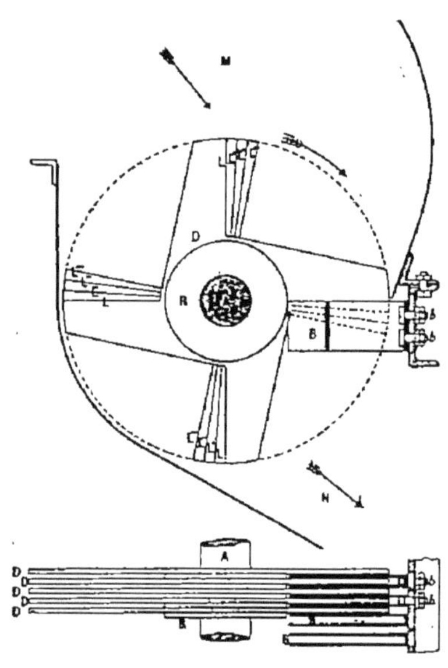

FIG. 82 et 83.

En employant ces procédés mécaniques, on peut préparer, avec une grande rapidité, et en même temps, avec un plus grand degré de perfection qu'en adoptant les méthodes primitives, la nourriture des animaux, lorsqu'elle doit se composer, pour la plus grande partie, d'éléments empruntés aux tiges des céréales.

Dans cette catégorie des appareils que l'on peut annexer à une machine à battre, nous indiquerons encore les élévateurs de paille dont l'emploi ne s'est pas répandu en France, surtout à cause de leur prix toujours assez élevé; mais que l'on trouve parmi le matériel agricole construit par les principales maisons anglaises.

Nous en indiquerons seulement une disposition.

L'appareil, représenté fig. 84 et 85, pages 200 et 201, est construit par la maison Marshall et fils. La fig. 84 représente l'appareil déployé et prêt à servir. La fig. 85 est relative au même appareil, mais disposé pour son transport, les pièces qui le composent étant repliées les unes sur les autres, afin de présenter un volume aussi réduit que possible.

Le but que l'on cherche à atteindre est de remplacer, au moins pour la plus grande partie, les hommes de manœuvre qui doivent débarrasser les abords de la machine à battre de la paille battue, et d'aider à la constitution d'une meule de paille ou d'un tas de paille pouvant s'élever à une grande hauteur.

Dans tous ces appareils, la paille sortant de la machine est reçue dans une large trémie avec fond garni d'un crible dont les larges mailles laissent passer les grains et les otons qui auraient pu être entraînés avec la paille. Celle-ci est relevée par des chaînes sans fin mises en mouvement mécaniquement et portant de longs râteaux venant saisir la matière à élever et la conduisant jusqu'au sommet de l'appareil, pour l'abandonner ensuite.

Des bielles en bois de grande longueur permettent, par leur déplacement autour d'un axe horizontal, de soutenir, à des hauteurs variables au-dessus du sol, la partie supérieure d'un long couloir, et l'inclinaison variable que l'on peut donner aux pièces de charpente qui le constituent permet à un même appareil de déverser la paille à une plus ou moins grande hauteur au-dessus du sol.

Sur la fig. 84, représentant l'appareil élévateur dans sa position de travail, les bielles B, B' sont dans une position presque verticale pouvant être modifiée suivant l'inclinaison donnée au couloir C' C''. Sur la fig. 85, représentant le même appareil replié sur lui-même, les deux mêmes bielles sont dans une position se rapprochant de l'horizontale. Si l'on vient, à l'aide d'une transmission composée d'un arbre à manivelle M, d'engrenages coniques E et E', d'une vis sans fin et d'un engrenage à denture héliçoïdale E", à mettre en mouvement

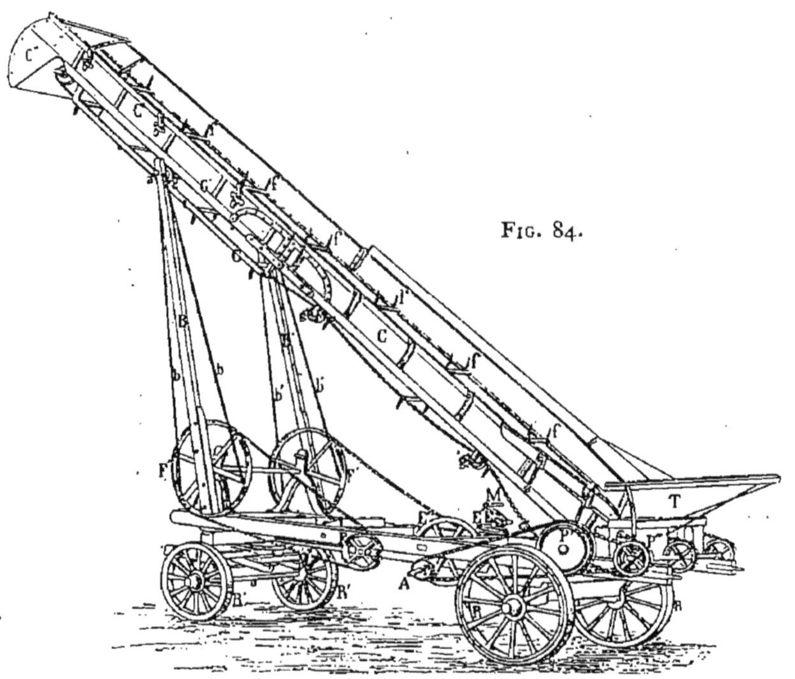

Fig. 84.

des chaînes sans fin c entourant des pignons F et des engrenages F', si ces derniers portent les points d'attache des bielles B et B' armées par des tiges b, b', ces dernières changeront d'inclinaison, et leur extrémité supérieure a', portant des galets g, se déplacera, entre deux glissières G et G", le long du couloir C', de manière à amener la rotation de la partie C', du couloir autour d'une charnière attachée à C', et modifier ensuite l'inclinaison de l'ensemble du couloir C C' autour de son axe d'articulation faisant corps avec le châssis de la voiture, servant au transport de tout l'ensemble de l'appareil.

Quant au mouvement de translation de l'ensemble des fourches *f* venant saisir les gerbes dans la trémie T pour les amener à une hauteur plus ou moins considérable par rapport au sol, cette transmission se compose d'un axe A, mis en mouvement soit par une locomobile à vapeur, soit par un manège, d'une première transmis-

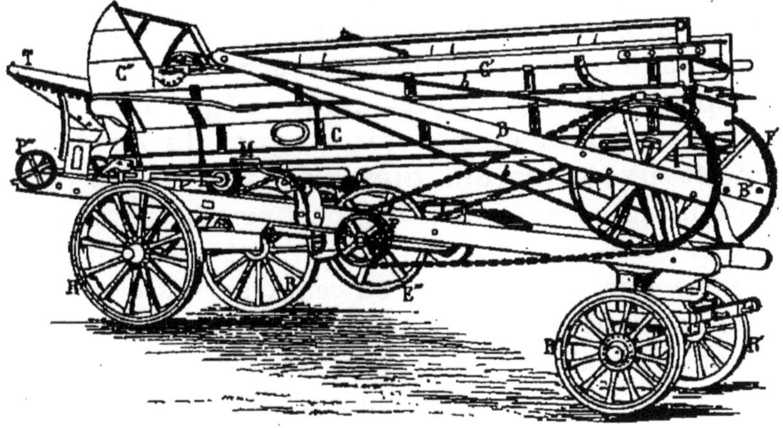

Fig. 85.

sion par chaîne *c'* et poulies à gorges P et P', d'une seconde transmission également par chaîne *c''* et poulies P'', et enfin d'une troisième transmission I par chaînes et pignons montés sur l'axe d'articulation de tout le couloir C C'.

Le brin libre des chaînes portant ces griffes *f* est supporté par une série de galets *g'* situés en dessous du couloir C C'.

Quelle que soit donc l'inclinaison de ce couloir, la transmission de mouvement aux chaînes portant les griffes, chargées de saisir les différentes gerbes, s'effectuera de la même manière et l'élévation de ces gerbes pourra s'obtenir sans aucune difficulté, en exigeant seulement une certaine puissance mécanique qui viendra s'ajouter à celle nécessaire pour la mise en mouvement des machines à battre à grand travail.

Les gerbes sont déversées à des hauteurs variables par rapport au sol au moyen d'un couloir courbe C″ faisant suite au couloir C′.

Tout l'appareil est monté sur un châssis en charpente porté par quatre roues porteuses R et R′ et peut être ainsi transporté facilement d'un point à un autre et se placer à proximité de la machine à battre à desservir.

Appareils employés pour l'égrenage des plantes fourragères ainsi que de certains végétaux à graines oléagineuses. — Les plantes fourragères et certains végétaux portant des graines oléagineuses sont caractérisés par la petitesse des dimensions des graines que l'on veut en extraire et par le grand volume du sous-produit, la paille. De là naît une grande difficulté que l'on rencontre toutes les fois que l'on veut, par moyens mécaniques, procéder à cet égrenage.

Lorsqu'il s'agit de traiter de petites quantités de matières, le procédé que l'on emploie pour débarrasser les graines de leurs enveloppes, en même temps que des tiges qui supportent les gousses, consiste en un véritable battage au fléau, mais en disposant la matière à égrener sur une bâche. On remarque que ce procédé laisse encore beaucoup de graines adhérentes à la balle, et l'on n'obtient une séparation bien complète des graines qu'en faisant passer la matière imparfaitement préparée sous une meule, ou bien en faisant agir sur elle une série de pilons.

Lorsque l'on veut employer des procédés plus mécaniques pour battre le trèfle, par exemple, on cherche, le plus ordinairement, à produire ce battage au moyen de deux opérations distinctes.

Dans une première opération, on cherche à détacher les capitules ou épillets, renfermant les graines, des tiges qui les supportent, et l'on se débarrasse ainsi, par ce premier battage, de la paille qui présente toujours un grand volume par rapport au produit renfermant les graines; cette première opération est désignée sous le nom d'*ébourrage*. Puis, par un second égrenage, ne traitant plus qu'un volume assez restreint de matières, on procède à la séparation complète des graines de leurs enveloppes.

Souvent ces deux opérations distinctes s'effectuent dans un seul et même appareil. Quelquefois aussi, ce sont des instruments distincts que l'on emploie pour obtenir la séparation de la paille d'abord, l'égrenage proprement dit, ensuite la séparation complète des graines et de leurs gousses qui s'y trouvaient encore mélangées.

Nous allons indiquer successivement quelques dispositions d'appareils ainsi réunis ou complètement séparés.

Dans un premier système, les pailles sont battues dans une machine à battre quelconque, et le produit du battage est amené à la partie supérieure d'une machine spéciale, représentée fig. 86, page 2o4.

Dans cette machine, du système Chénel, construite par la maison Lotz aîné, de Nantes, les gousses, contenant encore les graines, sont déposées sur un tablier T et entraînées, par les soins du conducteur, vers une trémie E, qui amène cette matière entre le batteur B et le contrebatteur B'. Celui-ci est formé d'une enveloppe en tôle perforée sur environ le tiers de sa surface et continué par des toiles métalliques, qui, avec la tôle perforée, forme la paroi ajourée du contrebatteur B'. Il est fortement excentré par rapport au batteur B, en raison du volume très considérable des enveloppes par rapport à celui du grain. Quant au batteur, il est composé de battes rectilignes, au nombre de huit, dont une seule est représentée sur la fig. 86.

Un axe horizontal A est actionné par poulie et cour-

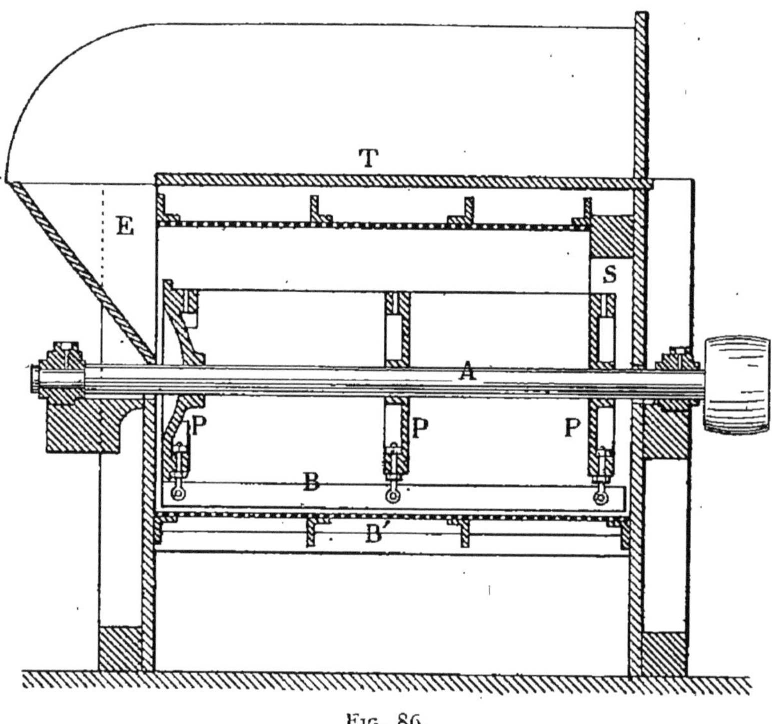

FIG. 86.

roie, et les battes sont montées à la circonférence de trois plateaux P, fixés à égale distance sur cet axe.

Les graines passent à travers le contrebatteur et sont recueillies à l'extrémité d'un couloir qui les amène à l'extérieur. Les bourres viennent sortir latéralement en S, et sont ainsi complètement séparées des graines qu'il s'agit d'en extraire.

Le produit de l'égrenage est encore mélangé avec une
certaine quantité de matières étrangères que l'on peut
soumettre au vent d'un ventilateur et à l'action des secoueurs, pour obtenir des graines complètement net-
toyées, et un nouvel instrument est encore nécessaire,
il est représenté fig. 87. Le mélange de graines et de

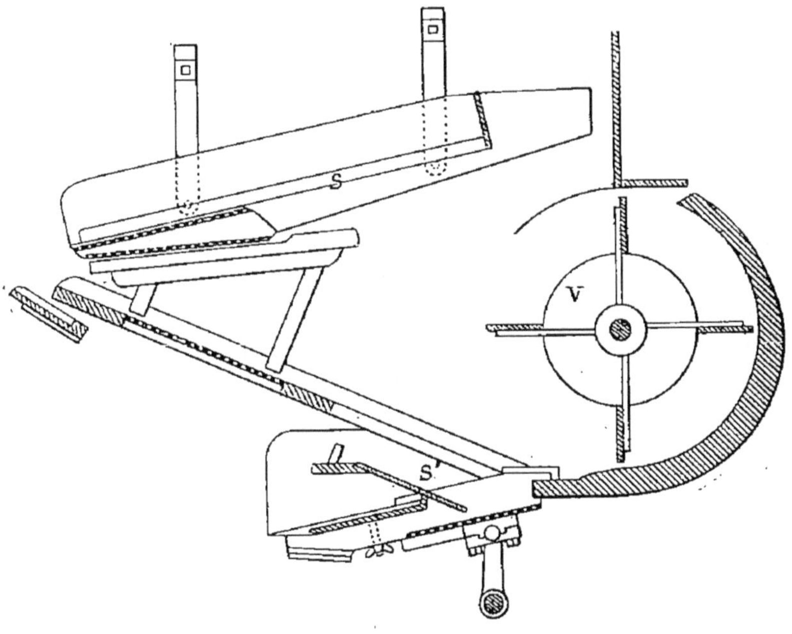

Fig. 87.

débris de bourres est secoué en S, puis soumis à l'action
du vent d'un ventilateur soufflant V, qui a pour effet de
séparer les matières de faible densité de la graine proprement dite; celle-ci tombe sur un nouveau système
de secoueurs S' et se recueille à la partie inférieure de
l'appareil.

Il est donc nécessaire, dans ce système, d'employer
successivement trois machines, la batteuse, séparant, par

une première opération, les gousses de la paille, l'égreneuse, et enfin l'appareil de nettoyage.

Dans une autre disposition, dont un des types a été étudié par M. J. Cumming, d'Orléans, toutes les opérations s'effectuent dans une seule et même machine.

La paille garnie de grains est soumise à l'action d'une machine à battre de construction ordinaire, et les gousses ou bourres sont reprises à la partie inférieure de la machine et sont remontées, jusqu'au haut de la batteuse, par un fort élévateur qui déverse ce mélange dans un double tambour tronc-conique, ayant pour longueur la largeur de la machine à battre.

Ce tambour, que l'on rencontre dans la plupart des égreneuses de trèfle, est composé d'une première enveloppe tronc-conique, à paroi pleine renfermant un contrebatteur de même forme, composé d'une forte tôle crevée vers l'intérieur. Enfin, au centre de l'appareil, se trouve le batteur, de forme tronc-conique également, qui est ordinairement garni à tout son pourtour de lames en hélice.

L'axe commun au batteur et au contrebatteur est incliné d'une certaine quantité, de manière à permettre de donner à la génératrice inférieure du contrebatteur une direction horizontale, et il suffit de déplacer légèrement le batteur, dans le sens de sa longueur, pour serrer plus ou moins le batteur par rapport au contrebatteur, suivant la nature des graines à extraire.

Le mélange est obligé de cheminer entre ces deux pièces principales, le batteur tournant sur lui-même, et le contrebatteur conservant toujours la même position fixe, et les froissements des bourres résultant du mouvement de rotation de l'outil central et du déplacement rectiligne de la matière le long des aspérités du contrebatteur, obligent celles-ci à se diviser en graines qui passent à travers le contrebatteur, pour se réunir dans l'enveloppe tronc-conique, et en déchets ou bourres qui restent entre le batteur et le contrebatteur pour sortir à l'une de ses extrémités. Le plus souvent, ce résidu contient une quantité notable de graines non encore extraites, et ce mélange doit être repassé encore une fois dans le même appareil égreneur.

L'alimentation se fait par l'extrémité de plus gros diamètre, et le départ des résidus par l'autre extrémité.

Dans un type un peu plus récent du même constructeur, la position des organes principaux est un peu différente, le batteur tronc-conique est enfermé dans le coffre de la machine et l'élévateur a, par suite, des dimensions plus réduites.

Le nombre de tours du batteur tronc-conique est ordinairement de 850 à 950 tours par minute, et en donnant à l'appareil de $0^m,40$ à $0^m,60$, à l'une des extrémités, et seulement $0^m,20$ à $0^m,30$ à l'autre, en donnant au tronc de cône de $1^m,20$ à $1^m,30$ de longueur, on peut traiter de 80 à 120 kilogrammes de graines brutes par cheval et par heure, ou au maximum 600 kilogrammes de graines brutes à l'heure, si l'égreneuse exige une puissance mécanique de cinq chevaux-vapeur. Comme il n'est possible de retrouver en graines épurées que les 15 à 20 % de la matière première, le produit d'une machine de cette espèce ne peut être, au maximum, que de 90 à 120 kilogrammes à l'heure. Débit faible pour une machine aussi encombrante que celle dont deux types sont représentés fig. 88 et 89, pages 208 et 209.

Comme l'indiquent ces deux figures, ces machines sont munies des différents appareils de nettoyage et de triage qui permettent d'obtenir, à la sortie de l'égreneuse, des grains propres et de bonne qualité.

Nous nous bornerons à l'indication de ces deux types

principaux, auxquels il est possible de se reporter pour

Fig. 88.

comprendre le fonctionnement des différentes machines
à battre le trèfle en usage courant, sans pouvoir donner
ici les modifications que certains constructeurs ont appor-
tées à cette construction de machines à battre le trèfle.

Fig. 89.

Égreneuses de maïs. — Lorsque les conditions du climat le permettent, on peut, comme dans le midi de la France, produire le maïs à l'état de grains, tandis que, dans les pays plus septentrionaux, on est obligé de le couper en vert et de s'en servir, dans cet état, pour la nourriture des animaux. Le maïs récolté à l'état de maturité a besoin de subir une préparation qui consiste à séparer les grains de la rafle, et cette opération présente une certaine difficulté en raison de l'adhérence des grains par rapport à la rafle qui leur sert de support.

Cette séparation peut s'obtenir à l'aide de machines relativement simples dans lesquelles on traite à la fois un plus ou moins grand nombre de têtes, si l'on veut opérer rapidement, ou dans lesquelles chaque épi est introduit séparément pour y subir l'égrenage.

Souvent aussi c'est à l'aide du fléau que l'on effectue la séparation de la rafle du grain. En employant des claies à orifices suffisamment grands pour y laisser passer les grains, ceux-ci tombent au travers de la claie et les rafles restent au-dessus.

Quelquefois encore, on se sert d'un outil assez primitif composé de lames de fer taillées en dents de scie et disposées perpendiculairement à la surface d'une forte planche. En frottant les épis sur cette sorte de râpe, on peut produire la séparation des grains de leur support; mais cette opération ainsi conduite est toujours assez longue et assez laborieuse.

Les égreneurs à maïs par moyens mécaniques rappellent ce procédé rudimentaire.

Il suffit en effet de faire passer l'épi entre deux surfaces rugueuses animées de vitesses différentes ; quelquefois, l'une des surfaces est supprimée et l'épi est obligé de s'appuyer sur un plateau ou un cylindre muni d'aspérités, pendant que cet organe se meut d'une manière continue, quelquefois encore, l'une des surfaces est de position fixe et sert alors de retenue à l'épi, pendant que la surface mobile agit sur les grains pour les détacher de la rafle.

Une machine de ce dernier type, mais de construction déjà ancienne, est représentée figure 90.

Un vase cylindrique en fonte F est soutenu verticalement dans un bâti en bois, sa paroi verticale est cannelée et striée, de manière à constituer une série d'arrêts des épis de maïs que l'on amène dans ce vase.

Un arbre vertical D le traverse de part en part et est animé d'un mouvement rapide de rotation, au moyen d'une

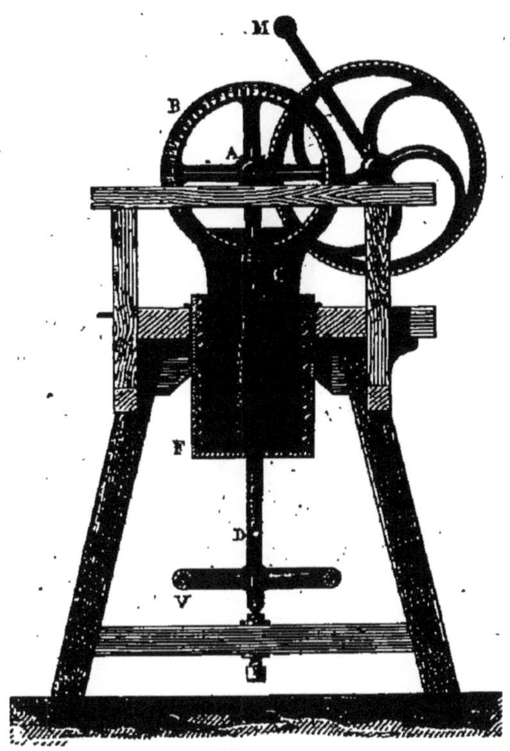

Fig. 90.

transmission accélératrice, dont le point de départ est un arbre à manivelle M mue à bras d'hommes, un arbre intermédiaire A est actionné par engrenages droits, et enfin l'arbre vertical D est mis en mouvement de rotation par un engrenage conique B et un pignon C.

L'arbre vertical D porte une sorte de râpe E, et un volant V. Il suffit de placer, dans le vide annulaire réservé entre le cylindre creux F et la râpe conique E, les épis que l'on veut égrener, de mettre en même temps en mouvement l'arbre D, pour que l'opération de l'égrénage puisse s'effectuer.

Un autre exemple de ces sortes d'instruments est représenté fig. 91. Il s'agit, avec cet appareil, de construction beaucoup plus récente, de préparer un seul épi à la fois, la rafle et les grains descendent par une trémie verticale, de forme conique, et viennent se rassembler dans une caisse disposée au-dessous de l'instrument.

Fig. 91.

L'appareil de MM. Japy frères et Cie se compose d'un plateau vertical portant, sur toute sa surface, de fortes aspérités; ce plateau, monté sur un axe horizontal, est mis en mouvement par une manivelle ordinaire.

Un ressort est monté sur cet arbre et oblige le plateau à se rapprocher constamment d'une trémie conique, ouverte sur le côté ainsi que par son fond, et dans laquelle on vient placer l'épi, la pointe dirigée vers le sol.

Si l'on fait tourner le plateau sur lui-même, les aspérités de sa surface viennent saisir les grains de maïs et les arrachent de la rafle, en même temps que l'épi tourne sur lui-même, pour amener les différentes parties de sa surface en contact avec le plateau égreneur, et cette opé-

ration se poursuit jusqu'à ce que la rafle soit complètement dégarnie de grains. Elle présente alors une forme
tronc-conique de diamètre beaucoup plus faible, et
la rafle peut alors glisser verticalement pour se réunir
aux grains qui en ont été détachés.

La séparation des rafles et des grains, réunis dans
un même réservoir, ne présente aucune difficulté.

Ébarbeur d'orge. — Comme appareil accessoire
de l'opération du battage des grains se trouve l'ébarbeur
d'orge qui est quelquefois séparé de la machine à battre,
et constitue un instrument spécial dont il est nécessaire
d'indiquer le principe.

Comme tous ceux qui font partie intégrante de certaines machines à battre à grand travail, l'ébarbeur d'orge
se compose d'un arbre faiblement incliné par rapport
à l'horizontale, tournant à raison de 150 tours par minute ; cet arbre est garni de lames d'acier implantées en
hélice, et une enveloppe cannelée en fonte entoure cet
arbre ainsi disposé. Une trémie distribue la matière à
l'une des extrémités du cylindre, et à l'autre extrémité,
on recueille le mélange de grain et de barbes détachées
qu'il suffit de passer au tarare pour séparer les grains
des barbes, et obtenir ainsi de l'orge complètement.ébar-
bée.

CHAPITRE IV.

NETTOYAGE ET TRIAGE DES GRAINS.

Encore bien que certaines machines à battre à grand travail soient munies de tous les appareils de nettoyage et de triage nécessaires pour obtenir des grains dans un état de pureté suffisant, beaucoup de ces machines servant à l'égrenage ou au battage des grains ne sont pas munies de ces appareils.

Il faut donc disposer, à proximité des batteuses, ou dans l'intérieur de la ferme, des appareils divers de nettoyage et de triage qui vont être décrits dans ce chapitre.

Appareils de nettoyage. — A défaut d'appareil spécial de nettoyage, on peut procéder à la séparation du grain des matières plus lourdes ou plus légères que lui par un simple pelletage qui, s'il est fait méthodiquement, peut conduire à un résultat assez satisfaisant. En jetant contre le vent le grain que l'on veut nettoyer, les matières lourdes telles que la terre ou le sable tombent presque verticalement, les grains de bonne qualité continuent leur chemin et tombent sur le sol en nappe régulière, et les menues pailles et les poussières sont entraînées par le vent et viennent se déposer sur le sol en des points assez distants des premiers. Il suffit de procéder à un simple balayage, fait avec soin, pour rassembler en tas distincts ces matières de natures différentes.

Les instruments désignés sous le nom de tarares sont basés sur un principe analogue à celui du pelletage, le courant d'air est produit artificiellement, soit au moyen d'un ventilateur soufflant, soit à l'aide d'un ventilateur aspirant, et le mélange que l'on veut nettoyer sort de la base d'une trémie pour venir tomber à travers le courant d'air de direction perpendiculaire à celle qui serait suivie par les grains si le courant d'air n'amenait pas leur déviation plus ou moins accentuée.

Quelquefois, le tarare est surmonté d'un ensemble de cribles qui arrêtent les plus grosses impuretés. Il prend alors le nom de *Tarare-ventilateur émotteur et cribleur*.

Quelquefois encore cet instrument est destiné au traitement du produit brut du battage au fléau ou à la machine simple. En raison de la nature des produits à séparer le tarare prend alors le nom de *Tarare déboureur*.

Tarare soufflant. — La fig. 92, page 216, représente le tarare de Dombasle qui constitue le type le plus en usage. L'appareil se compose d'une caisse ordinairement en bois terminée vers la droite par un tambour cylindrique dans lequel se déplacent les palettes P d'un ventilateur soufflant, dont l'axe tourne à raison de 50 à 70 tours par minute. Une transmission par engrenages, dont les nombres des dents sont dans le rapport de 3 à un 1, oblige l'arbre des manivelles à tourner trois fois moins vite, ce qui permet aux hommes de manœuvre de développer un travail plus considérable que si l'arbre des manivelles tournait plus rapidement.

L'air extérieur pénètre librement par les ouies O du ven-

tilateur, est entraîné par les palettes et est dirigé horizontalement à travers l'instrument de nettoyage.

Le grain est placé dans une trémie T, munie d'un distributeur V, et le fond de cette trémie est formé d'un crible
émotteur à mailles plus ou moins serrées. La vannette V
est manœuvrée par une vis X et par une mannette M,

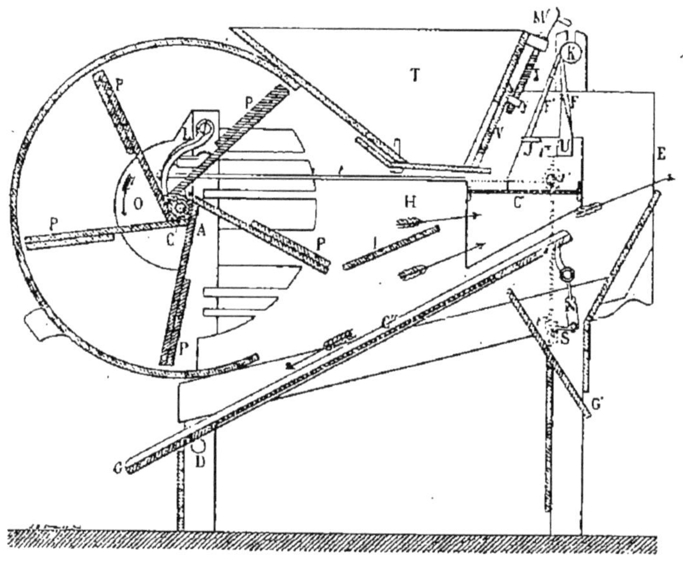

FIG. 92.

de manière à amener le déplacement d'un écrou Y fixé
à la vannette V. Ce crible, suspendu par des lanières F,
F', attachées à un treuil K, et animé d'un mouvement
de translation horizontal, retient les matières de gros volume et laisse tomber, à l'intérieur du tarare, les grains
de différentes grosseurs, ainsi que les menues pailles et
enveloppes des grains.

Sous l'action du courant d'air, dont on peut modifier
légèrement la direction, au moyen d'une ventelle I, que

l'on peut relever ou abaisser d'une certaine quantité, les menues pailles, enveloppes et toute matière étrangère de faible densité sont entraînées en dehors du tarare, en E, au moyen du vent passant en H, et le mélange de grains tombe à la surface d'un grand crible incliné C" dont les mailles peuvent laisser passer les graines rondes et toutes celles qui n'ont pas même volume que le bon grain. Celui-ci, retenu par le crible, glisse à sa surface et est recueilli à la partie inférieure de l'appareil, en G.

Ce crible C" est retenu par un axe D et est secoué au moyen d'une manivelle t'', d'une bielle S et d'une tringle N.

Au moyen d'une came triple C, montée sur l'arbre A du ventilateur, et venant agir sur un levier L, tournant autour d'un axe horizontal, d'une tringle horizontale t animée d'un mouvement de translation de faible amplitude, d'une manivelle t' et d'une tige verticale pouvant tourner sur elle-même d'une fraction de tour, le crible émotteur et le crible principal reçoivent une série de secousses dont le nombre est trois fois plus grand que le nombre de tours de l'arbre du ventilateur, soit 150 à 210 secousses par minute, et c'est sous l'action de ces secousses continues que la matière peut passer à travers les cribles ou y être retenue, pour se déverser latéralement et être ainsi séparée de la masse totale.

La matière est ainsi séparée, les enveloppes et menues pailles sortent en E, les matières lourdes passent en G', le grain de bonne qualité est recueilli en G, et enfin les graines rondes passent à travers le crible C" et sont recueillies sur le sol, au-dessous du tarare.

D'après des expériences faites par la Société Royale d'agriculture d'Angleterre, au concours de Cardiff, sur différents tarares, le travail dépensé par seconde a varié de $6^{\text{klgm}}18$ à $14^{\text{klgm}}50$, ce qui prouve que ces instruments peuvent être mis en mouvement par l'action d'un ou de deux hommes.

Le travail par kilogramme de grain nettoyé a varié de 8^{klgm} 8 à 19^{klgm} 6, et le temps employé pour passer 100 k. de grains a été de 2′ 22″ à 3′ 10″, soit 142 à 190 secondes.

Si le tarare est destiné à séparer les différents produits sortant d'une machine à battre simple, la trémie a alors de plus grandes dimensions, et pour éviter que le feutrage de la matière empêche sa descente vers le distributeur, largement ouvert, on emploie quelquefois un cylindre garni de gros fil de fer, qui, en tournant sur lui-même, agite le mélange et aide à sa sortie de la trémie.

Tarare aspirant. — Dans le tarare aspirant, connu le plus ordinairement sous le nom de *tarare américain*, et représenté fig. 93, page 219, le tambour cylindrique d'un ventilateur à palettes est entouré latéralement par la caisse prismatique du tarare, de manière que le ventilateur puisse puiser, par ses ouies O, une certaine quantité d'air provenant de la caisse du tarare, pour l'expulser, en dehors de l'instrument, par la buse de sortie H de l'air du ventilateur.

Une soupape S, disposée en dessous d'un orifice librement ouvert, permet de régler la dépression qui doit subsister dans l'appareil, quelles que soient les variations de vitesse de l'arbre du ventilateur.

Le mélange à nettoyer est placé dans une trémie T dont l'orifice inférieur est fermé, en partie, par une cloison fixe *b*, et par une cloison mobile *v*. Suivant la dépression d'air obtenue, sous l'action du ventilateur, la cloison mobile ouvre plus ou moins le passage à la matière, qui, après avoir franchi cet obstacle, descend dans le couloir B. L'air est aspiré du conduit vertical D′, et rencontre le grain qui tend à se déplacer en sens inverse. Le grain lourd, c'est-à-dire de bonne qualité, ne peut

pas être saisi par ce courant d'air vertical et tombe en D'.
Le mélange plus léger est, au contraire, emporté par le
courant d'air en D, et se divise en grains légers passant par
l'orifice E, et en matières plus légères encore qui s'élèvent
à une plus grande hauteur et qui atteignent l'orifice F,
pour se rendre dans la chambre proprement dite du tarare.

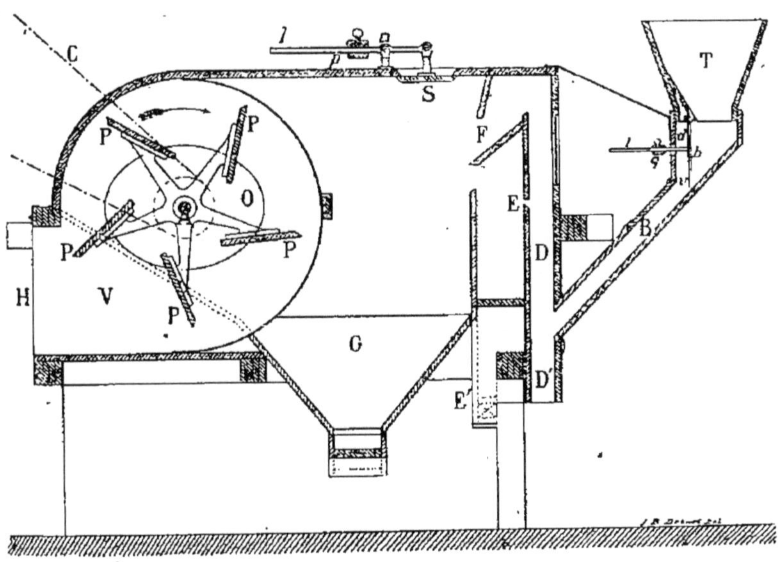

Fig. 93.

Là, la matière se sépare encore en deux parties distinctes,
l'une, composée de menues graines, se dépose à la partie
inférieure de cette chambre, et se trouve recueillie par une
trémie G, l'autre, composée de matières plus légères,
menues pailles ou enveloppes, passe à travers les ouies O
du ventilateur V, et ces menues pailles sont expulsées de
l'instrument par la buse de sortie H.

De sorte que cet appareil permet de séparer le mélange
de matières à nettoyer en quatre catégories distinctes :

grains lourds, grains légers, menues graines, pailles et enveloppes.

La soupape S, qui vient à s'ouvrir dès que la dépression tend à augmenter de valeur, sous l'action d'une variation de vitesse de l'arbre du ventilateur, permet de maintenir, dans l'intérieur du tarare aspirant, une dépression à peu près constante, qui a pour résultat d'amener une séparation toujours la même du mélange en catégories parfaitement déterminées, que l'on ne saurait obtenir, avec la même précision, en employant les tarares à ventilateur soufflant.

La soupape S, s'ouvrant de dehors en dedans, est équilibrée par un levier l, oscillant autour de a, et portant un contrepoids p, de position variable. La ventelle v porte une tige i sur laquelle se trouve disposé, en un point de sa longueur, un contrepoids q, et ces deux moyens de réglage aident à donner à l'appareil toute l'efficacité nécessaire.

Nettoyeur épierreur. — On peut obtenir facilement la séparation du grain de matières de densité beaucoup plus forte ou beaucoup plus faible en se servant d'un instrument connu sous le nom d'*épierreur de Josse.*

Cet instrument, représenté fig. 94, page 221, permet, en effet, d'enlever du blé, par une simple action de secouage, le sable ou les pierres qui peuvent se trouver mélangés avec le grain, et de densité plus grande que lui, ou les débris d'enveloppes, les menues pailles qui auraient résisté aux nettoyages précédents, à l'aide du tarare.

L'appareil se compose d'une trémie T munie d'une vannette de réglage et d'une table de forme triangulaire, inclinée vers l'un des sommets, et animée d'un mouvement oscillatoire horizontal obtenu soit directement par la main de l'ouvrier, soit indirectement au moyen d'une transmission par manivelle et bielle. Quelquefois même, une transmission par courroie permet de commander le mouvement de la table par moyen entièrement mécanique.

Les pieds de cette table à rebords sont formés de ressorts

FIG. 94.

en bois, qui se déforment sous l'action de ce déplacement horizontal, pour reprendre leur position verticale lorsque cette action vient à cesser.

Ces ressorts sont encastrés, à leur partie inférieure, dans un cadre en fonte H monté sur vis de réglage C, de manière à pouvoir en changer l'inclinaison et par suite celle de la table elle-même.

Si, après avoir ouvert l'orifice inférieur de la trémie T on donne un mouvement de translation horizontal à la table, le mélange vient rencontrer les parois verticales de la table en même temps qu'un certain nombre de chicanes triangulaires qui sont disposées à la surface, le mélange se divise en couches parallèles de produits différents qui se superposent par ordre de densité, sable et pierres à la partie inférieure, grains de bonne qualité au-dessus, grains avariés en dessus encore et les enveloppes, otons, menues paille émergeant au-dessus.

La table étant inclinée, par rapport à l'horizontale, ces différents éléments se répartiront sur sa longueur, et les portions lourdes, sable et cailloux viendront s'accumuler en O, point le plus bas de la table triangulaire.

Les grains de bonne qualité, par suite de leur densité moyenne, auraient une tendance à rester à mi-hauteur, c'est-à-dire vers le milieu du triangle; mais par suite de la présence des parois en bois, de forme triangulaire, présentant une certaine élasticité, et disposées au milieu de la table triangulaire, par suite de l'élasticité des grains eux-mêmes, ceux-ci sont obligés de remonter, en venant se placer contre la base du triangle, en dessous des matières plus légères, balles et menues pailles.

On peut donc supprimer du mélange les matières lourdes, cailloux et sables, qui se réunissent en O, puis diriger, vers D, E, les enveloppes et les bons grains, laisser déborder du triangle ces matières légères, et laisser sortir par des orifices rectangulaires B le grain ainsi purgé des matières plus lourdes ou plus légères que lui.

Cet appareil permet donc, comme dans les tarares, la

séparation des matières suivant leur densité, mais le principe mis en œuvre est notablement différent, en ce sens que tout courant d'air est ici supprimé et remplacé par une série de trépidations horizontales, obtenues soit directement à bras d'hommes, soit au moyen d'une transmission de mouvement à la main ou mécanique. Ces deux instruments se complètent l'un l'autre, en ce sens que le tarare permet de séparer du bon grain une quantité quelquefois considérable de produits plus légers que lui, tandis que l'épierreur ne peut fonctionner utilement que quand ces produits de faible densité sont en quantité beaucoup moins considérables, ce dernier instrument a surtout l'avantage d'amener sûrement la séparation de produits lourds, tels que cailloux ou sable, et accessoirement la faible quantité de balles que l'on peut rencontrer encore après un premier passage au tarare.

Cribleurs et trieurs. — Lorsque l'on n'a à cribler qu'une petite quantité de matières, on peut se servir d'une sorte de tamis circulaire dont le fond est formé de parchemin perforé, de toile métallique, ou de tôle perforée que l'on soumet à des trépidations multipliées pour amener la séparation des matières plus grosses que les mailles ou les orifices du tamis des parties de plus faible dimension.

Toutes les fois que l'on a une plus grande quantité de matières à traiter, on est obligé d'employer des cribles de plus grande surface, et les plus simples sont composés de châssis rectangulaires, recouverts d'un treillis métallique plus ou moins serré, et placés dans un courant d'air naturel qui aide à la séparation des parties de différentes grosseurs soumises à l'action de ces cribles.

Ce procédé conduit à l'emploi de surfaces trop considérables lorsque la quantité de matière à traiter est un peu grande, et l'on est amené à adopter des cribles dits à secousses du genre de celui représenté fig. 95.

Le crible à secousses de Robert Boby est formé d'un véritable tarare à ventilateur soufflant, composé d'une trémie d'alimentation T, d'un ventilateur V, dont le vent, dirigé horizontalement, entraîne, en dehors de l'instrument,

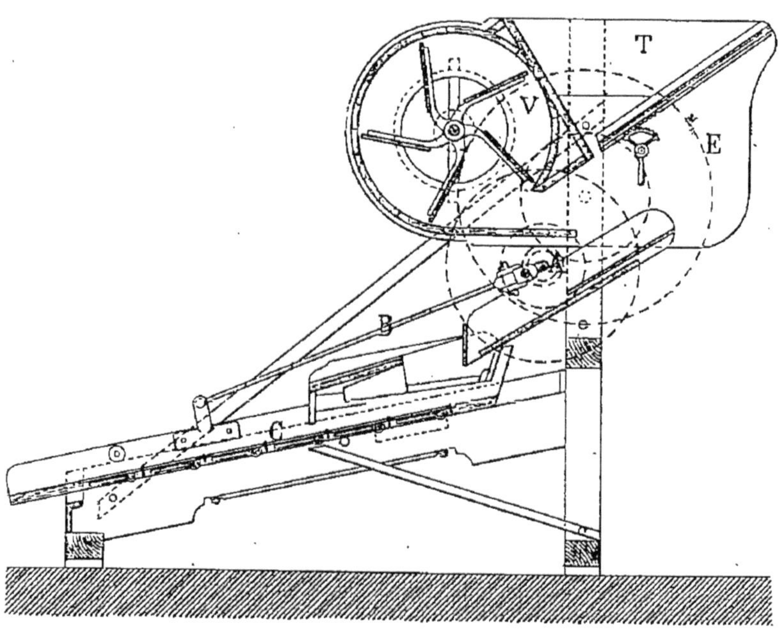

Fig. 95.

en E, les produits légers que le mélange peut encore contenir et d'un grand crible C, à mouvement alternatif, actionné par arbre coudé A et bielle B. Une transmission par manivelle, engrenage et pignon droits, permet de donner à l'arbre coudé un mouvement de rotation assez rapide pour que la fréquence des oscillations du crible incliné conduise à une facile séparation des différentes parties distinctes contenues dans le mélange que l'on veut diviser.

Le cadre du crible est supporté par des rails faisant partie du bâti fixe, et des roues, fixées au cadre mobile, facilitent les déplacements de ce cadre.

Quant au crible, il est formé de tiges cylindriques, de faible diamètre, maintenues à un écartement constant par des disques métalliques disposées sur deux lignes horizontales ayant la largeur de l'instrument.

Mais ces différents instruments ne pouvaient avoir pour but que de séparer la matière en produits composés d'éléments de grosseurs différentes, sans s'inquiéter de la forme du grain pouvant passer entre les mailles d'un même tamis ou crible.

L'on a donc cherché à disposer des appareils plus complets dans lesquels la forme du grain intervient quant à son mode de séparation du mélange, et l'on a pu combiner ces appareils sous le nom de trieurs permettant de séparer par exemple, le grain de blé d'un grain d'avoine, présentant des formes différentes, ou encore de séparer les graines rondes de ces grains allongés, blé ou avoine, par exemple.

L'emploi des cribles cylindriques a permis de diminuer, dans une notable proportion, l'encombrement produit par ces appareils trieurs, et en formant la surface cylindrique de ces instruments de tôles perforées, soit de trous cylindriques de diamètre plus ou moins grand, soit de trous rectangulaires, il a été possible de constituer ces appareils sous la forme indiquée fig. 96, page 226.

Le cylindre, tournant ordinairement à raison de douze à quinze tours par minute, est formé de quatre parties, composées de tôles perforées d'une manière différente, et de quatre trémies situées au fond du demi-cylindre enveloppe et conduisant le grain dans quatre vases situés au-dessous.

Une trémie amène le mélange à l'extrémité de droite

du cylindre, et par suite de l'inclinaison assez faible de
son axe, combiné avec le mouvement de rotation obtenu
par manivelle et engrenage, le mélange chemine le long
de ce cylindre perforé, et le grain, suivant sa forme, passe
à travers l'une des séries de perforations dont le cylindre est muni.

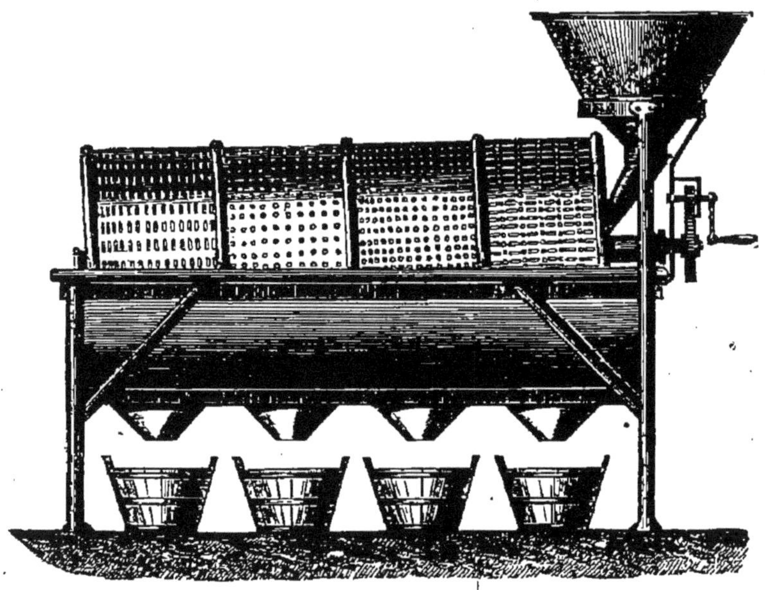

Fig. 96

Le premier compartiment porte toute une série de
trous rectangulaires, longs et étroits, par lesquels peuvent passer le sable, les graines fines et la folle avoine. Les
deux compartiments suivants sont percés de trous
ronds, dans lesquels peuvent passer les grains de seigle,
lorsqu'ils se présentent en bout, ainsi que les grains de
blé cassés. Enfin le quatrième compartiment peut laisser
passer le grain de semence, si les orifices rectangulaires
étroits, et ayant la longueur du grain, permettent son passage à travers cette partie du tambour cylindrique.

Quelquefois, la partie cylindrique, formée de feuilles de zinc perforées, puis enroulées, est remplacée par un fil de fer entouré en hélice à pas assez faible, et c'est dans les intervalles laissés libres entre les spires successives que le grain peut s'échapper de l'intérieur du cylindre, et se diriger vers la trémie réceptrice.

L'on profite ordinairement de cette disposition pour constituer un trieur cylindrique extensible permettant avec le même instrument, de trier des grains plus ou moins volumineux.

Si l'on fixe les extrémités des fils enroulés en hélice sur un plateau circulaire pouvant glisser sur la tige, servant d'axe au trieur, et si l'on déplace ce plateau de manière à diminuer la longueur du trieur, les hélices, formées par les fils de fer, diminueront de pas, et les intervalles qui séparent les spires successives diminueront de largeur. Si, à l'inverse, l'on vient à augmenter la longueur du trieur cylindrique ainsi constitué, les intervalles deviennent plus grands, et le trieur est alors disposé pour laisser échapper de plus gros grains.

C'est ce type de trieur cylindrique extensible, connu sous le nom de *trieur de Penney*, qui est d'un usage assez général dans les machines à battre à grand travail.

Les figures 97 et 98, page 228, représentent cette application spéciale.

L'instrument est disposé dans le bâti de la machine à battre, et à sa partie supérieure. Un élévateur amène, au-dessus du trieur, les grains que l'on veut séparer en plusieurs qualités, et ce mélange est dirigé, par un couloir incliné I, terminé par un orifice B et par un conduit C, vers l'une des extrémités du trieur extensible T. Celui-ci tourne sur lui-même au moyen de son arbre A, portant une poulie de transmission P, et laisse passer, par les interstices de sa surface cylindrique, une plus ou

. moins grande partie du mélange, suivant le degré d'ouverture des spires en fil de fer qui la constitue. Un plateau D', guidé par un certain nombre de tiges *t* attachées à un

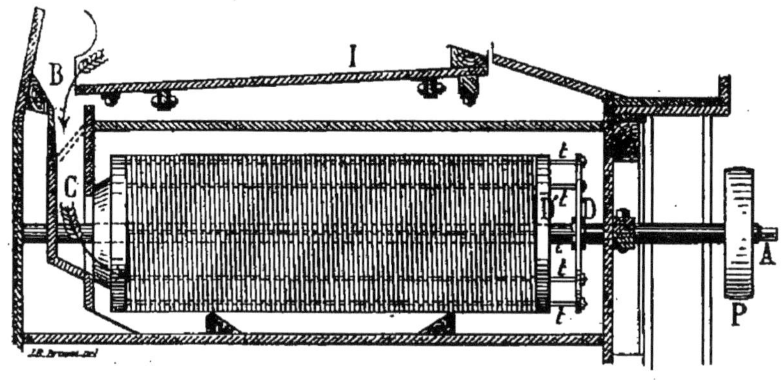

FIG. 97.

plateau D sur lesquelles est enroulé le fil de fer contourné en hélice, peut se rapprocher ou s'éloigner de l'extrémité de gauche du trieur, qui diminue ou augmente ainsi de longueur, et toute la partie du mélange qui a dû cheminer dans l'intérieur du trieur, sans pouvoir en sortir latéralement, est reçue à son extrémité opposée et constitue la qualité marchande du grain battu et nettoyé.

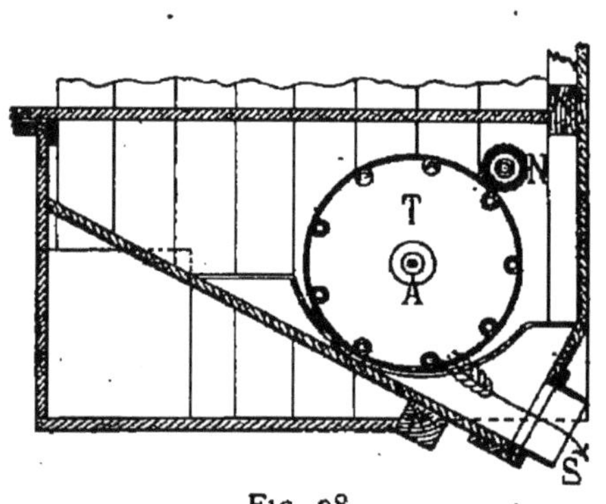

FIG. 98.

Il suffit de disposer, en dessous du trieur T, des orifices S, munis de sacs, pour recueillir soit le grain de bonne qualité, soit celui ayant passé à travers le trieur, pour recueillir les produits de la batteuse ainsi séparés sans l'intervention de la main de l'homme.

Une brosse cylindrique N, ayant toute la longueur du cylindre trieur, tourne avec une vitesse différente de celui-ci, de manière à nettoyer constamment la surface cylindrique et empêcher que des grains puissent y rester engagés en partie.

Nous donnons, en vue perspective, fig. 99, l'ensemble du trieur extensible de Penney dans laquelle il est

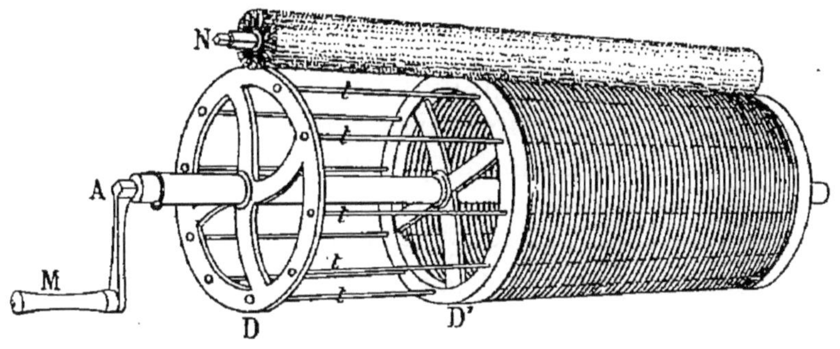

Fig. 99.

facile de retrouver les organes principaux qui le composent, le tambour cylindrique, tournant au moyen de son axe A, commandé par une manivelle M, formé de fils de fer entouré en hélice, les tiges longitudinales t fixées à D qui permettent de conserver à cette enveloppe la forme cylindrique, quel que soit le degré de compression des spires, en même temps qu'elles guident le déplacement d'un plateau D′ qui produit cette compression, et enfin la brosse cylindrique N devant servir au nettoyage continu de la paroi formée par les spires en hélice, constituant la surface latérale du trieur cylindrique.

Si l'on veut aller plus loin encore, il faut recourir à d'autres instruments dont l'emploi s'est beaucoup généralisé pendant ces dernières années, et qui sont connus sous le nom de trieurs à alvéoles.

Trieurs à alvéoles. — Dès 1845, Vachon proposa de produire la séparation de certaines graines contenues dans un mélange devant être trié en les retenant dans des cavités préparées à la surface de tables inclinées sur lesquelles le mélange était répandu.

Ces cavités étaient formées par la superposition d'une feuille de métal à surface pleine et d'une plaque perforée analogue à celles constituant le trieur cylindrique précédemment décrit et représenté fig. 96. Si le mélange était composé de grains de blé et de bonne qualité, de grains avariés et de graines rondes, ces dernières se logeaient dans les cavités, ainsi que certains grains avariés, et les bons grains ne pouvant pas être retenus, à cause de leur forme et de leurs dimensions, dans les cavités de la table inclinée, glissaient à sa surface, et étaient recueillis à la partie inférieure de l'instrument, ce mouvement de descente était ordinairement facilité par des secousses obtenues par un moyen analogue à celui obtenu dans le cribleur de Boby, de construction plus récente. Il suffisait, de temps à autre, de balayer fortement la paroi de la table inclinée pour faire sortir les graines rondes et autres de ces cavités et nettoyer ainsi complètement l'instrument pour pouvoir procéder à une opération semblable à la précédente.

Ce nettoyage de l'instrument ne laissait pas que d'être assez long et assez pénible, et Vachon, en 1847, imagina le trieur cylindrique à alvéoles, en adoptant pour le constituer la même disposition que celle employée dans son trieur à surface plane.

Un cylindre en tôle pleine portait à son intérieur une enveloppe formée d'une tôle perforée, et ces deux surfaces superposées constituaient des alvéoles à fond plein permettant de retenir des grains de dimensions et de formes différentes, suivant les dimensions de ces cavités.

La grande difficulté consistait à réunir ces grains que l'on voulait séparer et à les rejeter au dehors pour en purger le bon grain, et Vachon a pu résoudre ce problème d'une manière extrêmement ingénieuse; les moyens employés se retrouvent encore dans les appareils de construc-

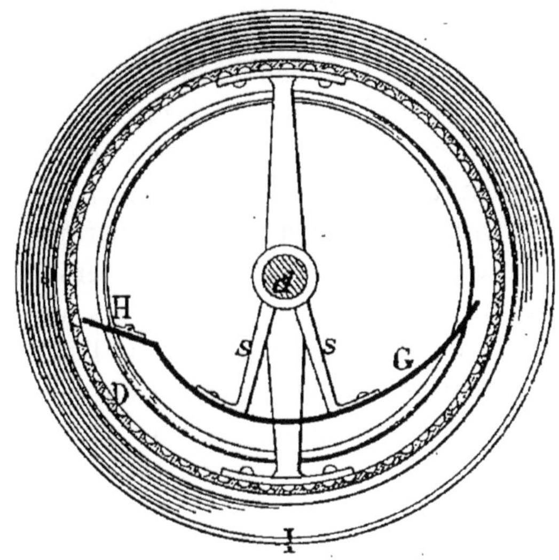

Fig. 100.

tions bien plus récentes, et qui constituent les trieurs à alvéoles employés maintenant d'une manière courante.

La figure 100 représente la coupe du trieur Vachon par un plan perpendiculaire à son axe.

Dans ce cylindre D, dont la paroi interne est formée d'alvéoles équidistantes, se trouve suspendu une sorte de couloir en tôle G dont les bords se rapprochent, autant que possible, de la paroi cylindrique, et dont le fond, de forme demi-cylindrique, sert à conduire le produit que l'on veut séparer. Le cylindre tournant lentement sur lui-même, les alvéoles garnies de petites graines se relèvent et viennent déverser leur contenu dans le couloir dont il vient d'être question. Si dans ces mêmes alvéoles se trouvent engagés partiellement des grains de plus grandes dimensions, ceux-ci viendraient rencontrer le couloir en tôle et seraient arrachés des alvéoles pour être rejetés dans la masse de matière à trier; de sorte qu'il n'y a absolument que les graines de faible volume, et en particulier, les graines rondes, qui se trouvent ainsi séparées de la masse, pour être rejetées au dehors de l'appareil.

Comme l'indiquent les vues d'ensemble, fig. 101 et 102, l'appareil se compose, tout d'abord, d'une trémie T conduisant le mélange devant la buse d'un ventilateur à courant d'air horizontal V qui vient entraîner, dans un couloir incliné spécial, les produits légers que pouvait encore contenir le mélange; le grain passe ensuite à travers une grille E, analogue à celles que l'on trouve dans toutes les dispositions de tarare émotteur.

Puis la matière est dirigée, par un couloir incliné F, dans le cylindre trieur qui tourne autour de son axe et qui est animé d'un mouvement de translation assez rapide. Ce cylindre, en tournant, produit l'effet qui vient d'être indiqué; les graines rondes sortent par l'extrémité de droite G′ du couloir central G, et tombent dans une caisse B, les grains, qui, en raison de leur forme, n'ont pas pu être saisis par les alvéoles, cheminent le long du cylindre, pour s'échapper aussi vers la droite de l'appareil par un certain nombre d'orifices I, mais en se réunissant dans une autre capacité O que celle dans laquelle on recueille les produits ainsi séparés.

Une même transmission, manœuvrée à bras d'hommes, le plus ordinairement, donne la rotation à l'axe du ventilateur, au cylindre trieur, et permet le déplacement rectiligne alternatif, suivant son axe, de l'arbre du trieur.

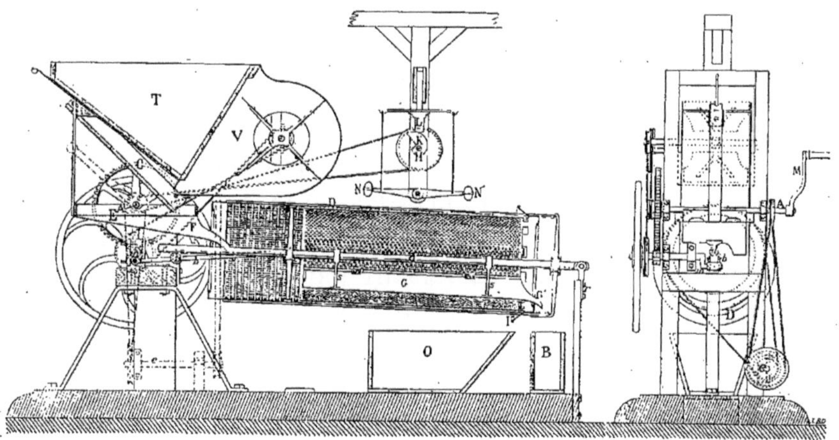

Fig. 101.

Fig. 102.

Sur l'arbre A de la manivelle motrice M se trouve une transmission par engrenage et pignon droits et courroie croisée actionnant l'axe du ventilateur V ; une manivelle *m* donnant, par l'intermédiaire d'une bielle *b*, le mouvement de translation à l'axe *d* du cylindre trieur et au couloir métallique qui y est fixé, au moyen de deux supports *s*, un ressort de rappel *r* aide au mouvement de retour de ce même axe.

Une transmission par courroie tordue, donne le mouvement de rotation à un axe de faible longueur *e*, situé près du sol, et sur cet axe se trouve une poulie *p* qui, au moyen d'une courroie entourant une partie du cylindre trieur, communique à celui-ci un mouvement continu de rotation, mais avec une faible vitesse. Sur le même arbre moteur A se trouve disposée une autre transmission par courroie croisée mettant en mouvement de rotation un arbre H portant une came K ; cette came soulève un taquet L faisant partie d'un cadre métallique portant à sa partie inférieure un double marteau, dont les masses pesantes N et N' viennent battre la surface extérieure du cylindre D et aident, par les vibrations qu'ils produisent, à la séparation des graines rondes des des alvéoles qui les séparent de la masse de grain à trier. Cette disposition est souvent supprimée, et l'on se contente, le plus ordinairement, du mouvement de va et vient, donné au cylindre D et au couloir G par la transmission par bielle et manivelle.

L'invention de Vachon s'est rapidement perfectionnée, et le principe de la séparation des grains restant absolument le même, la forme des alvéoles a notablement changé, et les moyens mis en œuvre pour les obtenir ont été simplifiés dans une grande proportion.

Au lieu de continuer à former l'enveloppe cylindrique de deux parties distinctes réunies ensuite, on a pu, à l'aide d'un outillage approprié, déformer la surface d'une feuille de zinc, en y préparant, par voie d'emboutissage, des cavités demi-sphériques, dont les dimensions pourraient varier suivant la nature des grains à séparer.

En formant, avec ces feuilles de métal ainsi déformées, les parois cylindriques des trieurs, des alvéoles étaient disposées à leur intérieur et pouvaient être affectées aux mêmes usages que les cavités des premiers trieurs de Vachon.

Suivant la disposition des appareils, suivant que l'on emploiera un seul de ces trieurs ou qu'on en disposera deux, par exemple, à la suite l'un de l'autre, on pourra effectuer la séparation d'un mélange d'avoine, de blé et de nielles, ou graines rondes; en employant même des alvéoles perforées, il sera possible d'utiliser ces alvéoles à double effet, en retenant le blé marchand, et en laissant échapper le petit blé, et par différents exemples, nous allons chercher à faire comprendre les usages divers de ces appareils très intéressants.

La disposition du trieur construit par MM. Marot frères, et représenté fig. 103 et 104, pages 236 et 237, permet de séparer complètement le grain de blé de bonne qualité des autres matières qui pourraient s'y trouver mélangées, en se servant d'un seul trieur de grandes dimensions; mais composé de plusieurs enveloppes concentriques, et la description qui suit va nous permettre d'indiquer les fonctions des différents organes qui composent cet appareil.

Le mélange que l'on veut trier, et qui peut contenir, en dehors de la matière principale, le blé, de la terre, des graines rondes, de l'orge, de l'avoine et du seigle, est déversé dans une trémie T et se rend à la surface d'un crible émotteur E. Les matières qui n'ont pas pu passer à travers les mailles de ce premier crible sont déversées

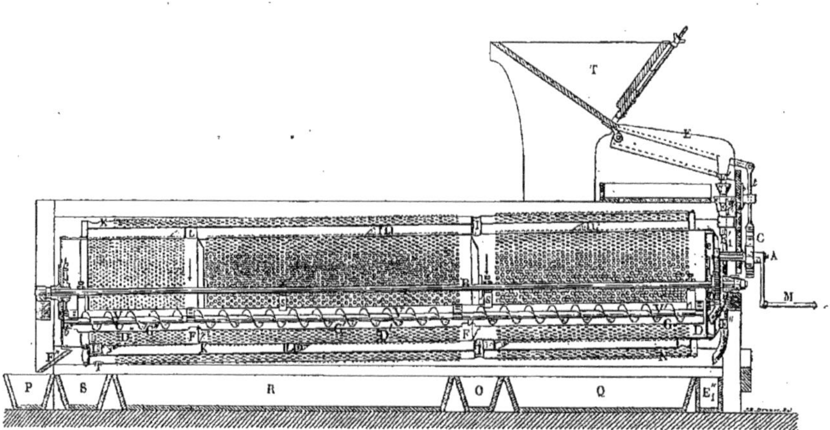

Fig. 103.

dans une sorte d'entonnoir E′ et se rendent directement, par un conduit E″, dans un bac E″₁, ne devant recevoir que les éléments de grandes dimensions, ainsi séparés par l'action du crible émotteur. Celui-ci est soumis à des trépidations continuelles, obtenues par l'action d'une tige verticale t, reliée au crible émotteur, et animée d'un mouvement vertical alternatif, par le moyen d'une

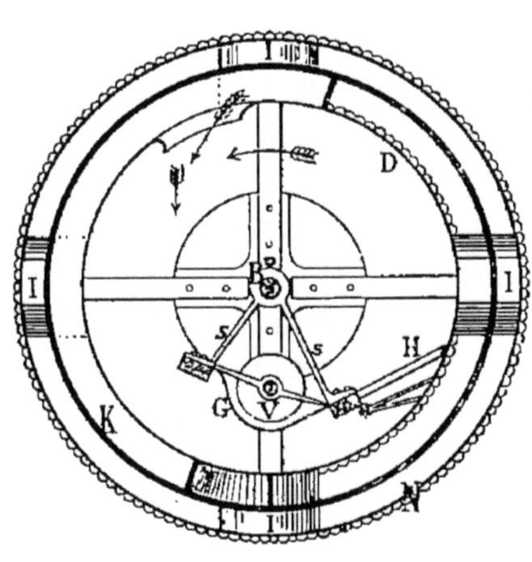

sorte de roue à cames C, montée sur un arbre A, mu par la manivelle M. Le mélange, qui a pu passer à travers ce premier crible, est recueilli par un autre entonnoir E₁, et est amené, par le conduit E′₁, dans l'intérieur d'un cylindre D, muni d'alvéoles, formant la paroi interne du trieur cylindrique.

Là, ce mélange est séparé en deux parties distinctes, les grains de blé, les graines rondes, etc., sont relevés par les alvéoles, tombent sur un plan incliné H, et sont recueillis dans la première partie de la gouttière demi-cylindrique G, dans laquelle se meut une vis d'Archimède V, et les graines longues, comme l'orge et l'avoine, restent sur la paroi cylindrique interne du trieur, et roulent, en raison de son inclinaison, jusqu'à ce qu'elles rencontrent des conduits cylindriques I, traversant les différentes enveloppes du trieur, pour s'en échapper et se rendre dans un bac spécial O.

Le mélange, ainsi séparé des graines longues, sort du conduit demi-cylindrique G, en s'échappant en F, et vient tomber sur l'extrémité de droite de la seconde partie interne D′ du trieur. Là, ce mélange se trouve en contact avec des alvéoles de dimensions différentes de celles de la première partie du trieur et qui ne peuvent donner prise qu'aux graines rondes et à de petits grains de blé, ainsi séparés du blé de qualité normale.

Ces graines rondes et les grains de blé de petites dimensions sont entraînés, par le moyen du couloir G′ et de la vis d'Archimède V, vers le troisième compartiment D″, désigné sous le nom de cylindre de reprise, où elles se déversent en T, et si ce troisième trieur est muni d'alvéoles plus petites encore F′, les graines rondes peuvent seules s'engager dans les alvéoles, sont déversées dans le conduit demi-cylindrique G″, muni de la vis d'Archimède V, et sont obligées de s'acheminer vers l'extrémité du trieur, pour se déverser en F″, et se réunir dans une caisse P.

Le mélange qui n'a pas pu être saisi par les alvéoles, et composé de petit blé et de quelques graines rondes, qui y sont restées mélangées, arrive en L, pour être reportées vers l'avant du trieur, jusqu'à la partie antérieure du deuxième compartiment D′, au moyen d'un couloir, de section carrée, disposé en hélice, et fixé sur la partie extérieure du trieur central, pour venir se déverser à l'intérieur de ce compartiment, et suivre à nouveau le même chemin que ces grains avaient suivi une première fois, à travers l'ensemble des compartiments 2 et 3.

La partie qui n'a pas pu être relevée par les alvéoles du trieur n° 3 est obligée de sortir du trieur en se déversant sur l'enveloppe intermédiaire composée d'un cylindre K en tôle pleine, et tout le blé ainsi réuni est reporté à l'avant du trieur, par l'extérieur du conduit en hélice qui se termine, à l'avant et au-delà du deuxième compartiment, par une simple lame L′ contournée en hélice, qui conduit le blé jusqu'à la partie antérieure du trieur. Les grains de blé sont alors déversés à l'intérieur de l'enveloppe générale N du trieur, qui est elle-même formée d'une tôle à alvéoles; mais celles-ci diffèrent des premières, en ce sens qu'elles sont percées, au lieu d'être à parois pleines, de manière à permettre le passage de grains de seigle de plus petit diamètre que les grains de blé, et qui peuvent être réunis dans une caisse Q, ainsi que des grains avariés qui peuvent être séparés du blé proprement dit, et groupés dans un long bac disposé en R.

Les grains de bonne qualité sortent, complètement séparés de tout mélange, par l'orifice T et se réunissent dans une caisse spéciale, située en S.

L'arbre A, mu par une manivelle M, et disposé à la partie antérieure du trieur, met en mouvement de rotation l'ensemble des enveloppes qui le composent, au moyen d'une transmission par pignon et engrenage droits *e* et *e'*. L'axe B du trieur, qui règne à son intérieur, et sur toute sa longueur, est terminé, vers l'extrémité postérieure du trieur, par un engrenage *b* actionnant un pignon *b'* fixé sur l'axe de la vis d'Archimède V.

Le couloir demi-cylindrique G, G', G", qui l'entoure, est soutenu par un certain nombre de supports *s*, fixés en divers points de l'arbre B, de manière à empêcher toute flexion de ce couloir conduisant une partie du mélange dont on veut effectuer la séparation.

La figure 105, page 240, représente, en vue perspective, une autre disposition du trieur des mêmes constructeurs; une trémie reçoit le mélange qu'il s'agit de séparer en divers produits bien distincts. Un crible émotteur reçoit ce mélange, et les différents grains ayant pu passer à travers le crible viennent se rendre à l'intérieur du trieur cylindrique; les produits de l'émottage tombent en 7, à l'extrémité de droite du trieur.

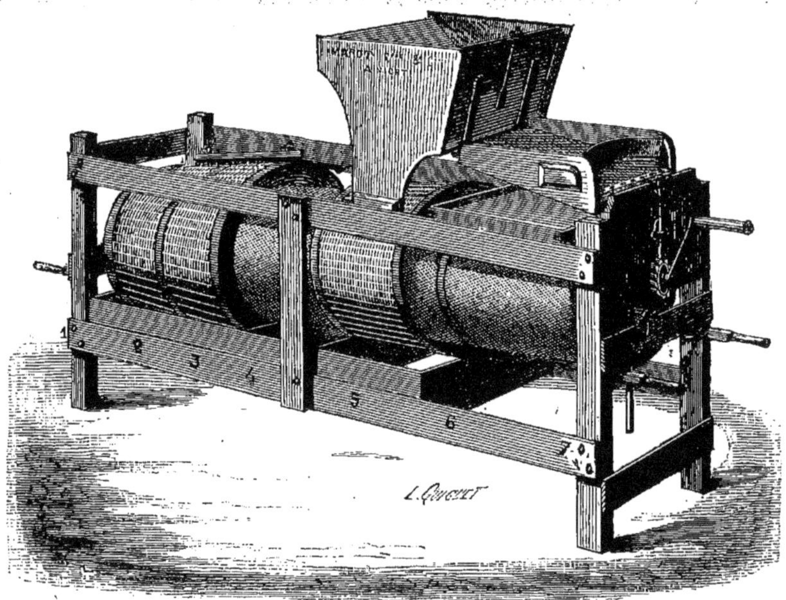

Fig. 105.

En disposant un bac sous le nº 6, inscrit sur l'une des pièces de la charpente du trieur, on peut recueillir les avoines de semence. Sous le nº 5, et passant à travers une enveloppe perforée de trous allongés, se rendent les graines d'orge et d'avoine de plus petites dimensions.

Sous le nº 4, on peut recueillir le froment de semence.

En 3, le petit blé; en 2, les seigles et ivraies, et enfin, à l'autre extrémité du trieur, en 1, les graines rondes.

Comme les grains de seigle pourraient rester engagés dans les perforations de la tôle, une brosse, inclinée par rapport aux génératrices de la surface de révolution, appuie fortement sur cette surface, de façon à la nettoyer, d'une manière continue, pendant la rotation du trieur sur lui-même.

Cette disposition est représentée à part, fig. 106, page 242.

Sur la partie cylindrique extérieure du trieur T vient agir la brosse B, fixée en un point d'un levier L, articulé en *a* sur une barre longitudinale formant le cadre en charpente du trieur.

Un ressort R, terminé par une chaîne D et par une manette M, oblige la brosse B à venir presser sur la surface cylindrique du trieur et à en dégager les graines qui n'ont pas pu passer par les alvéoles perforées, ou à travers la paroi garnie de trous, et les force à rentrer à l'intérieur du trieur.

Une cornière E, présentant une rainure horizontale, permet d'attacher la chaîne sur cette pièce, et de donner une tension plus ou moins grande au ressort R, suivant la pression avec laquelle la brosse doit agir sur la surface du cylindre.

En dégageant cette chaîne, et en relevant la brosse B, on peut venir la placer dans une position B', et le trieur est alors débarrassé de cet organe de nettoyage extérieur.

Quelquefois, cette brosse est remplacée par une courroie, de faible section, que l'on vient attacher, par ses deux extrémités, aux barres longitudinales encadrant le trieur, en la disposant de manière à former un certain angle avec les génératrices du cylindre trieur, qu'il s'agit de nettoyer.

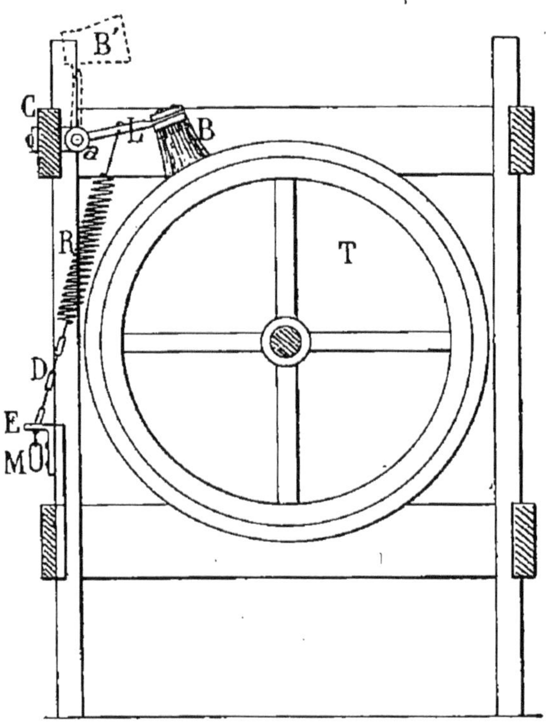

Fig. 106.

Les grains, engagés dans les orifices des alvéoles, rencontrent cette courroie, et sont obligés de retomber dans le cylindre, pour se mélanger à la masse générale des grains qu'il renferme.

On peut encore se servir d'appareils analogues, en les

groupant d'une certaine façon, et la figure 107, page 244, donne la disposition de deux trieurs accouplés, et permettant, par le groupement de deux appareils semblables, de produire la séparation des menus pailles, de l'avoine, des grosses graines rondes, du blé de semence, du blé marchand et des petites graines rondes. Cette séparation du mélange complexe, qui vient d'être indiqué, en six natures de grains, peut s'effectuer de la manière suivante.

La figure 107 représente la coupe longitudinale d'un trieur double de la construction de la maison Clert.

Une trémie T reçoit le mélange qui est soumis à l'action d'un ventilateur V, de manière à en expulser la plus grande partie des enveloppes et menues pailles qu'il peut encore contenir.

La matière, ainsi nettoyée, arrive, en E, dans l'intérieur d'un premier trieur cylindrique D, composé de deux parties distinctes : une portion composée d'une tôle perforée de trous rectangulaires, dont la grande dimension est dirigée suivant les génératrices du cylindre, et une partie composée d'alvéoles demi-sphériques pouvant contenir les grains de blé; mais de diamètre insuffisant pour contenir les grains d'avoine et autres graines longues.

L'action de ce premier trieur permet donc de séparer du mélange, au moyen de la première tôle perforée, le restant des menues pailles qui se réunissent dans une caisse n° 1, et les alvéoles ne pouvant servir à élever et à séparer que les grains de blé et les graines rondes, les grains d'avoine, les blés vêtus et autres graines longues glisseront le long de ce premier trieur, faiblement incliné par rapport à l'horizontale, et viendront se rassembler dans une caisse n° 2.

Les graines de plus petites dimensions, relevées par la première série d'alvéoles, se réunissent dans un couloir

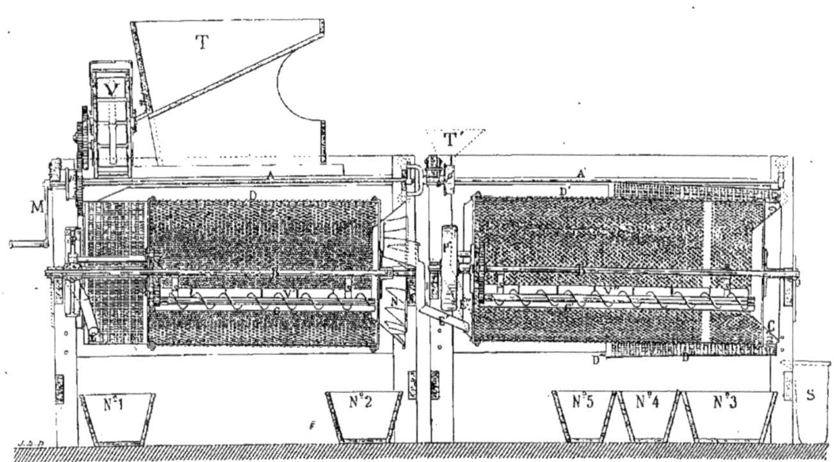

Fig. 107.

demi-cylindrique G, dans lequel se meut une vis d'Archimède V', et sont déversées dans une sorte de noria N, qui les relève d'une manière suffisante pour les conduire, par un tube E' d'assez grand diamètre, à l'entrée du second trieur D', dont la paroi cylindrique est garnie d'alvéoles de beaucoup plus petite dimension, de manière à ne contenir que les petites graines rondes.

Celles-ci sont par suite relevées par ces alvéoles et sont déversées dans un second couloir G' qui les amène, au moyen d'une vis d'Archimède V″, à l'extérieur d'un cône très évasé C, conduisant ces graines au-dessus d'un sac S devant les renfermer.

Le mélange restant, composé de grains de blé de différentes dimensions et de grosses graines rondes, sort du trieur D', par son extrémité de droite, et vient se déverser dans une enveloppe tronc-conique D″, qui entoure le trieur D' sur une partie de sa longueur.

Cette enveloppe est perforée, dans sa partie de droite, de trous de moyenne grandeur, ne laissant le passage qu'au blé marchand, tandis que le blé de semence ne peut passer que par des trous plus gros, situés vers la gauche de cette même paroi.

Le blé marchand tombe verticalement et vient se réunir dans une caisse n° 3, tandis que le blé de semence se rassemble dans un bac n° 4. Enfin les grosses graines rondes, qui n'ont pu passer par aucun des trous perforés, sont obligées de glisser tout le long des génératrices du tronc de cône D″, tombent en D‴, et viennent se réunir dans une dernière caisse n° 5, pour compléter ainsi la séparation du mélange en différents produits partiels indiqués au commencement de cet exposé.

Un premier arbre AA', mû par une manivelle M, règne sur toute la longueur de l'ensemble des deux trieurs. Deux poulies p et p' sont disposées sur cet arbre en regard de deux autres poulies P et P′, de plus grandes dimensions, l'une P étant calée sur l'axe B du premier trieur D, l'autre P′ étant fixée sur l'axe B′ du second trieur D′. Les couloirs G et G′ sont suspendus aux arbres B et B′, au moyen de supports s, s, s′, s′, et des transmissions, par engrenages droits, donnent le mouvement aux deux vis d'Archimède V′ et V″ disposées dans des parties demi-cylindriques préparées dans les couloirs G et G′.

Quelquefois, la noria N peut être supprimée, en surélevant légèrement le trieur D, par rapport au trieur D′, et le grain, entraîné par la première vis V′, peut se rendre alors directement à l'intérieur du second trieur, dans lequel s'achève la séparation des différents éléments contenus dans le mélange.

Les deux appareils, composant l'instrument représenté fig. 107, peuvent être disjoints, et une trémie T′, munie du tube E″ d'alimentation du trieur D′, peut servir à conduire, dans l'intérieur de ce trieur, le grain versé dans la trémie T′.

Les alvéoles, disposées à la surface des tôles, composant la surface latérale des trieurs cylindriques, ont ordinairement la forme de demi-sphères dont le diamètre varie avec les dimensions des grains à séparer.

Quelques constructeurs se contentent de les emboutir à l'aide de poinçons multiples, d'autres complètent l'opération par un véritable fraisage, qui a pour objet d'obtenir des arêtes vives au point de raccordement de la surface sphérique creuse avec la paroi cylindrique obtenue par la déformation d'une feuille de métal primitivement plane.

Quelquefois, ces alvéoles sont perforées, pour laisser passer, à travers ces perforations, certaines graines de formes déterminées, mais ces deux genres d'alvéoles ne peuvent pas être employées pour saisir et entraîner des graines épineuses que peut contenir le mélange.

Il faut donc disposer ces alvéoles d'une manière particulière ; M. Marot est parvenu à préparer ces alvéoles spéciales en écrasant légèrement, vers le bord, et sur une demi-circonférence seulement, l'alvéole sphérique ayant

Fig. 108.

Fig. 109.

Fig. 110.

la forme ordinaire, et en préparant ainsi une sorte de rebord, ou lèvre intérieure, empêchant le grain de glisser, après qu'il a été saisi par l'alvéole, pendant sa rotation autour de l'axe du trieur.

Les figures 108, 109 et 110 donnent les différentes dispositions que l'on peut réaliser :

Alvéole sphérique à paroi pleine, fig. 108.

Alvéole sphérique perforée, fig. 109.

Alvéole écrasée, pour graines épineuses, fig. 110.

Il est encore nécessaire de citer, à la fin de ce chapitre, certains trieurs spéciaux, tels que ceux qui sont employés pour trier des graines de très faibles dimensions.

Les décuscuteurs, employés pour séparer la cuscute

des graines de trèfle et de luzerne, et éviter ainsi les grands ravages que peut causer ce parasite, pendant la végétation des plantes utiles, peuvent être cités.

C'est en adoptant des trieurs spéciaux, ordinairement formés de cribles superposés, l'un formé d'une tôle perforée finement, et deux ou trois autres, constitués de gaze de soie, disposés horizontalement et animés de mouvements rectilignes alternatifs de faible amplitude, en munissant l'appareil d'un ventilateur à aspiration graduée, que l'on peut obtenir la séparation de la cuscute, présentant un volume notablement plus faible que celui des graines utiles dont on veut la séparer, en employant ces instruments.

Autres dispositions ou appareils propres au nettoyage et à la conservation des grains.

Les grains, de blé par exemple, sont soumis à des détériorations provenant de la présence dans le grain d'insectes destructeurs ou produites par certains cryptogames microscopiques, qui, en se développant à la surface du blé, nuisent à sa qualité, et lui enlève une partie de sa valeur marchande, surtout si le grain de blé est destiné à être réduit en farine.

Il faut donc disposer d'appareils ou de procédés spéciaux pour éviter ces détériorations par les insectes ou les champignons, et nous allons passer rapidement en revue les principaux.

Tue-teignes. — On désigne sous le nom de tue-teignes un appareil destiné à détruire les œufs et les larves de certains insectes qui attaquent le blé, et en particulier, l'alucite du blé.

Cet appareil, représenté fig. 111, est composé des organes principaux d'une machine à battre, batteur et contrebatteur, seulement ces organes ont de faibles dimensions en longueur, puisque le grain est ici débarrassé au préalable de sa paille et de ses enveloppes.

Une caisse en bois est terminée, à sa partie supérieure, par une trémie T, de grandes dimensions, dans laquelle

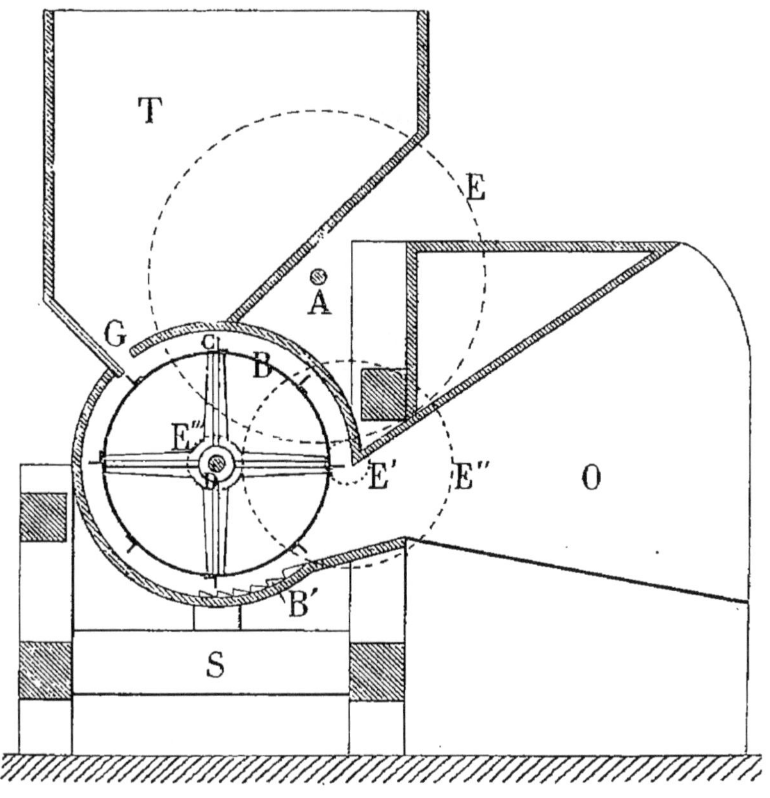

FIG. 111.

on verse le blé à traiter. Une ouverture latérale, disposée en O, sert au départ du blé.

Dans l'intérieur de cette caisse se trouve un batteur B, composé d'un cylindre à paroi pleine en tôle, d'environ $0^m,50$ de diamètre, et monté sur un axe horizontal D, tournant à raison de 1000 tours à 1100 tours par minute.

La paroi de ce cylindre porte, suivant les génératrices, un certain nombre de battes C, en forme de cornière, l'une des faces de la cornière, venant s'assembler avec la partie cylindrique, et l'autre face étant dirigée suivant un des rayons.

Le contrebatteur B′ est formé d'une paroi pleine présentant de nombreuses saillies.

Le grain, arrivant en G, est rencontré par les cornières qui se déplacent à raison de 27 à 28 mètres par seconde, et reçoit ainsi un premier choc assez violent, puis ces mêmes grains, entraînés par le batteur B, rencontrent bientôt les aspérités du contrebatteur B′ et subissent un nouveau choc qui achève la destruction des insectes et arrête ainsi les ravages causés par eux.

Pour arriver au nombre de tours assez considérable que l'on doit imprimer à l'axe D du batteur B, une transmission accélératrice est disposée sur le bâti S de l'instrument. Elle se compose d'un premier arbre A sur lequel se trouve montée une manivelle et un engrenage E, d'un arbre intermédiaire portant le pignon E′ et l'engrenage E″, et enfin d'un pignon E‴ calé sur l'arbre D du batteur B.

C'est par un procédé analogue que, dans les grandes installations de moulins à blé, on peut conserver une grande quantité de matières premières, en les tenant toujours en mouvement. Les insectes, les charançons, en particulier, sont gênés par ces déplacements continuels, viennent se grouper dans des coins dans lesquels ils trouvent un peu de repos, et il suffit de balayer de temps en temps pour se débarrasser de la plus grande partie de ces insectes nuisibles.

Le docteur Doyère, qui a préconisé l'emploi du tue-teignes, a aussi conseillé de renfermer les grains dans de grands espaces fermés et de mélanger au grain une certaine quantité de sulfure de carbone, dont les vapeurs toxiques avaient pour effet la destruction de ces insectes.

Lorsqu'il s'agit de se débarrasser des cryptogames microscopiques qui viennent salir la surface du blé et y adhèrent fortement, il faut avoir recours à des procédés mécaniques, par brossage, lavage, qui sont plutôt du ressort·de la meunerie que de la ferme proprement dite.

Nous n'en indiquerons ici que le principe.

Démoucheteurs. L'appareil se compose le plus ordinairement de deux enveloppes concentriques, en tôle crevée, et disposées verticalement. Le cylindre intérieur tourne à raison de 3oo à 4oo tours par minute et a ses aspérités disposées à l'intérieur, de manière à former une râpe analogue aux râpes à sucre; mais de très grandes dimensions.

Le cylindre extérieur est fixe, et présente ses aspérités vers l'intérieur, c'est-à-dire en regard des premières.

Le grain, engagé dans la capacité annulaire, est entraîné par le cylindre mobile et retenu par les aspérités du cylindre fixe, de manière à être frotté fortement et à abandonner les végétations de sa surface.

Un ventilateur est annexé à l'appareil, de manière à enlever les poussières, à mesure qu'elles se détachent.

D'autres appareils analogues sont armés de brosses dures destinées à produire le même effet.

Quelquefois, ce brossage est suivi d'un lavage à grande eau, et il faut alors faire suivre cette opération d'un séchage rapide; mais, comme il a été dit plus haut, ce sont surtout des appareils accessoires de meunerie qu'il était nécessaire de signaler dans cette étude, sans être conduit à en donner une description plus complète.

CHAPITRE V.

PRÉPARATION DE LA NOURRITURE
DES HOMMES ET DES ANIMAUX.

Les grains, tels qu'ils sortent de la batteuse, en passant par l'intermédiaire des appareils de nettoyage et de triage, ne sont pas dans un état de division suffisant pour être absorbés par l'homme et les animaux.

Les fourrages verts ou secs sont obligés d'être aussi préparés par procédés plus ou moins mécaniques, surtout si l'on veut composer les rations au moment des changements de saison, lorsque l'on doit passer graduellement de l'alimentation en vert à l'alimentation en sec, ou réciproquement.

Les appareils de diverses natures permettant cette préparation, plus ou moins complète, seront étudiés dans ce chapitre.

S'il s'agit de la préparation des grains, les appareils employés sont les aplatisseurs, les broyeurs, les concasseurs, et les moulins permettant de réduire le grain en farine.

S'il s'agit de la préparation d'autres aliments entrant dans la composition des rations animales, il y a lieu de considérer les hache-paille, les hache-maïs, les broyeurs d'ajonc, les coupe-racines, les brise-tourteaux, et enfin les appareils à cuire ces aliments, dans quelques cas spéciaux.

Aplatisseurs d'avoine. — Ces instruments ont pour but, comme leur nom l'indique, de faire sortir, en partie, la matière nutritive composant le grain de son enveloppe, en aidant ainsi la mastication souvent incomplète des animaux.

C'est par une sorte de laminage, sous une pression déterminée à l'avance, que s'effectue l'aplatissage du grain, de l'avoine, s'il s'agit de l'alimentation des chevaux, des grains de blé, si l'on veut effectuer cette opération préalablement à la mouture, ou des graines oléagineuses, si l'on veut exprimer plus facilement ensuite les corps gras qu'elles renferment.

Pour constituer l'un de ces instruments, il suffit de disposer sur deux arbres parallèles, montés sur le même bâti, des poulies à jante lisse et exactement cylindrique, de même diamètre ou de diamètres différents, de mettre en mouvement l'un des axes par une transmission à manivelle, actionnée à bras d'homme, et de disposer les coussinets de l'autre arbre, parallèle au premier, de manière que la poulie qui y est fixée puisse se rapprocher ou s'éloigner de l'autre poulie, suivant la grosseur des grains qu'il s'agit de laminer, d'aplatir.

Un ressort, dont la tension peut varier, à la volonté du conducteur de l'appareil, permet de régler la pression nécessaire pour que l'écrasement des grains puisse être obtenu d'une manière suffisamment complète, sans atteindre cependant la pression nécessaire pour l'extraction des matières grasses que peut contenir le grain soumis à cette opération.

L'aplatisseur ne pouvant pas être employé pour tous les

grains servant à l'alimentation des animaux, on dispose souvent, sur le même bâti que l'aplatisseur, un autre instrument, de plus faible dimension, servant au concassage

Fig. 112.

des graines dures, telles que les féverolles ou le maïs, sur lesquels les cylindres de l'aplatisseur ne produiraient qu'un faible effet.

La fig. 112 représente l'ensemble d'un aplatisseur

de Turner qui a servi de type à tous ceux de construction plus moderne.

L'appareil est destiné à une double fonction, aplatir les grains, tels que ceux d'avoine, concasser les féverolles, maïs, etc.

Une première trémie, placée à gauche de l'instrument, servira à l'alimentation d'avoine, par exemple ; l'autre trémie, placée à droite, desservira le concasseur, disposé en K.

La poulie à jante cylindrique A est mise en mouvement par une manivelle B, l'autre poulie A′, de plus faible diamètre, est entraînée par la première, par suite de la présence d'une certaine quantité de grains, provenant de la trémie supposée remplie.

Un volant D est disposé à l'extrémité d'une vis venant appuyer sur le milieu d'un ressort à trois lames R, dont les extrémités viennent s'assembler avec des tiges cylindriques faisant corps avec les coussinets de l'arbre de la poulie A′ et pouvant glisser librement dans des rainures C ménagées dans le bâti.

Pour rendre l'alimentation aussi régulière que possible, le col de la trémie porte, en J, un renflement cylindrique dans lequel tourne un cylindre cannelé G, et en I, fig. 113, page 256, se trouve une vannette réglant l'écoulement du grain. Le cylindre cannelé est mis en mouvement de rotation, au moyen de l'axe de la poulie A′, et par l'intermédiaire d'une chaîne et d'une courroie et de poulies montées, l'une H sur cet axe, l'autre H′ sur l'axe de G.

Le grain écrasé se rassemble à la partie supérieure d'un conduit incliné, et se rend ensuite dans un panier, disposé en dessous de l'instrument.

L'avoine, ainsi laminée, a une tendance à rester collée après l'une ou l'autre des deux surfaces cylindriques, il faut donc que l'appareil soit muni de décrottoirs, agissant d'une manière constante, et composés chacun d'une lame ayant la largeur même du cylindre et d'un contrepoids fixé à l'extrémité d'un levier, qui a pour effet d'appuyer constamment la lame décrotteuse contre le cylindre correspondant. Dans l'exemple précédent, ce contrepoids est représenté en F, fig. 112.

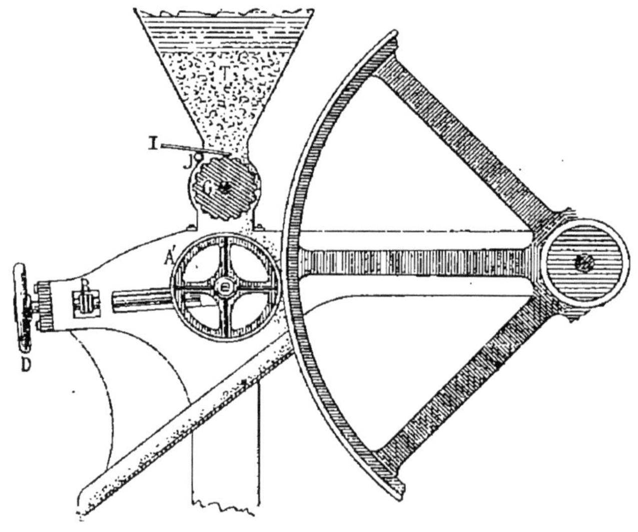

Fig. 113.

Nous avons représenté à part, fig. 114, la disposition de cet accessoire, sans lequel l'action des cylindres compresseurs serait presque immédiatement contrariée par la présence de ces matières adhérentes aux cylindres comprimeurs.

Les lames L, L', qui ont, comme largeur, la largeur de chacune des poulies, sont fixées sur deux axes horizontaux a supportés par une pièce verticale S, venu de fonte avec le bâti général de l'appareil.

A l'une des extrémités de chacun des axes a se

trouve calé un levier horizontal *b* terminé par une partie
p de plus fortes dimensions, formant contrepoids, et obligeant les lames L, L′, à s'appuyer constamment sur la
surface cylindrique extérieure des poulies A, A′.

Les figures 115, 116 et 117, pages 258 et 259, représentent un autre type d'aplatisseur, dans lequel les deux
poulies, au lieu d'avoir des diamètres différents, ont ici
exactement le même diamètre, et dans lequel aussi le
concasseur est supprimé, l'instrument devant servir

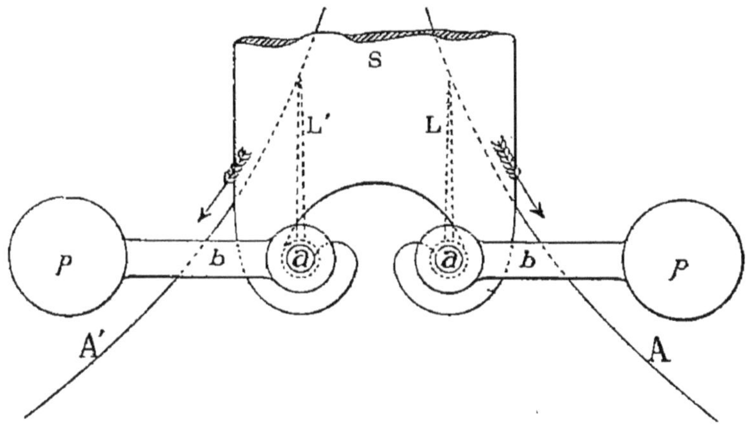

Fig. 114.

seulement d'aplatisseur.

Cet instrument se compose d'un socle S, à trois branches, surmonté d'une colonne creuse en fonte C, servant
de support au bâti proprement dit B de l'instrument.

En *a* se trouve disposé l'axe, de position fixe, de la
première poulie A. Sur cet axe se trouvent montés la manivelle motrice M et un engrenage droit E.

L'axe *a′*, parallèle au premier, porte l'autre poulie A′
qui peut se rapprocher ou s'éloigner, suivant la grosseur
des grains et le degré de pression que l'on veut obtenir.

A cet effet, un volant V, manœuvré à la main, peut

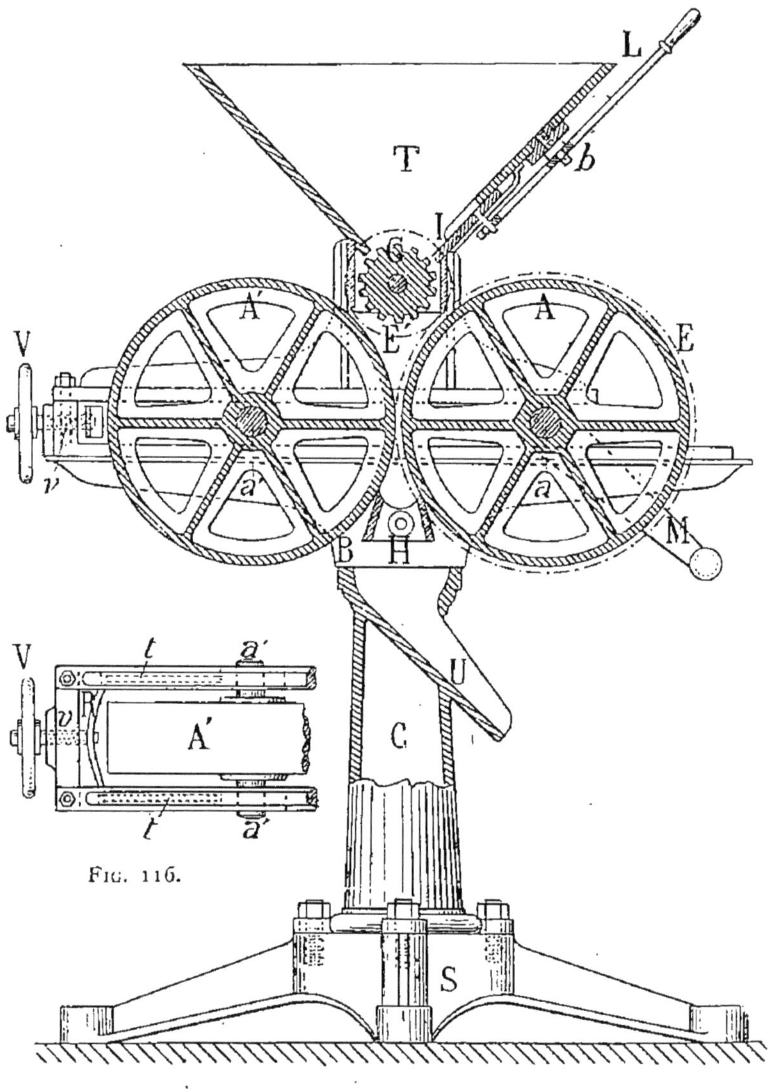

Fig. 116.

Fig. 115.

agir sur une vis horizontale v, de manière à en déplacer

l'extrémité qui vient s'appuyer sur le milieu d'un ressort R, dont les extrémités viennent rencontrer, à leur tour, deux tiges horizontales *t*, assemblées avec les coussinets de l'arbre *a'*.

Suivant la courbure que présentera le ressort ainsi enserré, sa déformation ne pourra plus s'effectuer que sous un effort plus ou moins grand, et l'effort de compression pourra varier ainsi dans d'assez grandes limites.

Si, une fois l'appareil réglé, une pierre, ou autre matière non compressible, venait à passer avec les grains, l'espace réservé entre les deux poulies pourrait s'ouvrir momentanément, et la matière dure pourrait ainsi passer, sans amener la détérioration de l'instrument.

Dans cet appareil, le distributeur se compose d'un cylindre cannelé G, disposé à la base de la trémie, et mis en mouvement de rotation par l'engrenage E et le pignon E'.

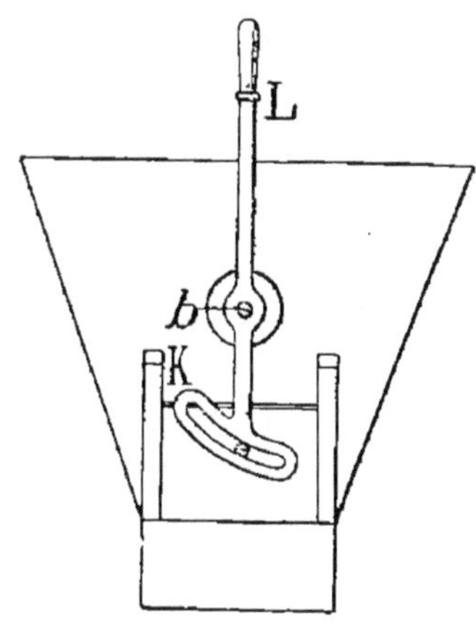

Fig. 117.

Une vannette I, mise en action par un levier à mannette L, tournant librement autour de l'axe *b*, et une coulisse K, permet le libre passage d'une plus ou moins grande quantité de grains, et règle ainsi le débit de l'appareil, fig. 115 et 117. Enfin les couteaux nettoyeurs mobiles, de la disposition précédente, sont ici remplacés par des couteaux fixes, attachés en H sur le bâti général.

La matière déposée dans la trémie T sera conduite entre les deux poulies cylindriques, par l'intermédiaire du distributeur G, et la matière comprimée, l'avoine aplatie, se réunira dans un couloir incliné U, venu de fonte avec

la colonne de support, pour se rendre dans un vase approprié, disposé en dessous de ce couloir.

Quelle que soit la disposition de l'instrument adopté,
le résultat obtenu est sensiblement le même, et l'avoine,
soumise à l'action de l'aplatisseur, est dans un état plus
satisfaisant pour la mastication et la digestion par les
animaux, que si on composait leur ration d'avoine prise
à l'état naturel.

Broyeurs et concasseurs. — Lorsque la matière présente un grand volume comme les féverolles et le maïs,
par exemple, lorsque la partie alimentaire est enfermée
dans une enveloppe présentant une certaine dureté qui
ne permet pas d'être attaquée facilement par les dents des
animaux, il devient utile de réduire, au préalable, cette
matière en fragments plus ou moins gros, ou même de la
soumettre à l'action de véritables broyeurs, qui réduisent
le grain en farine plus ou moins grossière.

Ces appareils concasseurs ou broyeurs ne constituent
qu'une même catégorie d'instruments d'intérieur de
ferme. Suivant le réglage de l'appareil, c'est-à-dire l'é-
loignement ou le rapprochement des organes servant à
diviser la matière, on peut obtenir, avec le même instrument, soit un produit concassé, soit un produit broyé
plus ou moins finement.

Ces instruments sont tous basés sur le principe suivant :
la matière à concasser ou à broyer est mise en contact
avec deux organes rotatifs, cylindres ou cônes, animés
d'une vitesse différente à leur pourtour, quelquefois, l'un
de ces organes est remplacé par une enveloppe rugueuse
rencontrée par le grain que l'on veut broyer.

Si l'on animait les deux organes rotatifs d'une même
vitesse à leurs circonférences, on obtiendrait un effet de
laminage, comme dans l'aplatisseur. Si les deux vitesses
sont notablement différentes, le grain se trouve déchiré,

concassé ou broyé, suivant la distance qui sépare les deux organes broyeurs, et aussi la grosseur des grains composant la matière qu'il s'agit de préparer. Les mêmes effets se produisent lorsque l'un des organes broyeurs est complètement fixe; l'autre organe tourne alors à son intérieur, et la désagrégation de la matière se produit, d'une manière continue, lorsque l'on a soin d'alimenter constamment la trémie surmontant l'appareil.

Enfin, s'il s'agit d'un concasseur à deux cylindres, l'un d'eux peut se déplacer latéralement, pour permettre le passage accidentel de corps durs pouvant être mélangés aux grains, et un ressort à tension variable, analogue à celui adopté dans les aplatisseurs, est destiné à donner la pression nécessaire, et à ramener le cylindre mobile dans sa position normale de travail, lorsque le corps dur, engagé dans l'appareil, a été expulsé en même temps que les grains concassés.

Concasseurs à deux cylindres. — Dans cette disposition, représentée fig. 118, page 262, deux cylindres en fonte C, C′, de même diamètre, sont disposés parallèlement l'un à l'autre; l'un d'eux C est cannelé, et les rainures, disposées à sa surface, sont contournées en hélice à pas très allongé. Le cylindre C est de position fixe et tourne deux fois plus vite que l'autre. Le cylindre C′ est lisse et est monté à ressort, de manière à pouvoir se rapprocher ou s'éloigner de l'autre organe broyeur.

Une trémie T surmonte tout l'appareil, renfermé dans une boîte en fonte S′, et un distributeur cannelé D peut régulariser le débit de la matière à concasser.

La transmission de mouvement aux deux cylindres se compose de la manivelle M et des engrenages E, E′.

La pression est donnée au cylindre C′ par un ressort R, que l'on peut déprimer plus ou moins, au moyen d'une vis V et d'un volant W.

Des tiges *t* relient les paliers de l'axe du cylindre C′ aux extrémités du ressort R.

Concasseurs à un seul cylindre. — Souvent l'un des

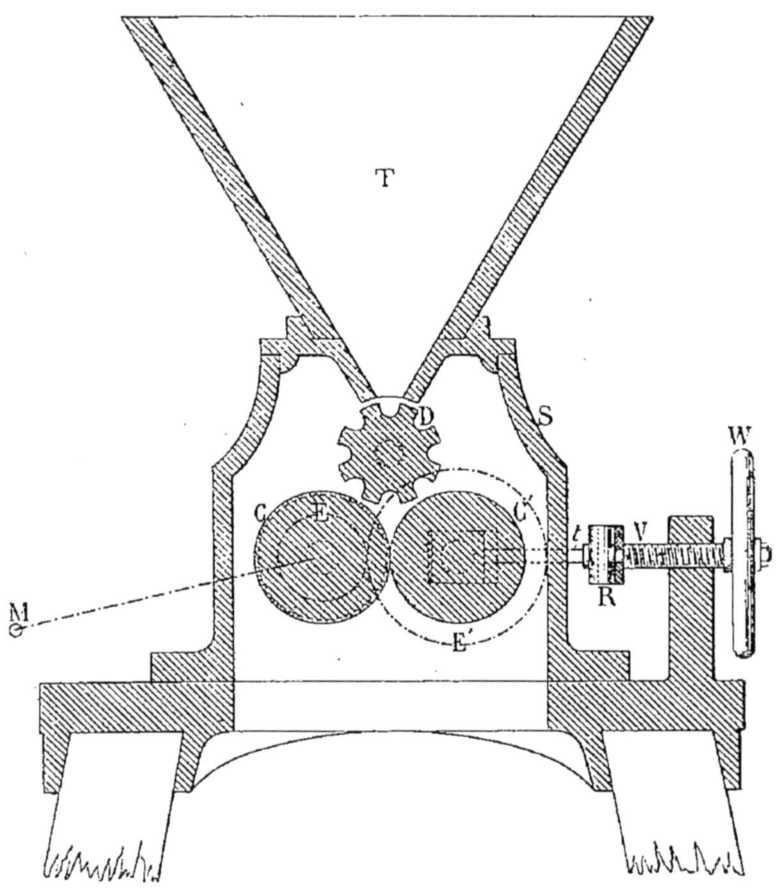

Fig. 118.

cylindres est supprimé et remplacé par une plaque fortement dentelée que l'on peut approcher ou éloigner du cylindre, suivant l'état de division que l'on veut obtenir, et aussi suivant la grosseur des grains.

Quelquefois, un même appareil est à double effet, c'est-
à-dire que l'on peut, à volonté, s'en servir, sans aucun
démontage, pour traiter des matières très différentes,
telles, par exemple, que les féverolles, qui se transforme-

Fig. 119.

raient en une matière pâteuse venant encombrer le concasseur, si on ne donnait pas à la noix, ou cylindre
broyeur, une forme toute particulière, et les grains d'une
nature moins pâteuse que l'on voudrait préparer également-
ment.

En employant la disposition de Biddell, représentée fig. 119, page 263, on peut, en déplaçant, dans la trémie, un simple volet mobile, diriger la matière à préparer vers l'un des deux cylindres, disposés sur un même axe mu par manivelle.

S'il s'agit de féverolles, le cylindre plein est remplacé par un cylindre à claire-voie C dont la partie cylin-

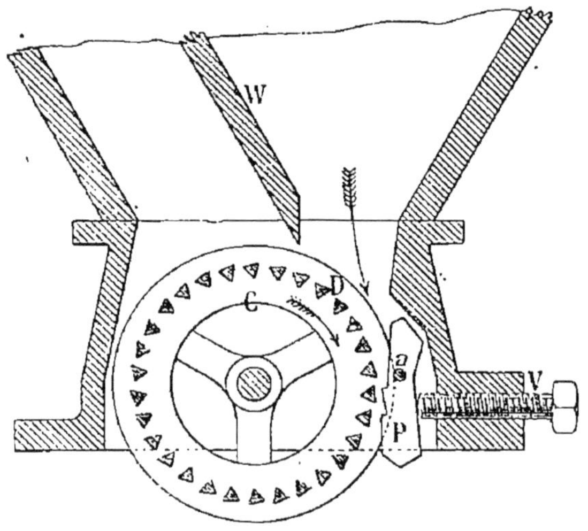

FIG. 120.

drique est formée d'un certain nombre de couteaux triangulaires D. Une plaque striée est disposée en P, et une vis de pression V permet d'en modifier la position, en la faisant tourner autour d'un axe horizontal a.

Le volet mobile étant dans la position W, de la fig. 120, le grain est obligé de tomber entre le cylindre C et la contre-plaque P, et si le cylindre tourne constamment, sous l'action de la manivelle motrice, dans le sens indiqué par la flèche, les féverolles seront divisées par l'action des couteaux successifs D, venant se placer en regard de la contre-plaque.

Les couteaux triangulaires D, peuvent être tournés sur eux-mêmes, de manière à utiliser successivement les trois tranchants, et peuvent être remplacés facilement, après usure.

S'il s'agit de matières non susceptibles de se réduire à l'état pâteux, ce cylindre à claire-voie est remplacé par un cylindre cannelé, ou mieux par un cylindre en fonte dans lequel on a implanté, suivant les rayons, de nombreuses lames en acier formant saillies par rapport à la surface cylindrique et venant entailler la matière, lorsque le cylindre est mis en mouvement, fig. 121.

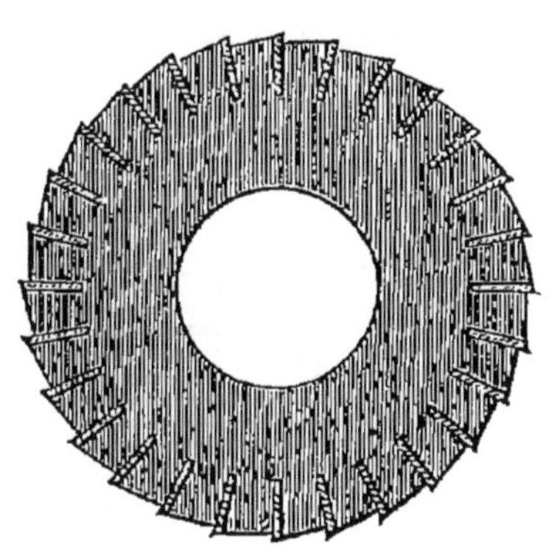

Fig. 121.

Il suffit donc que le concasseur soit muni de ces deux organes séparés, mais disposés sur un même axe horizontal, pour que l'on puisse préparer, avec un seul et même appareil, des matières de natures très diverses.

Le concasseur qui accompagne l'aplatisseur, représenté fig. 112, page 254, rentre aussi dans cette catégorie ; le cylindre unique est disposé dans une boîte K, et monté sur le même axe que la poulie A ; le grain à concasser arrive par un couloir N, secoué, d'une manière continue, par l'action d'une roue à rochet L et d'une sorte de cliquet M. La boite K se termine, à sa partie inférieure, par un conduit incliné qui·permet à la matière concassée de se rendre dans un panier disposé pour la recevoir.

Concasseurs à enveloppe conique. — Lorsque la quantité de matière à traiter est relativement assez faible, et lorsqu'on veut se servir du même appareil pour concasser, broyer et même réduire en farine des grains de différentes natures, on peut adopter la disposition tronc-conique représentée fig. 122.

L'appareil est composé d'une noix tronc-conique N, en fonte blanche, munie de cannelures venues de fonte, et dirigées suivant les génératrices de la surface conique, d'une enveloppe tronc-conique E, également en fonte dure, qui porte aussi des cannelures rectilignes traversées par des rainures en hélice obligeant la matière broyée à se déplacer horizontalement.

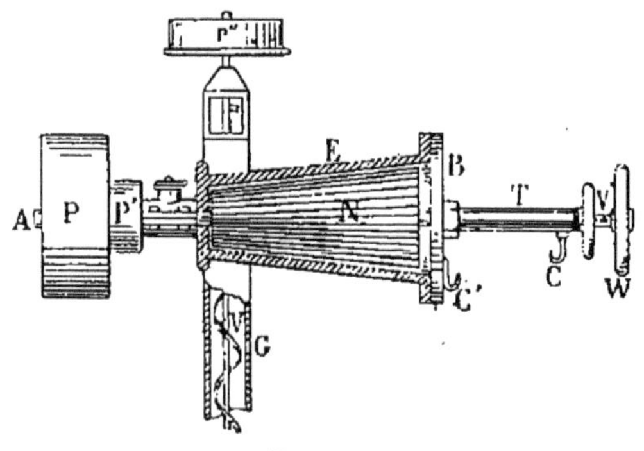

FIG. 122.

En déplaçant l'arbre A de la noix, dans le sens de son axe, on peut modifier, au moyen d'une vis V' et d'un volant W, le jeu qui existe entre la noix et son enveloppe, et produire ainsi un broyage plus ou moins complet.

Le grain arrive à l'extrémité du broyeur ayant le plus petit diamètre, et sort à l'opposé, pour se rendre dans des réservoirs appropriés, ou dans un sac accroché à l'appareil même par les crochets C ou C', dont l'un C est fixé à la tige T, et l'autre C' attaché au fond B.

Enfin, lorsque l'on veut que l'appareil s'alimente de lui-même, on dispose la réserve de grain dans une caisse creuse formant le bâti du concasseur, et l'on fait

plonger, dans cette masse de grains, la partie inférieure
d'une gaîne verticale G, dans laquelle tourne librement
une vis d'Archimède V qui vient puiser le grain dans
la caisse et le relève jusqu'au niveau de l'enveloppe du
concasseur, dans lequel il pénètre par une ouverture latérale. Un ensemble de poulies P′ et P″, et des galets de
direction, non représentés sur la figure, permet à une
courroie s'enroulant sur P′ et P″ de mettre en mouvement de rotation l'arbre a de la vis V. Une autre poulie
P met tout l'appareil en mouvement, au moyen d'une
courroie qui l'entoure.

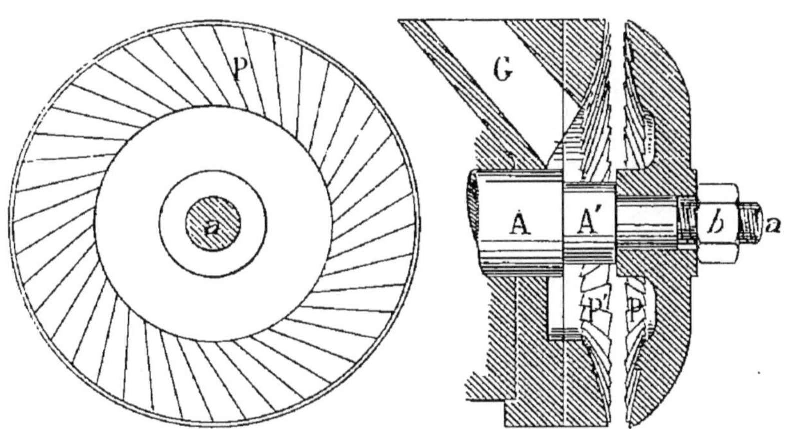

Fig. 123 et 124.

Concasseurs à plateaux. — Les concasseurs à noix
sont souvent remplacés par des appareils dans lesquels un
plateau strié P, d'assez faibles dimensions, tourne devant
un plateau fixe P′, également strié, recevant, à son centre,
la matière à concasser ou à broyer. Fig. 123 et 124.

Le grain, arrivant en G, de la trémie d'alimentation,
tombe dans l'intervalle laissé entre les deux plateaux,
est saisi par les stries du plateau mobile et retenu en

même temps par les rainures du plateau fixe. Il est donc déchiré et broyé et tombe de l'instrument à l'état de division voulu.

Cette disposition du concasseur à plateaux se rencontre souvent dans les aplatisseurs d'avoine, lorsque ces appareils sont à double effet, comme il a été indiqué plus haut. C'est alors le même arbre A qui porte l'une des poulies de l'aplatisseur et le plateau P du concasseur. Celui-ci repose sur une partie A′ de l'arbre A, et un écrou b agit sur la vis a pour constituer l'assemblage.

Moulins agricoles. — L'on a cherché à employer les dispositions qui viennent d'être décrites, ou d'autres présentant de grandes analogies, pour constituer de petits moulins devant permettre de produire, dans l'intérieur même de la ferme, la farine nécessaire pour l'alimentation du fermier et de sa famille, ainsi que du personnel.

Dans d'autres cas, on a disposé ces moulins sous la forme de meules métalliques ou de pierres meulières, constituant des diminutifs des anciens appareils à meule fixe et meule tournante de nos anciens moulins à blé.

L'exposition universelle de 1889 nous a offert un grand nombre de types de ces appareils ayant la prétention de faire bien, et de produire, sous un petit volume, la farine de blé nécessaire dans toute ferme un peu importante.

Malheureusement, le problème de la mouture du blé est par lui-même très complexe. Il ne suffit pas de produire la division du blé, et sa réduction en farine, mais il faut éviter, avec grand soin, les causes de détérioration de la farine pendant sa fabrication ; il faut surtout joindre au moulin proprement dit, des appareils accessoires, connus sous le nom de blutoirs, et qui ont pour objet la séparation plus ou moins complète de la farine de divers produits qui y sont mélangés.

En un mot il faudrait, pour constituer un moulin agricole parfait, le munir de différentes dispositions ou d'appareils distincts qui ne seraient que la réduction des appareils employés dans nos grands moulins à farine. De là une impossibilité presque complète d'arriver à un résultat suffisamment pratique pour que ces instruments, présentés sous le titre de « *moulins agricoles* », pussent entrer dès maintenant dans la pratique agricole.

Les moyens de transports se sont d'ailleurs multipliés au point qu'il paraît plus avantageux au cultivateur de se débarrasser, dans les meilleures conditions de prix de vente, de sa production en blé et en autre grain, à l'exception de ceux nécessaires pour l'alimentation des animaux de la ferme, et d'acheter, sur les mêmes marchés, la farine dont il aurait besoin pour sa consommation personnelle.

Un autre procédé a été souvent tenté, mais sans donner de bons résultats, et en occasionnant souvent de vives contestations : la mouture au moulin le plus proche du grain apporté par le fermier et remporté par lui à l'état de farine; mais il était difficile à celui-ci de suivre l'opération de la mouture de son grain, et des substitutions fréquentes étaient la cause de nombreuses contestations. Nous pensons donc que la mouture à la ferme ne peut pas présenter tous les avantages que l'on espère en tirer, et, pour cette raison, il nous paraît inutile de décrire quelques-uns de ces moulins, pris parmi les nombreux types qui ont été proposés.

Hache-paille. — Pour faire entrer la paille, pour une proportion déterminée, dans la composition de la ration des animaux, pour faire varier cette composition dans des limites très étendues, lorsque l'on veut passer graduellement de l'alimentation en vert à l'alimentation en sec, ou réciproquement, on est conduit à couper la paille en fragments ayant de un à quatre centimètres de longueur, et les hache-paille sont des appareils permettant de produire cette division.

L'on a reconnu aussi que la paille divisée convenait mieux que la paille à l'état naturel pour la confection de la litière des animaux, en ce sens, qu'à poids égal, la quantité de purin absorbé est plus grande lorsque l'on emploie de la paille coupée. On est donc conduit encore à employer le hache-paille, mais en le disposant de manière que les éléments aient environ dix centimètres de longueur.

Le hache-paille doit donc être disposé de manière à couper rapidement la paille en éléments dont la longueur doit varier, suivant les applications, depuis un centimètre jusqu'à dix.

Les hache-paille peuvent être classés en deux groupes distincts qui diffèrent l'un de l'autre par la forme et la disposition des lames servant à obtenir les sections successives des brins de paille.

Nous les diviserons donc en hache-paille à disque, ou à lames verticales, et en hache-paille à tambour, ou à lames hélicoïdales.

Quel que soit le mode de coupage adopté, l'appareil se trouve toujours composé de trois parties distinctes :

1° Le couloir horizontal dans lequel on étend la paille, qui se trouve terminé, à l'une de ses extrémités, par une partie ordinairement métallique, désignée sous le nom de bouche d'alimentation.

2° Les organes servant à l'alimentation automatique de la paille, qui ont pour but de pousser, d'une manière continue ou intermittente, la paille vers les lames coupeuses.

3° Les lames coupeuses, disposées soit dans un plan vertical, soit autour d'un cylindre à axe horizontal.

Dans les anciens hache-paille, dits à guillotine, un seul couteau se déplaçant dans un plan vertical, et animé d'un mouvement rectiligne alternatif, produisait les sections successives de l'ensemble des tiges débordant de la bouche d'alimentation sur toute sa largeur et sous une épaisseur variable.

Dans les instruments de construction plus récente, les

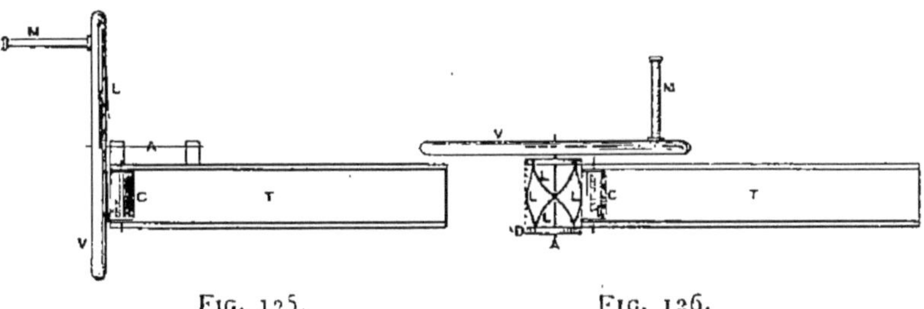

Fig. 125.   Fig. 126.

lames L, de forme courbe, sont disposées également dans un même plan vertical, et fixées à une sorte de disque évidé, formant volant V, et tournant autour d'un axe horizontal A attaché latéralement au couloir d'alimentation T, c'est ce qui constitue le hache-paille à disque, dont la disposition schématique est indiquée fig. 125.

Dans d'autres cas, les lames L, contournées en hélice, sont disposées sur un cylindre évidé D, monté sur un axe A, de position perpendiculaire à la direction des tiges dont on veut opérer la section; cette disposition des hache-paille à tambour ou à lames hélicoïdales est représentée schématiquement fig. 126.

Les organes servant à l'alimentation automatique de la paille sont ordinairement formés de deux cylindres cannelés C, tournant en sens inverse l'un de l'autre, d'une façon continue ou d'une manière intermittente, et enserrant, entre leurs surfaces, la masse de tiges qu'il s'agit de déplacer et de couper.

Comme cette masse peut présenter une épaisseur variable, c'est le cylindre supérieur qui peut se déplacer parallèlement à lui-même, de manière à produire toujours sur la paille l'adhérence nécessaire à son déplacement. Un système de levier et de contrepoids permet de donner. cette pression, et d'en varier la valeur, en modifiant le contrepoids disposé à l'extrémité du levier presseur.

Le cylindre alimentaire inférieur est toujours de position fixe, et sa partie supérieure ne dépasse le fond du couloir que d'une quantité toujours assez faible.

Les figures 127 à 129, pages 273, 274 et 275, représentent, en élévation, plan, et vue de face, un type usuel de hache-paille, mis en mouvement à bras d'hommes.

Un bâti métallique S est supporté par quatre roues R, de faible diamètre, les flasques composant ce bâti étant retenues par des entretoises e.

Un couloir en bois T est disposé à une certaine hauteur au-dessus du sol, et des ferrures hf permettent de le fixer à la partie métallique de l'instrument.

En A, se trouve l'arbre parallèle au couloir, portant, à son extrémité, le volant V, sur les bras B duquel on vient fixer les lames courbes L L', au nombre de deux, dans l'instrument représenté.

Ce volant est mis en mouvement par l'intermédiaire d'une soie de manivelle M, attachée à l'un des bras du volant V.

Les deux cylindres alimentaires sont ici cannelés, dans le sens transversal, et sont mis en mouvement de rotation continu, par une transmission prise sur l'arbre A. Une vis sans fin W est fixée sur l'axe A, et fait tourner une roue dentée Y, montée sur l'axe a. De l'autre côté du couloir T, l'axe a porte un engrenage E en contact avec un pignon E' fixé sur l'axe b du cylindre entraîneur inférieur C'; sur ce même axe b se trouve calé

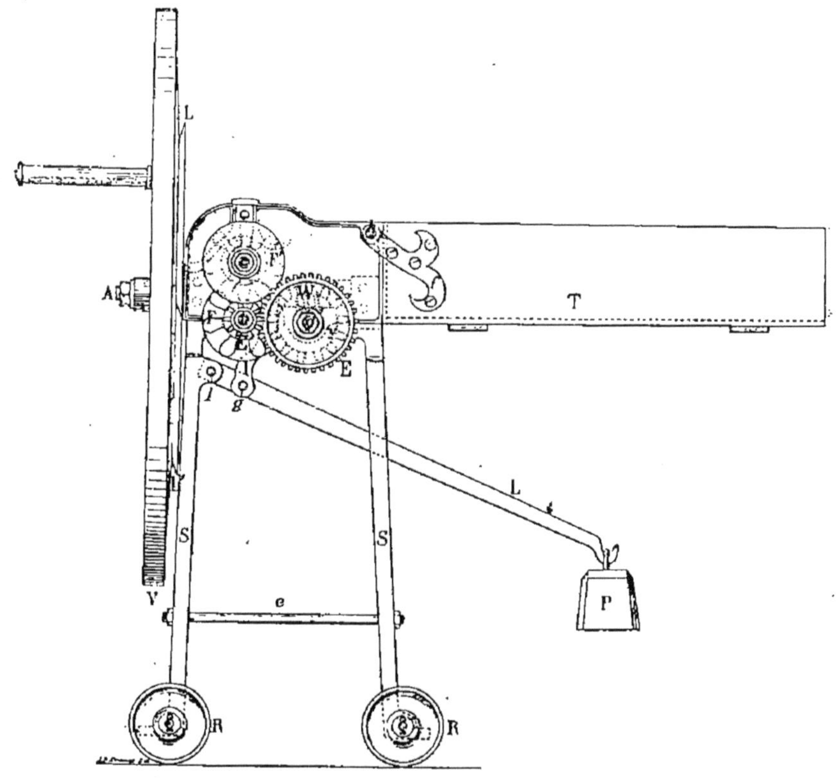

Fig. 127.

un engrenage F, dont les dents sont de très grande longueur; enfin, sur l'axe c du cylindre entraîneur supérieur C se trouve un engrenage F' de même denture que F. Le contact des dents de ces deux engrenages se trouve ainsi assuré, quelle que soit la distance qui sépare les deux cylindres C, C′, quelle que soit, par conséquent, l'épaisseur de paille que l'on veut couper.

A l'aide de bielles contournées T, d'un levier L, pouvant tourner librement autour de *l*, et d'un contrepoids P, l'action de ce contrepoids se trouve reportée sur

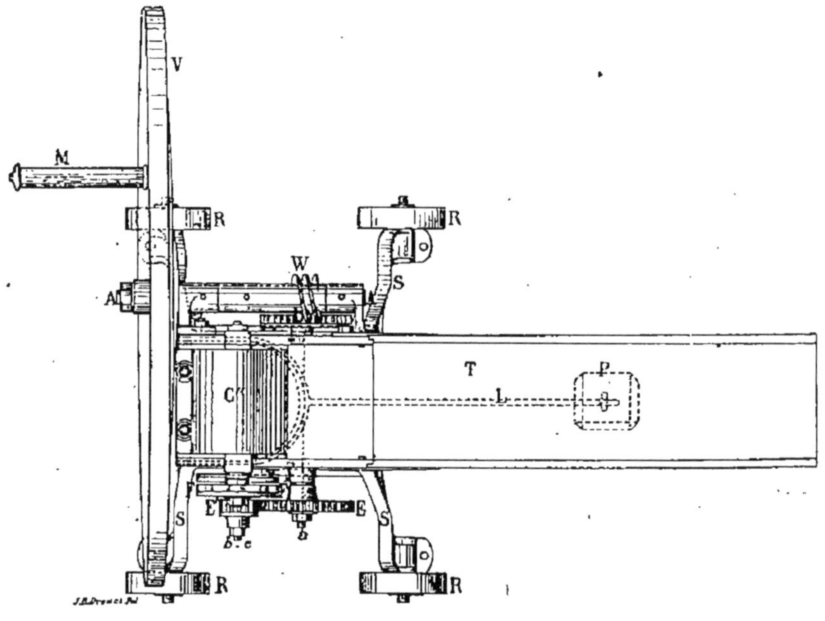

Fig. 128.

l'axe *c* du cylindre entraîneur supérieur C, et par suite de la pression ainsi exercée, combinée avec le mouvement de rotation des deux cylindres entraîneurs, la paille est obligée de s'avancer vers les couteaux, qui viennent, deux fois par tour de l'arbre A, trancher la paille, et la réduire en fragments plus ou moins longs, suivant le rapport qui existe entre les rotations du volant porte-lames et des cylindres d'alimentation.

Un couvercle C″ recouvre l'ensemble de l'appareil

entraîneur, de manière à éviter, autant que possible,
les accidents.

Cet instrument n'est disposé que pour couper à une
seule longueur, et nous verrons, un peu plus loin, quelles

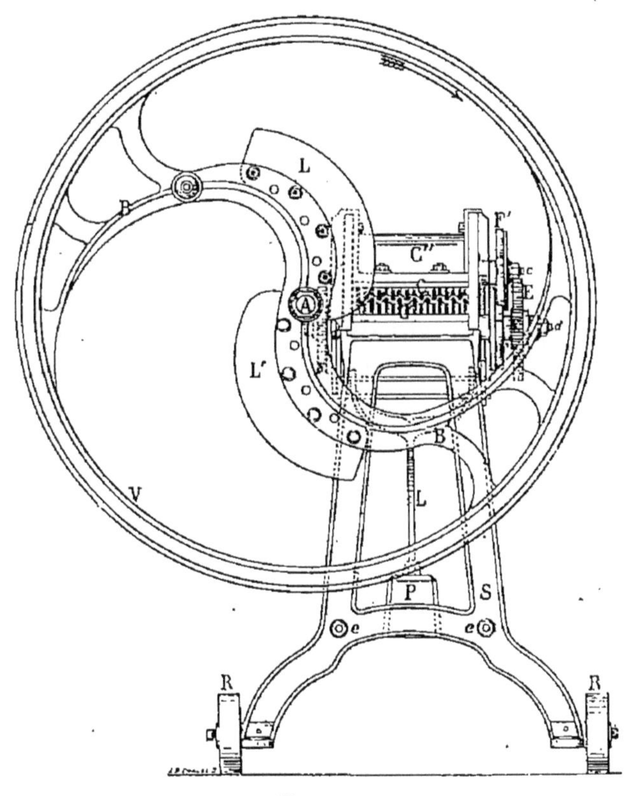

Fig. 129.

sont les dispositions que l'on peut employer pour obtenir, d'un même instrument, des coupes plus ou moins
rapprochées.

Les moyens de transmission aux organes d'alimentation peuvent varier, en effet, dans une grande mesure,
suivant que l'on veut obtenir une alimentation con-

tinue ou une alimentation discontinue, interrompue par des arrêts plus ou moins prolongés.

Dans le système qui vient d'être décrit, l'alimentation est continue, ce qui peut présenter un certain inconvénient, quant au bon fonctionnement de l'appareil. La forme des lames est telle que chacune d'elles coupe pendant tout le temps que met le volant porte-lames à décrire un tiers de circonférence.

Les deux lames, prises dans leur ensemble, ne coupent donc la paille que pendant les deux tiers d'un tour, et le tiers restant, divisé en deux portions d'égale durée, est employé à compléter le tour de l'arbre sur lui-même. Si l'on envisage une seule lame seulement, celle-ci coupe pendant un tiers de tour, et pendant le sixième du tour suivant, la lame se déplace sans couper de manière à effectuer le demi tour complet, puis les deux mêmes phases se répètent, en ce qui concerne l'autre lame.

L'alimentation étant continue, le dos de la lame est rencontré par les différentes tiges coupées, et de là naît un frottement, que l'on peut éviter, seulement en partie, en inclinant légèrement la lame par rapport au plan vertical dans lequel se meuvent les différents points du disque ou volant. A cet effet, les deux lames sont fixées sur les bras du volant, à l'aide d'un certain nombre de boulons, et des vis de pression supplémentaires permettent de régler la position des lames par rapport au plan du volant, pour obtenir l'effet qui vient d'être indiqué.

Les lames ont une forme courbe qui doit correspondre à la condition géométrique suivante :

Si l'on mène en différents points a, a', de la courbe composant le tranchant de la lame, des tangentes à cette courbe, chacun des éléments prolongés doit faire, avec le rayon passant par le même point, *a* ou *a'*, un angle toujours le même, et égal à 45°, fig. 130. La courbe qui remplit cette condition est une spirale logarithmique, dont l'équation est de la forme

$$\rho = e^{m\omega}$$

ρ étant le rayon vecteur de la courbe, et ω l'angle correspondant au point considéré, distant du centre de la courbe d'une quantité égale à ρ.

Si le tranchant de la lame remplit cette condition, si l'épaisseur de la couche de paille à découper est faible par rapport au développement de la partie utile de chacune des lames, on sera assuré que chacun des éléments de la masse à découper sera attaqué de la même façon, par les différents

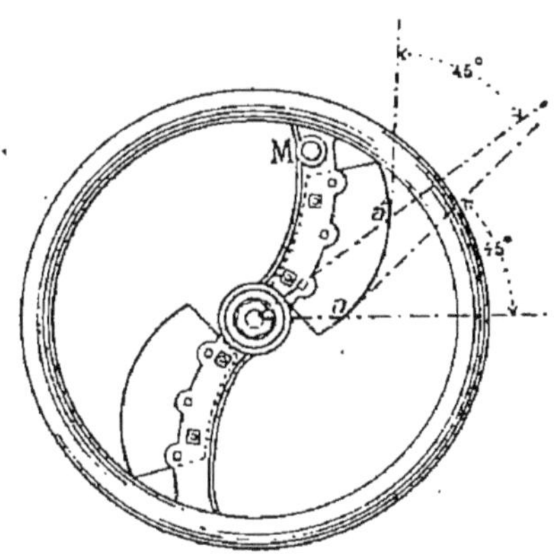

Fig. 130.

points du couteau. La section de chacun de ces éléments sera donc faite dans les mêmes conditions.

Ces instruments à couteaux courbes, disposés contre un disque ou volant vertical, sont certainement les plus employés, quoiqu'ils présentent tous un inconvénient résultant de ce que le moment de l'effort résistant, opposé au mouvement des lames, varie, dans une certaine mesure, avec la position de chacune des lames. A mesure que le point considéré de la lame s'éloigne du centre du volant, le moment de l'effort résistant augmente, pour s'annuler complètement, lorsque la lame a cessé de travailler d'une manière utile. La masse du volant supplée à ces variations de travail résistant, et sa présence permet à deux hommes de pouvoir agir sur la même manivelle M, en donnant au volant un mouvement suffisamment régulier, malgré ces variations assez considérables dans le travail résistant.

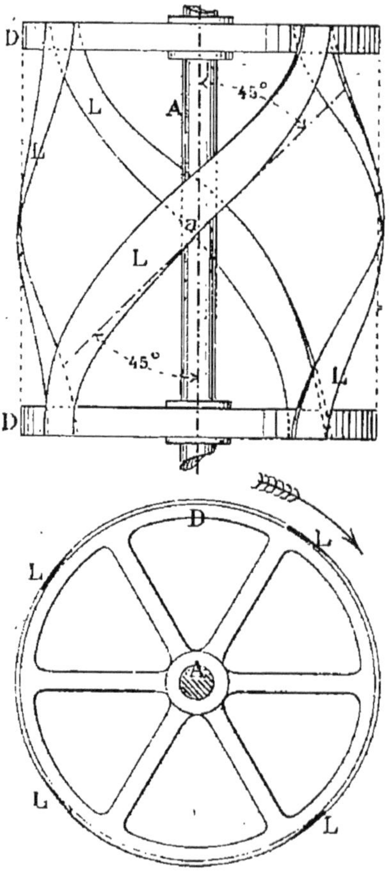

C'est pour éviter ces variations, que l'on a proposé l'emploi de lames L, contournées en hélice, et assemblées sur un cylindre à claire-voie, composé de plateaux circulaires D, montés sur un arbre horizontal A.

Cette disposition est représentée fig. 131 et 132.

Les lames sont disposées de telle façon que si l'on mène, par un point a de l'une d'elles, une tangente à la courbe composant le tranchant, cette ligne doit faire avec la génératrice du cylindre passant par le même point un angle de 45°, égal, par conséquent, à celui employé dans le cas de lames planes ayant la forme d'une spirale logarithmique. Elles doivent de plus être réparties de telle manière que

FIG. 131 ET 132.

lorsque l'une d'elles a terminé d'agir utilement, la suivante commence à se trouver en prise avec la matière à préparer.

Le travail résistant est donc plus constant, dans cette disposition que dans la précédente, et l'alimentation continue de la paille ne présente plus l'inconvénient qui vient d'être signalé.

On munit cependant l'axe A, du cylindre porte-lames, d'un volant servant à régulariser le mouvement; mais la masse de cet organe régulateur peut être beaucoup plus faible que dans le cas précédent.

Malgré ces avantages, cette disposition ne se rencontre que dans quelques cas spéciaux, que nous indiquerons un peu plus loin.

Les moyens employés pour transmettre le mouvement en sens inverse aux axes des deux cylindres entraîneurs sont très nombreux, mais ils doivent tous satisfaire à cette condition que la distance de ces axes doit pouvoir varier entre certaines limites, suivant l'épaisseur de la masse de paille disposée dans le couloir.

Dans la disposition décrite plus haut, c'est au moyen d'engrenages à dents très longues que cette transmission à distance variable peut être obtenue. Dans d'autres appareils, c'est une vis sans fin V qui vient agir à la fois sur deux couronnes dentées E, E', montées sur les axes b, c, des cylindres entraîneurs. Les figures 133 et 134, page 280, montrent que l'engrenage E' peut se déplacer d'une certaine quantité, suivant la verticale, sans que l'engrènement avec la vis V cesse d'avoir lieu; on peut donc employer ce procédé, à l'égal du premier, lorsque les déplacements du cylindre supérieur sont compris dans des limites assez étroites.

Si l'on veut, au contraire, obtenir de plus grands déplacements, la disposition, représentée figure 135, permet de les obtenir. Il suffit de caler, sur les axes des deux cylindres, des pignons E, E', de même diamètre, dont les dents viennent en contact avec les fuseaux d'une chaîne de Galle G, entourant le pignon E, rencontrant le pignon E', et entourant partiellement un galet de support D, disposé en un point du bâti métallique du hache-paille. D'après la disposition de la

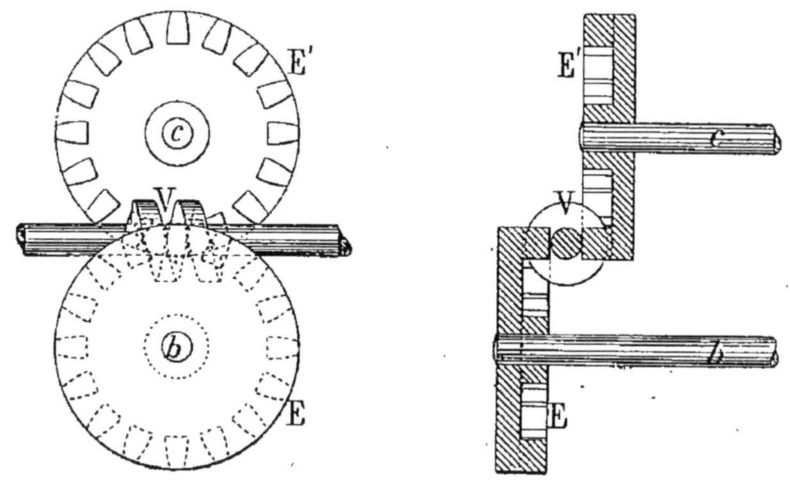

FIG. 133 ET 134.

figure, les axes *b* et *c* tourneront en sens inverse l'un de l'autre, dès que l'un d'eux, *b* par exemple, tournera sur lui-même, au moyen d'une transmission de mouvement ayant pour point de départ l'axe du volant porte-lames ou l'axe du cylindre, suivant le genre de hache-paille adopté.

Si cette transmission est à vitesse unique, les cylindres d'alimentation déplaceront la paille, toujours de la même quantité, par tour des organes coupeurs, la paille sera divisée en fragments de même longueur.

Si cette transmission est à vitesse variable, il sera

possible, avec le même instrument, mais en réglant cette vitesse, de couper la paille en éléments de longueurs différentes. Ordinairement, l'appareil est à trois vitesses, correspondant à des sections distinctes de 1 à 2 centimètres, 3 à 4, et 9 à 10, suivant l'emploi de la paille coupée. Les éléments de longueur de 9 à 10 centimètres ne pourront servir utilement que pour la préparation des litières.

Dans le hache-paille de Bentall, le modificateur de vitesse présente la disposition représentée figure 136, page 282.

Sur l'axe A du volant V se trouvent montés fous deux pignons coniques, P, P'. Un double embrayage à griffes M permet, au moyen d'un levier de manœuvre, de rendre solidaire de l'arbre l'un ou l'autre des deux pignons. Ces deux pignons sont toujours en contact avec un engrenage conique G d'assez grand diamètre, monté à l'extrémité d'un arbre horizontal B qui porte, en un point de sa longueur, trois engrenages cylindriques de diamètres différents.

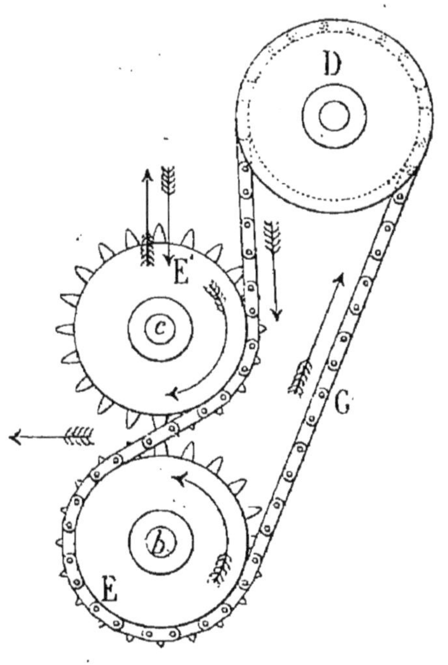

Fig. 135.

Sur un arbre parallèle B' se trouve un manchon M' sur lequel se trouvent calés trois nouveaux engrenages, de diamètres tels que E puisse engrener avec E_1, E' avec E_1', ou E'' avec E_1'', par un simple déplacement du manchon le long de l'arbre B'. A l'une des extrémités de cet arbre B' on cale un pignon F engrenant avec une roue F' disposée sur l'arbre D du cylindre entraîneur inférieur C, puis à l'aide de l'une des dispositions qui ont été indiquées, le mouvement inverse du cylindre entraîneur supérieur peut être produit.

On peut donc, en adoptant cette disposition, faire varier la vitesse de rotation des cylindres entraîneurs, et

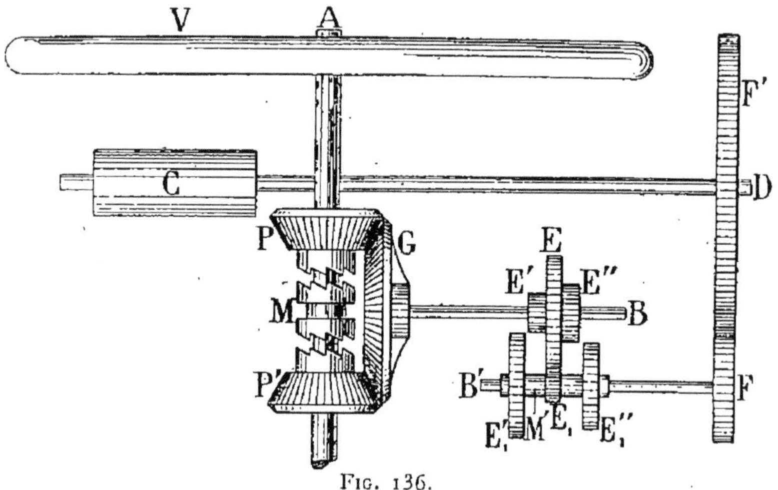

FIG. 136.

par suite la longueur de coupe; on peut aussi changer le sens du mouvement de ces cylindres, ce qui peut rendre les accidents moins pénibles dans les hache-paille mus à la vapeur. Il peut arriver en effet que la main puis le bras de l'ouvrier soient entraînés vers les organes coupeurs, sans que le manœuvre puisse se dégager; en disposant le levier de débrayage de telle façon qu'il soit rencontré par l'homme, ainsi attiré par l'instrument, les cylindres entraîneurs se mettent à tourner en sens inverse, en dégageant ainsi le bras de l'homme, plus ou moins mutilé.

Pour éviter les inconvénients d'une alimentation continue, l'on a adopté différentes dispositions, toutes basées sur l'emploi de cliquets et de roues à rochet destinés à donner un mouvement saccadé aux deux axes des cylindres entraîneurs.

L'une de ces dispositions est représentée fig. 137.

Sur un axe parallèle à chacun des cylindres, et commandé par le mouvement du volant, se trouve, en M, un plateau manivelle. En m, on dispose le point d'atta-

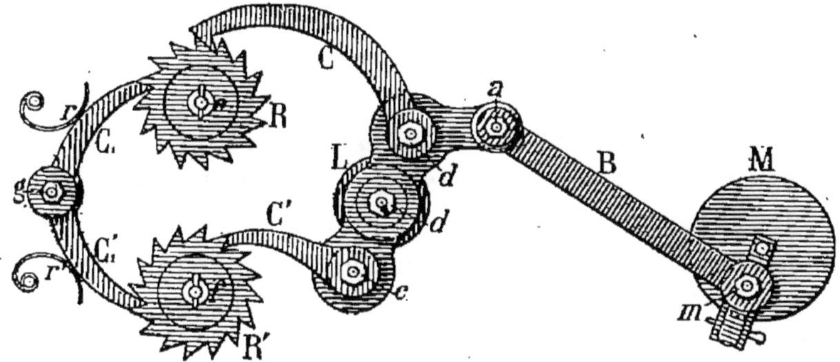

Fig. 137.

che d'une bielle B, dont les différents points se déplacent plus ou moins, suivant la position de m par rapport au centre du plateau.

Une pièce L peut osciller librement autour d'un point fixe, et porte, en c et d, les points d'attache de deux cliquets C et C', et en a l'articulation de la bielle B.

En R et R', l'on fixe, sur les axes e et f des deux cylindres entraîneurs, deux roues à rochet sur lesquelles viennent agir les cliquets C, C'.

Enfin, deux cliquets de retenue C_1, C_1', oscillent autour de g, et, poussés par des ressorts r et r', empêchent les axes des cylindres de tourner en sens inverse du mouvement utile.

Cette disposition permet donc de donner aux cylindres entraîneurs un mouvement de rotation discontinue, et par conséquent, à la paille un déplacement saccadé, correspondant à la période pendant laquelle les lames coupantes ne sont pas en contact avec la masse à diviser, c'est-à-dire pendant un sixième de tour, si l'on se reporte à la description précédente.

Mais ces mouvements saccadés, obtenus par roues à rochet et cliquets, ne peuvent convenir qu'à des appareils fonctionnant à faible vitesse, comme ceux actionnés à bras d'hommes. Ils ne fonctionneraient pas, dans de bonnes conditions, s'il s'agissait d'instruments mis en mouvement par moyens mécaniques, permettant une vitesse plus grande des organes entraîneurs et coupeurs.

Dans les grandes exploitations, en effet, le hache-paille doit être de grandes dimensions et est actionné par moyens mécaniques. La locomobile à vapeur de la ferme trouve ainsi un nouvel emploi lorsque les opérations du battage des grains sont terminées.

Lorsque nous nous occuperons d'autres appareils de cette même catégorie, les hache-maïs, nous donnerons la description de ces grands instruments, mus par moteurs mécaniques, et qui peuvent servir indistinctement pour le découpage des fourrages verts ou secs.

Des expériences, faites en Angleterre, ont permis d'évaluer la quantité de travail employée pour diviser un kilogramme de paille en éléments de un centimètre de longueur, ou plus exactement $0^m,0095$, en même temps que le temps nécessaire pour préparer 1000 kilogrammes de paille hachée.

Lorsqu'on ne dispose que de la force musculaire de l'homme, le temps employé est beaucoup plus considérable que si l'on peut se servir d'un moteur à vapeur, et c'est ainsi que dans de ces essais :

Les hache-paille mus à bras ont demandé, pour la préparation de 1 000 kilogrammes de paille, de 509 minutes à 661 minutes 40 secondes, c'est-à-dire de 8 à 11 heures environ.

Les hache-paille, de plus grandes dimensions, mus à la vapeur, ont pu faire le même travail en beaucoup moins de temps : de 41 minutes 18 secondes à 74 minutes 30 secondes, environ une heure; mais en dépensant, par unité de temps, un travail beaucoup plus grand.

Le travail dépensé par kilogramme de paille, hachée à la longueur de un centimètre, a varié, dans ces essais, de 332 à 786 kilogrammètres; mais il y a lieu de faire remarquer que ces essais ont été entrepris sur des instruments en parfait état, et fraîchement affûtés. Il faut donc, en temps normal, compter sur une dépense, en travail mécanique, notablement plus élevée, et l'on admet que ce surcroît de travail peut être évalué entre un tiers et la moitié du travail dépensé lorsque l'instrument est en parfait état de fonctionnement.

L'on admet, d'une manière générale, qu'un homme peut préparer, en faisant fonctionner, d'une manière continue, un hache-paille de faibles dimensions, de 40 à 45 kilogrammes de paille à l'heure, lorsque les sections se reproduisent à un centimètre de distance.

Si l'on se rappelle qu'un homme peut développer, en travaillant continuellement, 6 kilogrammètres par seconde, ou

$$6 \times 3600 = 21600 \text{ kilogrammètres}$$

à l'heure, et si l'on divise ce dernier chiffre par 45 ou 40, production correspondante de paille, on trouve une valeur de 480 à 640 kilogrammètres, nombres se rapprochant assez de ceux obtenus en Angleterre, en les corrigeant comme il a été indiqué plus haut.

Crible pour paille hachée. — Que la paille soit employée pour la nourriture des animaux, ou pour la préparation des litières, il faut, autant que possible, la débarrasser de la poussière qu'elle peut contenir après l'opération du hachage. Le crible pour paille hachée est donc un accessoire du hache-paille, et peut se composer de la manière suivante :

Sur une carcasse légère en bois, on dispose une toile métallique ou des fils de fer enroulés en hélices et formant un cylindre d'environ 2^m à $2^m,5o$ de longueur, et dont l'axe est légèrement incliné par rapport à l'horizontale.

L'axe est réuni au cadre supportant la paroi à claire-voie par des tiges cylindriques de faible diamètre, sur lesquelles peuvent glisser librement des boules de bois.

Il suffit de disposer cet appareil sous le hache-paille, pour que la paille hachée tombe dans le cylindre, de faire tourner l'appareil, ordinairement par le hache-paille lui-même, au moyen d'une simple corde et de deux poulies à gorge, pour que la paille chemine dans l'intérieur du cylindre et soit recueillie à son extrémité inférieure; les boules glissant sur les croisillons retombent, par intervalles réguliers, sur la toile métallique, ou le fil de fer enroulé en hélice, pour dégager la poussière et la séparer de la paille hachée.

Le diamètre du cylindre est ordinairement égal à $o^m,6o$.

Hache-maïs. — Lorsque l'on veut utiliser les tiges de maïs en vert pour la nourriture des animaux, il faut, de toute nécessité, diviser ce produit en fragments de petite longueur soit que l'on veuille employer immédiatement cette matière pour la nourriture des animaux, soit que l'on veuille l'emmagasiner en silos pour constituer une partie importante de l'alimentation d'hiver.

Le hache-maïs est constitué des mêmes organes principaux que le hache-paille, auxquels on est obligé d'ajouter certaines dispositions spéciales pour constituer un appareil plus complet et ordinairement de grandes dimensions.

Le hache-maïs doit, en effet, découper assez rapidement cette matière encombrante et exige par suite une puissance mécanique nécessitant l'emploi d'une locomobile à vapeur.

La manivelle motrice est, dès lors, remplacée par un ensemble de poulies fixe et folle.

Le couloir sur lequel on étend les tiges que l'on doit découper est ordinairement à fond mobile, de manière à faciliter le déplacement, vers les cylindres alimentaires, des tiges qui y sont étalées.

Enfin, pour se débarrasser de la grande masse de produits découpés, et les entraîner loin de la machine, on se sert aussi, soit d'un couloir à fond mobile et de grande longueur, soit d'un élévateur centrifuge, et l'appareil ne reste pas ainsi encombré par le grand volume des tiges de maïs réduites en fragments ayant tous la même longueur.

Les figures 138, 139 et 140, pages 288, 289 et 291, donnent, en élévation, plan, et vue en bout, un hache-maïs de grandes dimensions, à élévateur centrifuge, de la maison Albaret.

L'instrument est muni d'un dispositif permettant de varier la longueur de coupe, et de changer le sens du mouvement des cylindres entraîneurs, pour les raisons qui ont été indiquées plus haut, lorsque nous nous sommes occupés des hache-paille à transmission mécanique.

La figure 138 représente l'élévation de ce hache-maïs, fixé sur un grand châssis monté sur roues, pour le rendre facilement transportable.

Les couteaux et l'appareil élévateur sont représentés en lignes ponctuées, de manière à montrer, en lignes pleines, et en coupe verticale, les divers organes com-

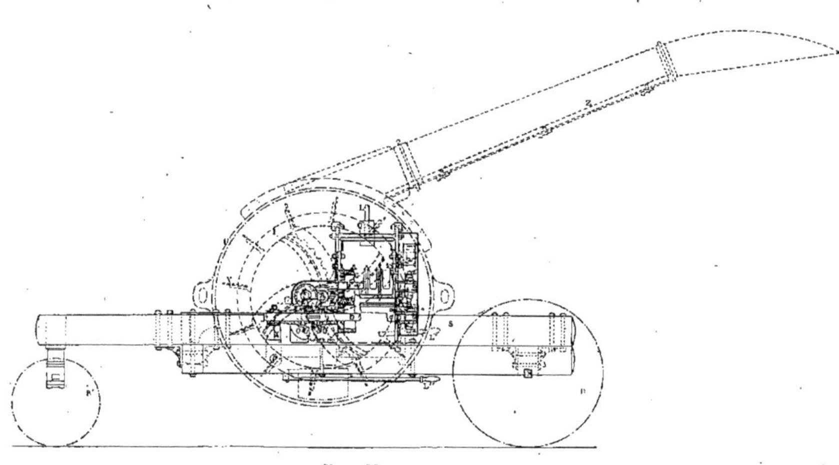

Fig. 138.

posant le fond mobile du couloir, ainsi que la transmission de mouvement aux cylindres alimentaires.

La figure 139 indique, en plan, la disposition du

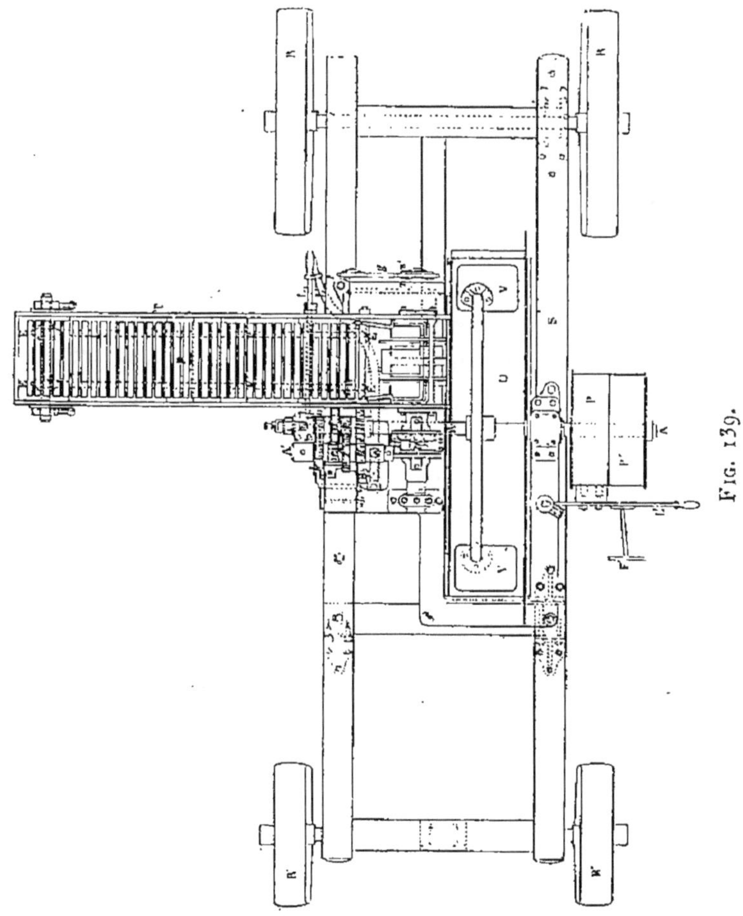

Fig. 139.

même appareil, le couloir de l'appareil élévateur étant
supprimé, par suite d'une coupe horizontale, faite par
l'axe de l'arbre principal du hache-maïs, mettant ainsi

à découvert les palettes du ventilateur, faisant partie de l'élévateur centrifuge.

Enfin, dans la figure 140, le couloir d'alimentation est seul sectionné, de manière à montrer le mode d'entraînement de la matière vers l'appareil coupeur, muni de son élévateur.

Ce hache-maïs se compose d'un châssis en charpente S, monté sur quatre roues porteuses R, R'.

Au-dessus de cette charpente, se trouvent groupés les différents organes composant les transmissions de mouvement, l'appareil coupeur, et l'élévateur.

Les tiges sont déposées et rangées parallèlement, les unes aux autres, dans un couloir T, dont le fond mobile F est composé d'un tablier sans fin, de manière à faciliter le déplacement des tiges vers les cylindres alimentaires C et C', montés sur deux axes parallèles D et D', fig. 140.

L'axe D, du cylindre inférieur C, est maintenu, en un point fixe du châssis, par des chaises X. L'axe D' du cylindre C' est mobile ; ses coussinets peuvent glisser dans des rainures verticales H, et un système de levier L, de bielles B, et de contrepoids Q permet de modifier la pression exercée par ce rouleau sur la matière que l'on veut entraîner.

Un système de poulies fixe et folle P, P', disposées sur un arbre A, permet, à l'aide d'une courroie, de transmettre le mouvement du moteur à l'arbre principal A du hache-maïs.

En L', se trouve un levier muni d'une fourchette de débrayage F', permettant, à un moment donné, d'embrayer ou de débrayer l'appareil, fig. 139, page 289.

Sur l'arbre A, l'on dispose le disque porte-lames I, et les bras soutenant les palettes du ventilateur V. Tout cet ensemble étant enfermé dans une boîte cylindrique U,

de grandes dimensions, sur l'une des faces verticales de
laquelle on a pratiqué une ouverture rectangulaire Y,
munie de plaques d'acier, et formant bouche d'alimentation du hache-maïs, et sur l'autre face se trouve pré-

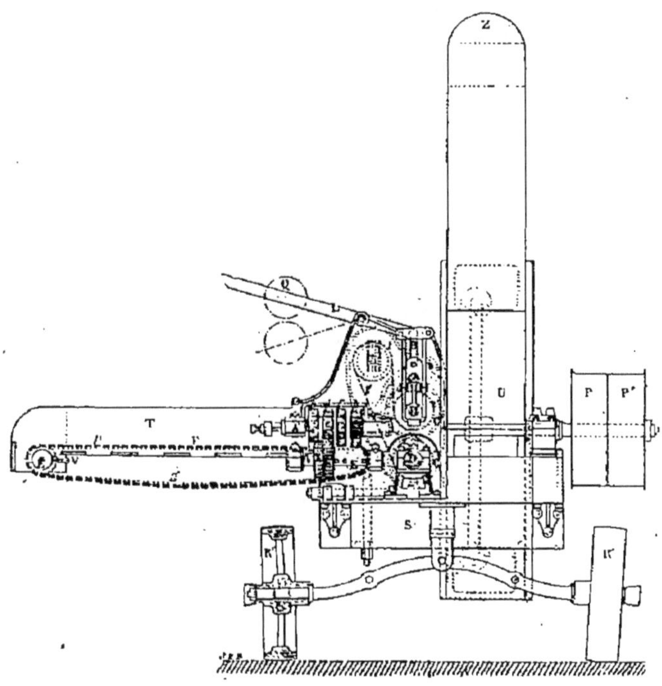

FIG. 140.

parée une ouverture circulaire, concentrique à l'arbre,
servant à l'alimentation d'air du ventilateur. Tangentiellement à ce tambour U se trouve fixé le conduit incliné Z.

C'est sur ce même arbre A que se trouvent disposés les
organes servant à la mise en mouvement des cylindres
entraîneurs, transmission de mouvement que nous allons
examiner maintenant.

*Transmission de mouvement aux cylindres entraî-
neurs.* — Suivant la longueur de la coupe, le mouvement de rotation donné à ces rouleaux doit être plus
ou moins rapide, et M. Albaret a disposé, sur le hache-
maïs, une transmission à vitesse variable qu'il a appliquée aux différents genres de hache-paille, et même à
d'autres transmissions de mouvement.

L'arbre A, prolongé au delà du disque porte-lames,
porte, en *a*, un pignon droit, celui-ci engrène avec un·
engrenage *b* faisant partie d'un manchon cylindrique,
monté fou sur un arbre intermédiaire A', ce manchon
porte également un pignon *c,* situé en regard d'un engrenage *d,* faisant partie d'un second manchon entourant
l'arbre A lui-même, ce manchon porte également un
pignon *e* qui se trouve en contact avec un engrenage *f,*
venu de fonte avec un troisième manchon entourant le
même arbre intermédiaire A' que le premier, enfin, ce
manchon porte un pignon *g* attaquant une dernière roue
h, montée folle sur une partie de l'arbre A.

Un troisième arbre A″ porte un manchon fondu, d'une
même pièce, avec deux engrenages *k* et *m*.

Si, à l'aide d'un levier de manœuvre L″, et d'une barre
d'embrayage, on peut mettre l'engrenage *k* en contact
avec *b*, l'arbre A″ tournera avec une vitesse correspondant à la coupe de quatre centimètres. Si la roue *m*
engrène avec *d*, la coupe sera faite à deux centimètres.

En faisant engrener cette même roue *m* avec *f*, la transmission est établie de manière à couper à un centimètre.

Enfin, en obligeant le pignon *m* à engrener avec *h*, les
dispositions sont prises pour couper à cinq centimètres
de longueur.

Quelle que soit sa position, le long de l'arbre A″, le

moyeu commun aux engrenages k et m entraîne cet arbre d'un mouvement de rotation plus ou moins rapide, suivant la longeur de coupe à obtenir, et le mouvement de rotation de cet arbre est transmis aux cylindres entraîneurs de la manière suivante :

L'arbre A'' porte, en n, un pignon conique engrenant à la fois avec deux engrenages coniques o et o', montés, tous les deux, fous sur l'arbre D du cylindre d'alimentation C'. Un manchon d'embrayage M, mis en mouvement par un levier spécial L_1, permet de donner à l'arbre D, pour un même sens de rotation de l'arbre A, un mouvement de rotation tantôt dans le sens de la marche utile des tiges à découper, tantôt en sens inverse, lorsqu'un accident de nature quelconque survient pendant la marche de la machine.

Le mouvement est donné, en sens inverse du premier, au cylindre supérieur C', par l'un des moyens indiqués précédemment :

Sur chacun des axes de ces cylindres se trouvent calées des roues d'engrenage de même diamètre, r, r', une chaîne de galle g les réunit, en passant sur un galet de position fixe, disposé en t.

Toutes ces transmissions de mouvement sont recouvertes d'abris en tôle, pour éviter les accidents.

Le mouvement de translation des tiges vers les lames coupeuses est facilité par la mobilité du fond du couloir, qui est composé, dans cet appareil, de planchettes équidistantes p, fixées sur deux chaînes de galle parallèles g'.

Des engrenages E, fixés sur des arbres disposés aux deux extrémités du couloir, soutiennent les chaînes, ainsi que le tablier mobile, et des vis de réglage v peuvent agir sur l'arbre, le plus éloigné de l'appareil coupeur, de manière à conserver au tablier mobile son horizontalité primitive, quelles que soient les variations de longueur des deux chaînes porteuses.

Élévateur centrifuge annexé au hache-maïs. — Les fragments des tiges coupées tombent dans une sorte de caisse cylindrique U, ayant même axe, A, que le disque porte-lames.

Sous l'action des palettes V du ventilateur, contenu dans cette même caisse, et de l'air mis en mouvement par ces palettes, le maïs haché est entraîné dans un conduit incliné Z, disposé tangentiellement à la caisse cylindrique U, et est ainsi élevé à une assez grande hauteur au-dessus du sol, pour retomber et former un tas, qui peut atteindre une grande hauteur, ou permettre le chargement des voitures servant au transport à distance de la matière ainsi préparée.

Cette disposition, qui permet de se débarrasser rapidement de la grande masse de produits, en les projetant à une distance suffisante, a pour seul inconvénient d'exiger, pour ce transport, une puissance mécanique assez notable, qui vient s'ajouter à celle nécessaire pour l'alimentation automatique des tiges et leur section droite. Aussi, pour éviter cet inconvénient, emploie-t-on, au lieu d'un élévateur centrifuge, un tablier transbordeur, qui, par sa longueur et son inclinaison, peut permettre le déplacement des matières préparées à l'aide d'un hache-maïs de grandes dimensions.

On admet généralement que l'on peut préparer 1000 kilogrammes de tiges de maïs, par cheval et par heure, et quelques-uns de ces grands appareils exigent jusqu'à cinq chevaux-vapeur, pendant la période de travail.

Des appareils de même genre, mais de dimensions très réduites, peuvent encore être adoptés pour la préparation des aliments devant servir à la nourriture des animaux de basse-cour, et MM. Japy frères et Cie, de Beaucourt, ont tout récemment étudié un type de ces instruments, que l'on peut venir fixer à l'extrémité d'une table installée à proximité de la basse-cour. Cet appareil, représenté figure 141, diffère du hache-paille ordinaire en ce que la section de la matière à diviser s'effectue dans deux directions perpendiculaires.

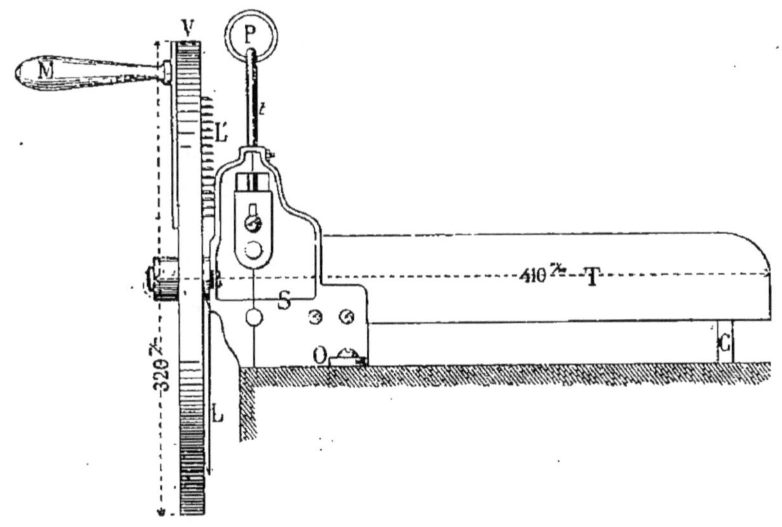

FIG. 141.

Le volant à disque n'ayant, dans cet exemple, que 0^m,32 de diamètre, porte une seule lame courbe, analogue à celle employée dans les grands hache-paille, et le même disque porte, fixées sur un autre de ses bras, une série de seize lames L', de faible longueur, distantes, les unes des autres, de 5^m/^{m},2, et dirigées dans le sens de la longueur du couloir d'alimentation T.

La matière, disposée, en nappe plus ou moins épaisse, dans ce couloir, est donc divisée dans deux sens perpendiculaires, d'abord par cette série de petites lames L', puis, immédiatement après, par le couteau courbe L, dont est armé le disque V, mû par la manivelle M.

L'entraînement de la matière est obtenu par deux cylindres entraîneurs mus, en sens inverse l'un de l'autre, au moyen d'une transmission composée d'une vis sans fin et de deux roues engrenant avec elle. La pression est donnée par une simple masse pesante P attachée à l'extrémité supérieure de tiges verticales *t*, reliées aux coussinets du cylindre entraîneur supérieur.

Deux vis à bois, traversant des oreilles O, venues de fonte avec le support S', permettent de fixer l'instrument à l'extrémité d'une table quelconque, sur laquelle il repose, par la base de ce support en fonte et par l'intermédiaire d'une cale en bois C, fixée au couloir T.

La bouche d'alimentation B présente, à sa partie inférieure, une série de rainures, en nombre égal à celui des lames coupantes L', pour pouvoir laisser passer ces lames, immédiatement après le découpage de la matière, en rubans de faible largeur, qui se trouvent divisés, dans le sens transversal, par l'action de la lame courbe L.

Ces deux derniers exemples montrent dans quelles limites étendues peuvent varier les dimensions de ces appareils, connus sous le nom de hache-paille, et qui peuvent également servir, avec quelques modifications de détail, pour la division de différents produits consommés en vert, le hache-maïs pouvant être construit en grandes dimensions, et exigeant, pour sa mise en action, une puissance mécanique assez considérable, d'une part, et l'appareil, de dimensions excessivement réduites, disposé pour la préparation des aliments destinés aux animaux de basse-cour, et dont la description vient d'être donnée, en nous aidant de la figure 141 de la page prédédente.

Coupe-ajonc ou broyeur d'ajonc. — L'ajonc, que l'on désigne aussi sous le nom de jonc marin ou de landier, est un arbuste très épineux, dont les jeunes pousses peuvent être employées comme nourriture des animaux, à la condition de leur faire subir une double préparation : un tranchage et un broyage.

En Bretagne, ce fourrage est d'un emploi assez général, et peut permettre d'étendre, jusqu'en plein hiver, l'alimentation en vert du bétail.

A défaut de machines spéciales, le tranchage et le broyage de l'ajonc peuvent s'exécuter à bras d'hommes, au moyen de l'action d'une bêche un peu lourde tombant verticalement sur les tiges disposées horizontalement dans une auge ordinairement en bois, désignée sous le nom d'auge à piler, et de pilons venant remplacer l'effet de la bêche pour compléter l'opération, en écrasant les parties épineuses, et rendant le produit facilement absorbable par les animaux.

Cette opération exigeant une grande main-d'œuvre, l'on a cherché à disposer des instruments permettant de préparer l'ajonc en le découpant en fragments d'égale longueur, par l'action d'un hache-paille, et en laminant ces éléments pour remplacer le pilage.

Quelquefois, l'on se contente de couper, au hache-paille, l'ajonc en fragments d'égale longueur, puis ces fragments sont passés au broyeur, qui les transforme en une sorte de mousse ne présentant plus aucune partie épineuse, et formant, en cet état, un aliment très recherché par les animaux de la ferme. On peut aussi réunir ces deux appareils en un seul, et nous allons indiquer, par deux exemples, quelle est la disposition de ces appareils, connus sous le nom de coupeur et broyeur d'ajonc.

Une disposition, déjà ancienne, de la construction de la maison Barrett, Exall et Cie, est représentée fig. 142.

L'ajonc récolté est étalé dans un couloir T et entraîné vers les lames coupeuses L, au moyen des deux cylindres d'alimentation C, C', en passant au-dessus de la pièce B, remplaçant la bouche d'alimentation ordinaire des hache-paille, et servant de support aux tiges, au moment de leur section.

Le produit, préparé par l'action des quatre lames héli-

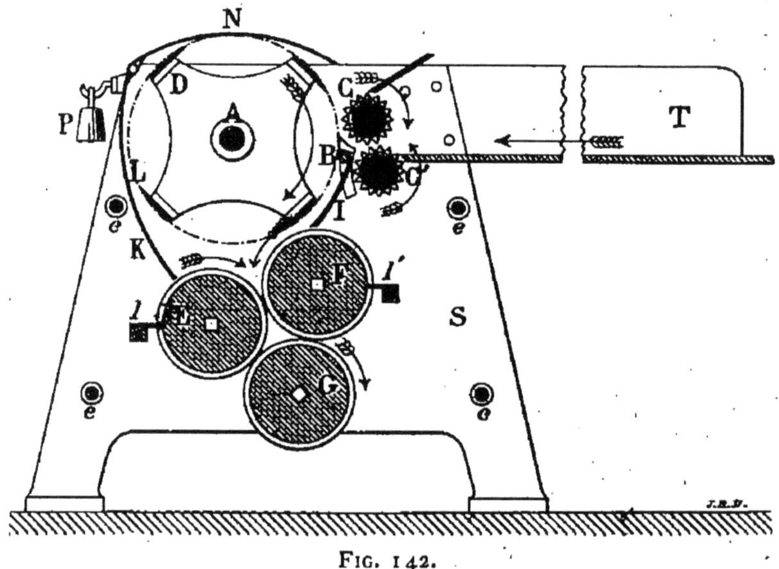

FIG. 142.

coïdales L, montées autour de l'axe A, au moyen de plateaux D, tombe entre des cylindres broyeurs et étireurs E, F, puis ensuite entre les cylindres F, G, pour arriver sur le sol à l'état de produit pouvant être utilisé immédiatement pour l'alimentation des animaux.

Des racloirs, situés en *l* et *l'*, sont disposés pour nettoyer constamment la surface des cylindres E, F.

Pour obtenir ces effets simultanés de broyage et d'étirage, la commande de mouvement de ces cylindres E, F, G, est disposée de telle manière que le cylindre F

tourne une fois et demie plus vite que chacun des deux
autres E et G. Il se produit donc bien un broyage de la
matière, résultant du rapprochement des différents cylindres, et un véritable étirage, résultant des vitesses différentes dont ils sont animés, à leurs circonférences.

Ces différents organes sont maintenus, dans leurs positions relatives, au moyen de supports en fonte S réunis
par des entretoises horizontales e. Enfin, la matière est
dirigée vers les cylindres broyeurs, au moyen de plaques
métalliques I, K, cette dernière étant mobile, ainsi qu'un
couvercle N, autour d'un axe a. Un poids P, fixé à K,
par l'intermédiaire d'un crochet, oblige la tôle K à se rapprocher constamment du cylindre E, de manière à fermer ainsi l'appareil, vers la gauche.

La figure 143, page 300, montre une disposition plus
récente d'un appareil du même genre, construit par la
maison J. Garnier et Cie, de Redon.

Dans cet instrument, comme dans le précédent, la
section de l'ajonc est obtenue au moyen de lames hélicoïdales L, au nombre de six, disposées autour d'un axe
horizontal A, et montées sur des disques D, calés sur cet
axe. Les tiges sont étalées dans un couloir T, soutenu
par un pied mobile t, par le bâti S, et sont entraînées vers
l'appareil coupeur par les deux cylindres entraîneurs C
et C'.

Un couvercle demi-cylindrique B, attaché au bâti S,
entoure le cylindre porte-lames, et oblige les fragments
découpés à se diriger vers une trémie T', pour s'engager
entre deux cylindres E, F, disposés, pour le broyage de
la matière. Ces cylindres, en acier taillé, sont entraînés
d'un mouvement de rotation différent, de manière que
les deux vitesses tangentielles soient dans le rapport de
deux à trois.

Un volant V, commandé par une manivelle M, est

calé sur l'arbre A, et sert à régulariser le mouvement.

Dans cette disposition, on retrouve encore la réunion de deux appareils distincts, l'appareil coupeur et l'appareil broyeur et lamineur. Il suffit de placer une caisse au-dessous des cylindres broyeurs, pour recueillir la ma-

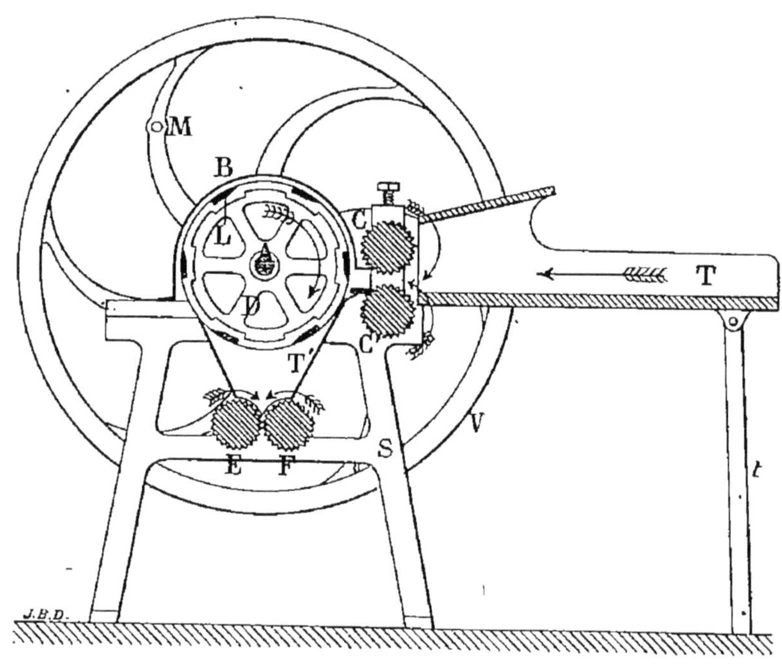

Fig. 143.

tière préparée et propre à l'alimentation des animaux.

Coupe-foin. — Dans cette même catégorie d'instruments servant à préparer la nourriture des animaux, nous pouvons encore citer les coupe-foin, destinés à découper, dans la meule de foin, des tranches verticales de fourrage nécessaire pour l'alimentation journalière du bétail.

Le foin, constituant une meule, se tasse, au moment

de la fermentation, et ne peut être coupé, dans le sens vertical, qu'en employant des outils spéciaux, représentés fig. 144 et 145.

Le coupe-foin allemand, fig. 144, a la forme d'une bêche à deux tranchants inclinés, l'un par rapport à l'autre, dont le manche est terminé, à sa partie supérieure, par une double-crosse, sur laquelle l'ouvrier agit à deux mains, pour enfoncer, dans la masse de foin, la bêche à double tranchant.

Le coupe-foin anglais, fig. 145, agit à la façon d'une scie, de manière à découper le foin suivant un plan vertical, par un mouvement rectiligne alternatif horizontal, du manche du couteau à large lame, représenté ci-contre. Le tranchant est ordinairement taillé à petites dents, et la partie supérieure de la lame est renforcée par une tringle réunie à la lame par des rivets. Le manche en bois, ayant la direction indiquée sur le dessin, par rapport à la lame, est saisi, à deux mains, par l'ouvrier qui, par un mouvement de va-et-vient, pratique ainsi l'ouverture verticale de la meule et peut la découper par tranches verticales.

FIG. 144 ET 145.

Préparation des racines et des tubercules pour la nourriture des animaux. — Les racines et tubercules entrent, de plus en plus, dans la composition de la ration des animaux, et les expériences, toutes récentes, de

M. Aimé Girard ont prouvé qu'il était possible d'alimenter les animaux, à l'entretien ou à l'engraissement, avec des tubercules de pomme de terre à l'état cuit, en remplacement de la betterave employée ordinairement, et en portant la quantité de pommes de terre jusqu'à 25 kilogrammes par tête et par jour, pour des bœufs de 800 kilogrammes, et à 2 kilogrammes, également par tête et par jour, pour des moutons de 35 kilogrammes. Ces tubercules, à l'état cuit, doivent être évidemment mélangés à un fourrage herbacé (foin ou paille) de manière que la quantité de matières sèches contenues dans ces aliments, de nature différente, soit à peu près la même pour le foin que pour la pomme de terre.

Quelle que soit la nature de la matière adoptée, pour constituer les rations, les racines ou tubercules doivent être, au préalable, débarrassés de la terre qui adhère à leur surface, et ce nettoyage peut s'effectuer par deux procédés différents : le nettoyage à sec ou le lavage.

Décrotteur de racines. — Cet appareil, servant au nettoyage à sec des racines, lorsque l'eau est rare, et que la quantité de racines à nettoyer est considérable, se compose d'un cylindre fixe formé d'un fil de fer de gros diamètre enroulé en hélice autour d'un axe légèrement incliné par rapport à l'horizontale. Ce cylindre, encadré par une charpente montée sur roues, rendant l'appareil portatif, est garni à l'intérieur de petites plaques de métal, portant des saillies en forme de pyramides triangulaires. L'axe, tournant au moyen d'une poulie et d'une courroie, porte, réparties sur toute sa longueur, des chevilles en fer disposées en hélice. Une trémie, avec fond à claire-voie, permet d'amener, dans l'intérieur du cylindre, les racines à nettoyer; celles-ci sont rencontrées par les chevilles fixées à l'axe qui les obligent à glisser sur la paroi cylindrique, armée d'aspérités, et ces racines sortent de l'instrument par la partie opposée à la trémie, après avoir parcouru toute la longueur du cylindre et avoir abandonné la terre et les impuretés de leurs surfaces, qui passent à travers les vides de la paroi cylindrique, pour tomber sur le sol, au-dessous de l'appareil.

Dans l'appareil construit par la maison Albaret, et représenté figure 146, page 3o4, le diamètre du cylindre est de o^m,75, sa longueur 2^m,5o, et l'arbre tourne assez lentement, à raison de 22 tours par minute.

Laveurs de racines. — Le nettoyage des racines et tubercules peut s'obtenir par un lavage plus ou moins prolongé, et les laveurs de racines peuvent se diviser en deux groupes distincts : les laveurs discontinus, convenant surtout pour les petites exploitations, et les laveurs continus, dans lesquels on peut disposer d'une circulation continue de l'eau employée pour ce nettoyage.

Les laveurs discontinus se composent d'un grand bac rempli d'eau, que l'on renouvelle de temps en temps, dans laquelle plonge un réservoir demi-cylindrique, à sa partie inférieure, dans lequel l'on place les racines à nettoyer. Un agitateur à palettes brosse les racines dans l'eau en repos, et les impuretés tombent au fond du bac.

Il suffit de faire basculer le réservoir autour de l'une de ses arêtes, pour soulever la masse de racines lavées, et les déverser dans une caisse latérale dans laquelle l'égoutage peut se produire. Une opération identique suit la première, et ainsi de suite; mais ces intermittences ont pour effet de ralentir considérablement l'opération du nettoyage, et dans les exploitations un peu importantes, on substitue, à ces appareils discontinus, des laveurs continus.

L'un de ces appareils est représenté fig. 147, page 3o5;

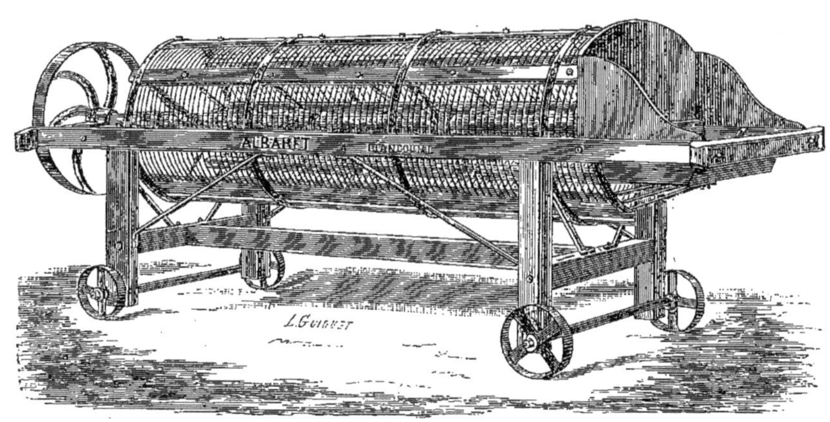

Fig. 146.

il se compose d'un cylindre à claire-voie, formé de lames

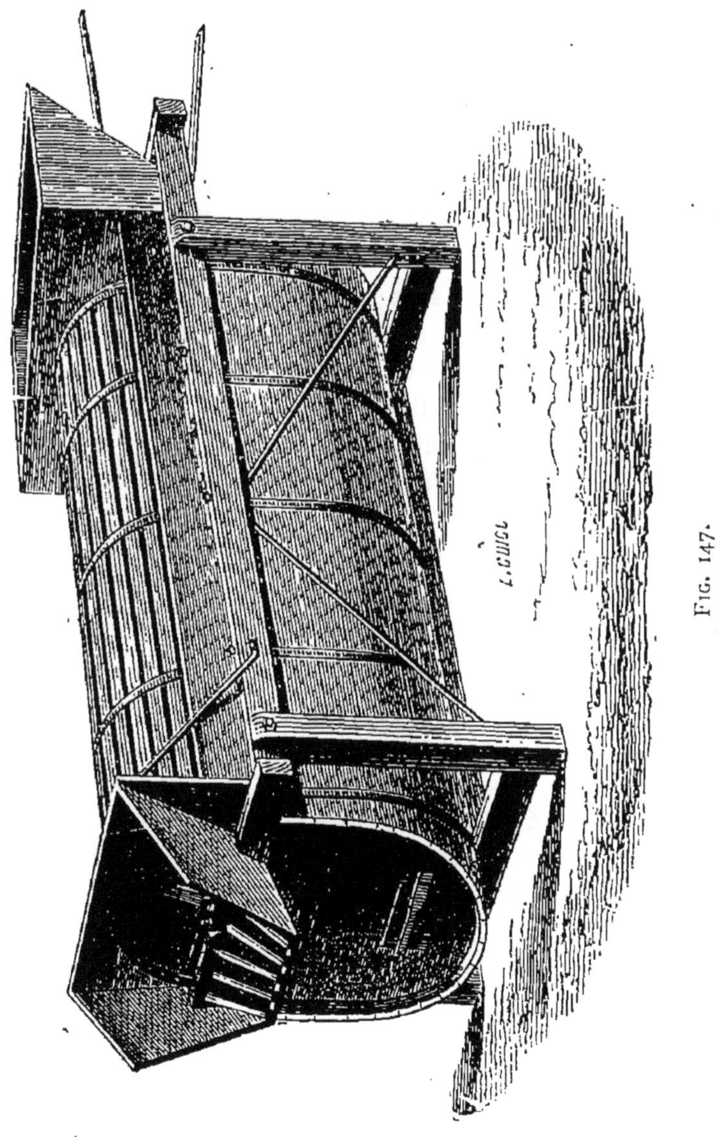

Fig. 147.

en bois disposées longitudinalement, retenues par des

cercles métalliques, et soutenues, à leurs deux extrémités, par des plateaux évidés calés sur l'axe de l'instrument. Ce cylindre, animé d'un mouvement de rotation continu, par une transmission par poulies et courroie, ou par manivelle, suivant les dimensions de l'appareil, plonge, comme dans les laveurs discontinus, dans une auge remplie d'eau, et est alimenté par une trémie située à l'une de ses extrémités. En donnant une légère inclinaison à l'axe du cylindre, les racines ou tubercules glissent dans le cylindre, sont remontées à l'autre extrémité, par une lame contournée en hélice, vers un couloir incliné qui les rejettent au dehors. Une porte, disposée à la partie inférieure de l'une des faces terminales de l'auge, permet de nettoyer l'appareil, et d'enlever la terre et les impuretés qui viennent s'y rassembler, pendant la marche du laveur.

Dans les appareils de très grandes dimensions, l'auge en bois est remplacée par une auge en maçonnerie, munie des dispositions nécessaires pour assurer la circulation de l'eau devant servir au lavage.

Coupe-racines. — Les racines, la betterave, par exemple, ne peuvent servir à l'alimentation du bétail qu'à la condition d'être divisées en cossettes, par un découpage obtenu, soit à l'aide d'outils manœuvrés à bras d'hommes, soit au moyen d'instruments plus mécaniques, lorsque l'opération doit porter sur une plus grande quantité de matières.

On peut se contenter d'une bêche à tranchant assez aigu, que l'on meut à bras d'hommes, pour découper des racines disposées dans un baquet. Au lieu d'un seul tranchant, on peut constituer un outil composé de plusieurs tranchants rectilignes, ou d'un tranchant courbe. La figure 148 représente un outil à quatre tranchants venus de forge avec une tige verticale assemblée avec l'extrémité d'un manche de bêche terminé par une double crosse.

La figure 149 donne la forme d'un outil à deux tranchants parallèles, qui viennent, à la fois, entamer la ra-

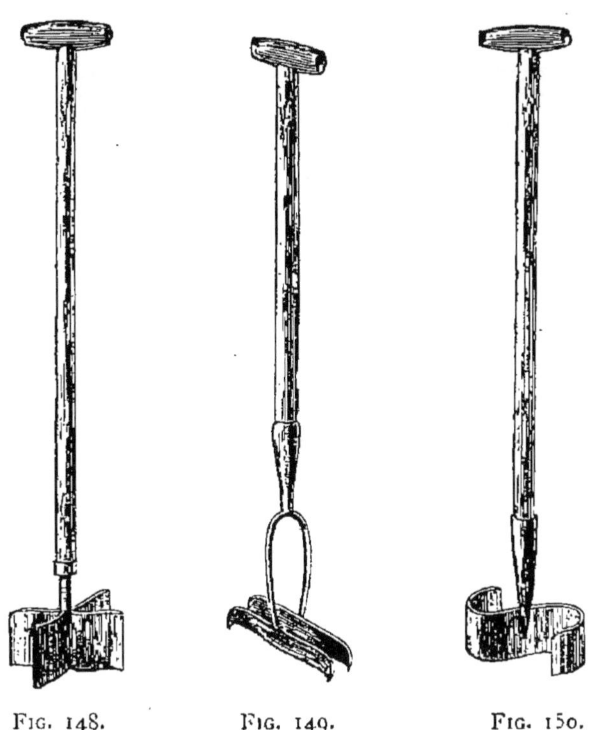

FIG. 148.   FIG. 149.   FIG. 150.

cine, pour en extraire une cossette d'une certaine épaisseur.

Enfin, l'outil à tranchant courbe, représenté fig. 150, peut être employé, à l'égal des deux premiers, pour le découpage des racines disposées dans un baquet, et sous une faible épaisseur.

Le hachage des racines, à l'aide de ces outils excessivement simples, présente ce grave inconvénient que quelques fragments de ces racines sont laissés sous un trop grand volume et peuvent occasionner des désordres sérieux, lorsqu'ils ont été absorbés par le bétail.

Les machines employées, en remplacement de ces outils, peuvent être divisées en deux classes :

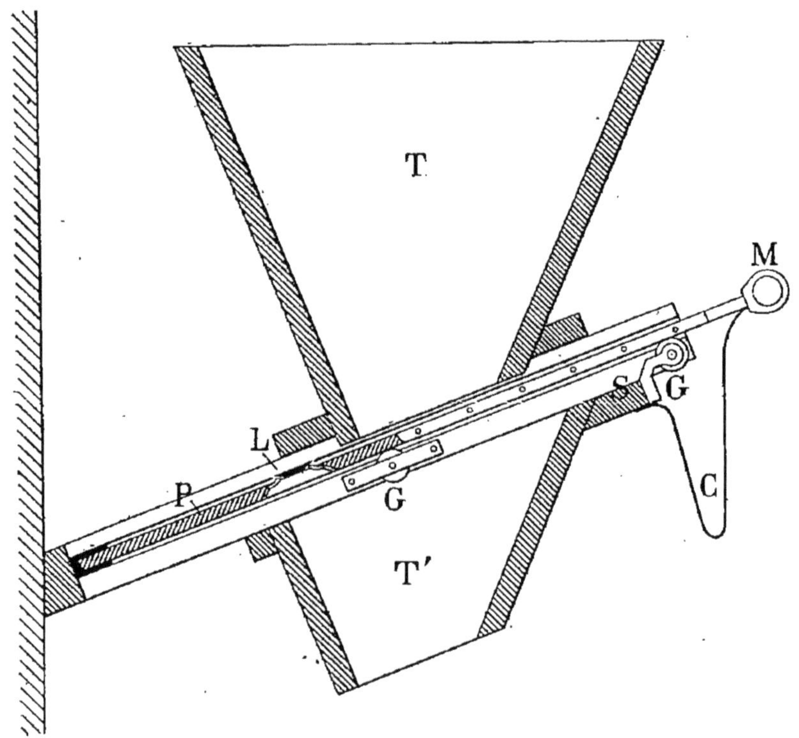

Fig. 151.

Les coupe-racines à mouvement rectiligne alternatif, et les coupe-racines à mouvement rotatif, ceux-ci pouvant se subdiviser en coupe-racines à disque et en coupe-racines à cylindre ou à cône.

Coupe-racines à mouvement rectiligne alternatif. — Le coupe-racines de Durant, représenté fig. 151 et 152, peut être manœuvré par un seul homme, qui produit le déplacement rectiligne alternatif d'une planchette P, armée de lames coupantes, venant rencontrer la partie inférieure des racines disposées dans une trémie T, située au-dessus de la planchette, qui en forme le fond mobile. Une autre trémie T', située au-dessous de cette même planchette, sert à réunir et à conduire, à l'extérieur, les produits du découpage.

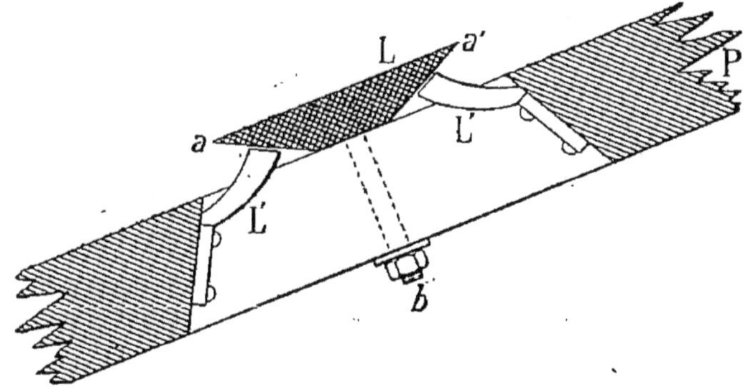

Fig. 152.

La lame principale L, à double tranchant a et a', fixée à la planchette P, par deux boulons à tête fraisée b, et animée, par conséquent, d'un mouvement de va et vient, comme la planchette elle-même, agit, comme un rabot, sur les racines disposées dans la trémie, et les copeaux extraits viennent rencontrer une série de couteaux L', de direction perpendiculaire, qui découpent le ruban en plusieurs lanières parallèles, afin d'amener la matière à un état de division plus complet.

Le mouvement est donné à la planchette par l'homme qui saisit la double manette M, et ce déplacement est facilité par la présence de galets G, sur lesquels roulent les bords de cette partie mobile.

Une courroie C, fixée, d'une part, au bâti S de l'instrument et, d'autre part, à la planchette mobile P, limite la course de celle-ci, en obligeant les lames à ne parcourir utilement qu'une longueur à peu près égale à la dimension de la trémie, mesurée parallèlement à la direction du mouvement.

Cet instrument peut être légèrement transformé, tout en lui laissant la même disposition rectiligne, en commandant la planchette, portant les lames, par une transmission par bielle et manivelle; mais cette transmission de mouvement circulaire continu en un déplacement alternatif des couteaux peut affecter la forme circulaire, au lieu de la forme rectiligne, en lui donnant l'une ou l'autre des dispositions représentées fig. 153 et 154.

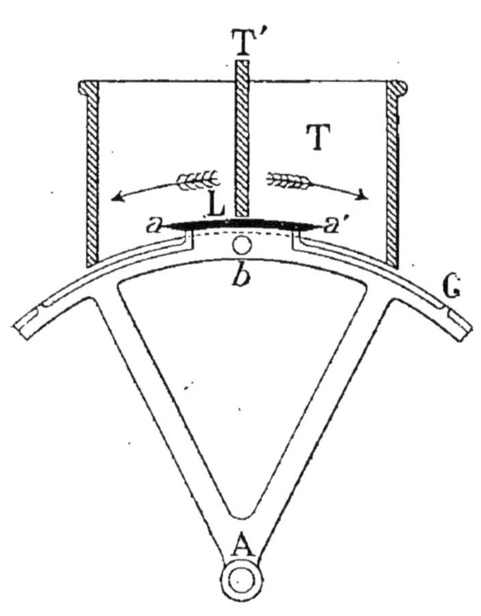

Fig. 153.

Dans la disposition de la fig. 153, la lame L, à deux tranchants a et a', est fixée à un secteur métallique pouvant osciller autour d'un axe A, au moyen d'un coude préparé sur l'arbre des manivelles motrices et d'une bielle attachée en b sur le cadre C. Une trémie T, à deux compartiments, séparés par une cloison T', est disposée au-dessus de C, pour y loger les racines que l'on veut découper. La matière, découpée en lanières, est entraînée par le mouvement circulaire alternatif donné au cadre, et tombe, de chaque côté de l'instrument, dans des paniers disposés à cet effet.

On peut encore, comme l'indique la fig. 154, rendre la trémie mobile et disposer les lames sur une série d'arcs métalliques B, fixés sur un cadre immobile C.

La trémie T peut tourner, d'un certain angle, autour

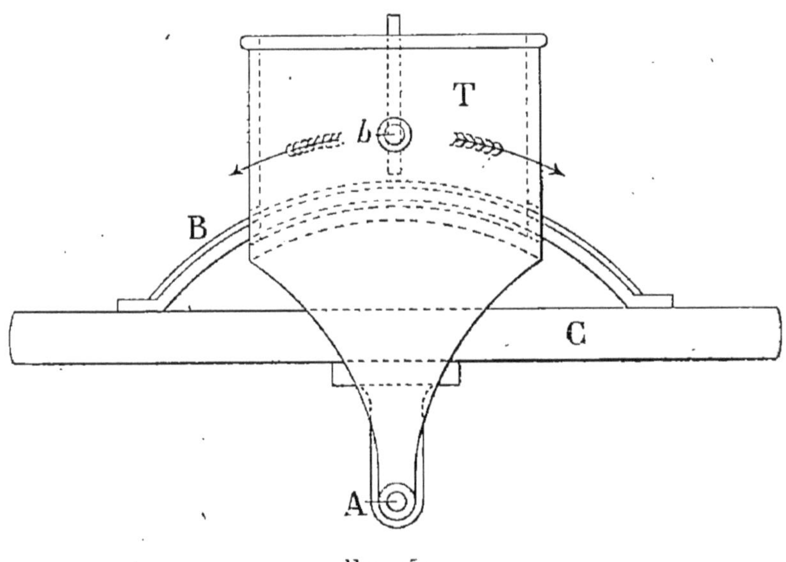

Fig. 154.

d'un axe horizontal A, faisant partie du cadre fixe C, et le mouvement oscillatoire, donné à cette trémie, est obtenu, comme dans le cas précédent, par une transmission par manivelle et bielle; cette dernière étant fixée, en *b*, sur la trémie T. La matière, découpée en lanières, sort de la trémie, au fur et à mesure du découpage, glisse sur le support fixe des lames, et tombe sur le sol, ou dans des bacs ou paniers, disposés en dessous de l'instrument.

Enfin, on peut encore, en se servant de la disposition

de Slight, obtenir, par une opération intermittente, le découpage des racines.

L'appareil de Slight, ou coupe-racines écossais, représenté, en vue d'ensemble, fig. 155, et en détail fig. 156, se compose d'un petit établi en chêne, portant, au milieu de sa longueur, une trémie rectangulaire, dont deux faces parallèles sont garnies de lames verticales échelonnées,

Fig. 155.

destinées à produire la section des racines à découper. Un levier, de grande longueur, pouvant tourner autour d'une charnière disposée à l'extrémité du banc, porte une masse également en échelons pouvant remplir tout le volume de la trémie inférieure. Il suffit de disposer une racine dans la trémie fixe, d'abattre, au moyen de la manœuvre du grand levier, la masse qui y est fixée sur la racine placée dans la trémie, pour obliger cette racine à rencontrer successivement les différents couteaux fixes, et à être découpée en tranches parallèles, qui sont expulsées de l'instrument, à mesure que le levier se rabat sur l'établi en chêne.

Le détail de ces lames et la manière dont elles sont fixées sur les parois en échelons de la trémie fixe est indiqué sur la fig. 156, qui montre la trémie, en coupe transversale, séparée de son support, et garnie des huit lames verticales découpant la racine en un même nombre de tranches verticales.

Coupe-racines à mouvement continu. — Tous ces appareils à mouvements discontinus, qu'ils soient mus directement à bras d'hommes, ou par l'intermédiaire d'une transmission, ne sont plus guère en usage, et ont laissé la place à des instruments à mouvement continu, dans lesquels des lames rectilignes, à un seul tranchant, ou à tranchants dentelés, sont fixées sur un disque, disposé

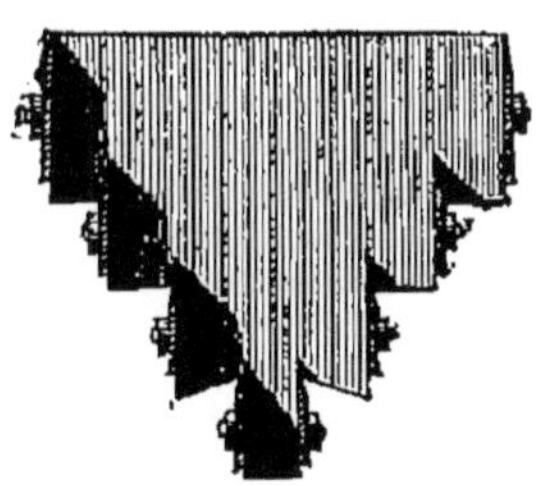

Fig. 156.

horizontalement ou verticalement, ou sur un cône ou cylindre fermant partiellement une trémie à claire-voie, dans laquelle on place les racines que l'on veut découper.

Les appareils à disque horizontal sont rarement employés maintenant. Il n'en est pas de même des coupe-racines à disque vertical, dont nous allons nous occuper.

En principe, ces appareils se composent d'un disque, ordinairement plan, dans lequel on pratique, suivant des rayons, un certain nombre de fenêtres rectangulaires, garnies chacune d'une lame droite ou dentelée, suivant le produit que l'on veut obtenir. Ce disque est monté à l'extrémité d'un arbre horizontal, fixé au même bâti qu'une trémie conique, coupée par un plan vertical, qui est celui du disque animé d'un mouvement continu de rotation. Les racines descendent successivement, par leur propre poids, dans cette trémie conique, et viennent presser sur le disque rotatif dont les lames les entament, en en détachant soit des lanières, soit des cossettes, suivant la forme des tranchants des lames fixées au disque. Ces lanières ou cossettes passent par les lumières ménagées dans le disque, et servant au passage et au fixage des lames, pour s'échapper ensuite de l'appareil, afin qu'elles puissent être recueillies dans des vases appropriés, situés au-dessous.

Les lames sont disposées de manière qu'elles puissent être réglées exactement de position. A cet effet, elles présentent ordinairement deux rainures rectangulaires, dans lesquelles passent les boulons de serrage, fixés à la paroi de la lumière cor-

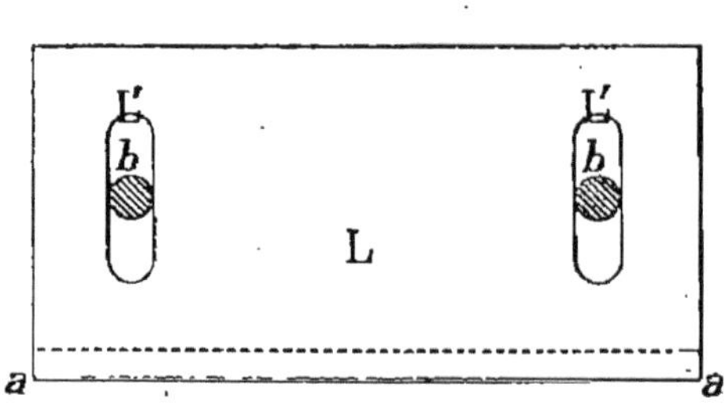

Fig. 157.

respondante; les écrous de ces boulons sont d'abord légèrement serrés sur les lames, puis, à coups de marteau, ou de maillet, on déplace les deux extrémités de la lame de la quantité voulue, et l'on assure la position de la lame sur le disque par un nouveau serrage des deux boulons d'assemblage.

Les figures 157 et 158 montrent la forme des lames rectilignes ou dentelées de coupe-racines.

La disposition de la fig. 157 est adoptée lorsqu'on veut découper les racines en lanières de grande largeur.

Celle de la fig. 158 est employée toutes les fois que l'on veut obtenir des rubans multiples de petite largeur, ou cossettes.

La fig. 159 donne la disposition du montage d'une des lames du coupe-racines dans le plateau porte-lames.

Dans le plateau en fonte P sont réservées des lumières, dont l'une d'elles, représentée en A, sert à placer la lame L, terminée par un tranchant assez aigu *a*, dépassant, d'une certaine quantité, la face interne du plateau P. Un boulon *b* passe à travers une rainure ouverte ménagée dans la partie L′ de la lame L, et au moyen d'un écrou E et d'une rondelle R, l'assemblage de la lame L avec le plateau P peut s'effectuer, d'une manière suffisamment rigide, tout en permettant le règlage du tranchant, suivant l'épaisseur des cossettes à préparer.

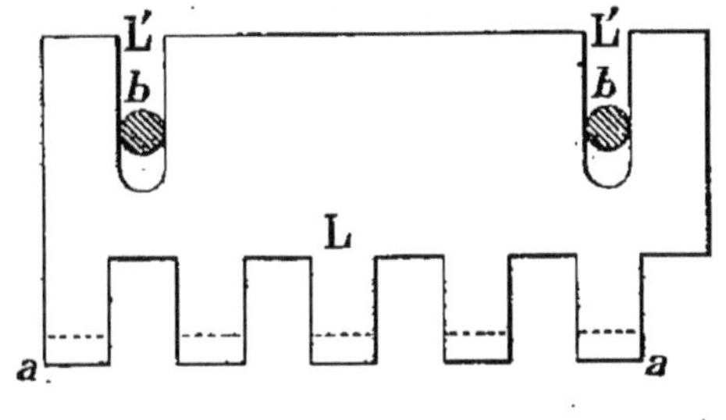

Fig. 158.

Dans la disposition de la fig. 157, les rainures L′ sont fermées, et deux boulons *b* permettent de fixer la lame L sur le plateau porte-lames.

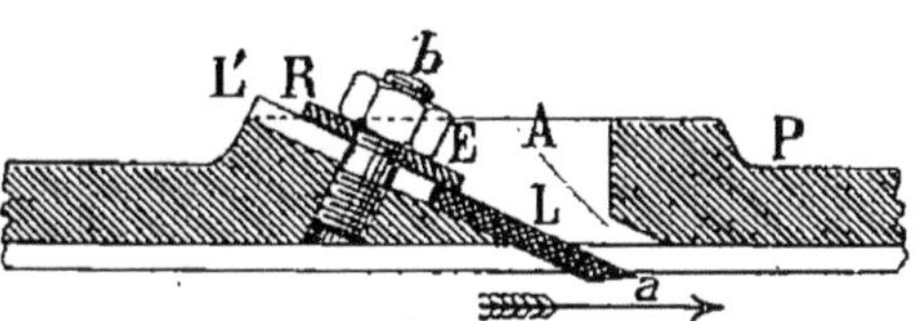

Fig. 159.

Celle de la fig. 158 n'est autre que la disposition de la fig. 159, la lame L étant vue en dessus, et les boulons *b*, passant librement dans les rainures ouvertes L′, permettent de fixer la lame L sur le plateau.

Dans ces deux figures, le tranchant, continu ou discontinu, est représenté en *a a*.

La fig. 160, page 316, représente un coupe-racines à disque, de faibles dimensions, pouvant être mis en action par un seul homme, de la construction de M. Durand, de Montereau.

Un chapeau en fonte encadre la partie supérieure de quatre pieds en bois, reposant sur le sol. Il supporte, au moyen de deux paliers, l'arbre horizontal, aux extrémités duquel se trouvent fixés le plateau porte-lames, d'une part, et la manivelle de commande, d'autre part. Une trémie en fonte, de forme conique, et à claire-voie, est supportée par la même pièce de fonte, et sert à emmagasiner les racines, qui viennent se diviser au contact du plateau porte-lames mobile.

Fig. 160.

La même disposition de coupe-racines à disque peut être réalisée dans des dimensions beaucoup plus grandes, et les fig. 161 à 163, pages 318, 319 et 320, montrent, en élévation, en coupe, et en plan, un coupe-racines dont le disque porte-lames a 0^m,810 de diamètre, et qui doit être commandé par une locomobile à vapeur, étant donné le travail mécanique dépensé pour la mise en marche d'un coupe-racines de grandes dimensions, tel que celui représenté, surtout si l'on augmente le travail nécessaire pour la section des racines de celui employé par l'élévateur centrifuge, adjoint à l'appareil; mais que l'on pourrait supprimer, pour constituer un instrument plus simple.

Au lieu d'adopter, comme dans les coupe-racines de petites dimensions, une trémie absolument conique, les trémies de ces grands appareils ont la forme d'une coquille d'escargot, très aplatie, dont la section droite diminue continuellement, vers le centre de l'instrument, de manière que les racines, saisies par les lames du disque, cheminent, en s'approchant du centre du plateau, dans un couloir contourné à section décroissante, à mesure que le volume des racines se réduit par les coupes successives qu'elles subissent graduellement.

Ce coupe-racines, système Albaret, se compose donc d'une trémie T, ayant la forme qui vient d'être indiquée, et qui présente une section demi-circulaire servant de bouche d'alimentation des racines. Cette trémie se trouve fermée par un plateau vertical P, armé de six lames dentelées, et monté à l'extrémité d'un arbre horizontal A, recevant, au moyen d'une poulie P', le mouvement du moteur. Une autre poulie P'', placée à côté de la première, est folle sur le même axe, et permet le débrayage de l'appareil, en agissant sur une fourchette de débrayage. Des palettes d'un ventilateur V sont montées, au nombre de six, à l'extérieur du plateau porte-lames, et sont enfermées dans une boîte cylindrique B, terminée tangentiellement par un couloir C, de section rectangulaire. L'air, servant à l'alimentation du ventilateur, entre dans la boîte cylindrique B par une ouïe O, de section plus ou moins grande, suivant l'énergie du courant d'air à produire, et les matières découpées par les lames du plateau rotatif, en se rendant dans la caisse B du ventilateur, sont saisies par les palettes et par l'air en mouvement, se brisent plus ou moins complètement, en formant des débris ayant chacun un faible volume, suivent le couloir incliné C, dans toute sa longueur, et sont projetées, soit dans des fosses, servant de magasin aux matières ainsi préparées, soit dans des tombereaux, pour les conduire à plus grande distance.

Ce conduit C est à inclinaison variable à volonté, et obtenu par la rotation de toute la boîte B du ventilateur

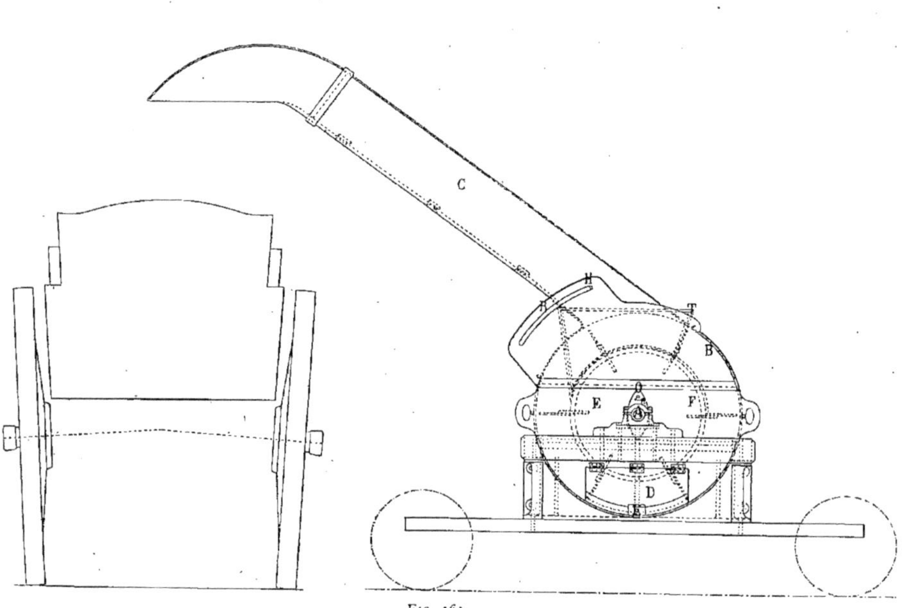

Fig. 161.

autour de l'axe A. Une rainure circulaire R, ménagée
dans l'une des flasques mé-
talliques terminant latéralement l'appareil, et un
boulon H, fixé au couloir
C, permet d'assurer la position, plus ou moins inclinée, de ce couloir, qui peut
être placé horizontalement,
s'il s'agit de projeter les
cossettes dans une fosse,
ou être disposé avec une
certaine inclinaison, lorsque l'on veut opérer le
chargement d'un tombe-
reau, par exemple. Une
porte D, ordinairement
fermée, permet d'extraire,
de temps en temps, de l'appareil, les matières trop
lourdes qui n'ont pas pu
être entraînées par le courant d'air.

Deux portes à coulisses
E, F, peuvent se rappro-
cher ou s'éloigner l'une de
l'autre, de manière à laisser entre elles un espace
plus ou moins grand, for-
mant l'ouïe du ventilateur.

Enfin, on peut, en sup-
primant le ventilateur, le
remplacer par une sorte de
paroi cylindrique en tôle ayant pour but d'éviter les

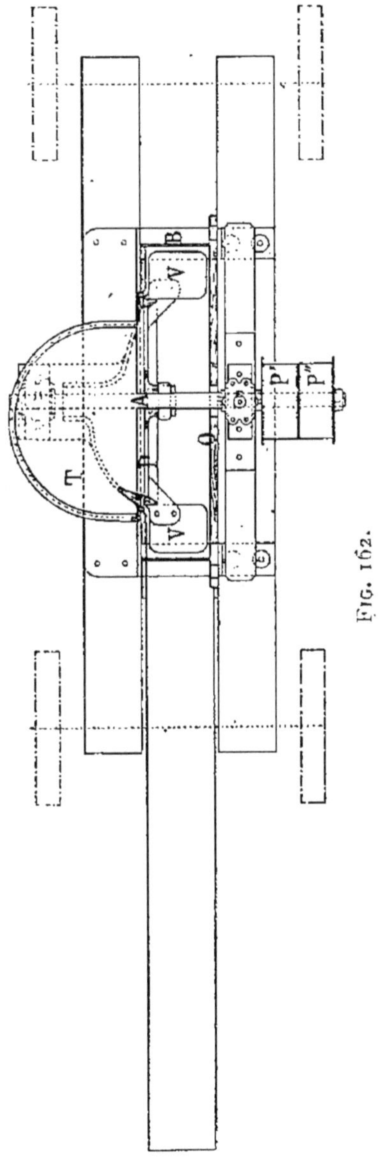

Fig. 162.

projections des cossettes à de grandes distances et de permettre ainsi de les recueillir immédiatement au-dessous de l'appareil coupeur. L'appareil est par suite notablement simplifié.

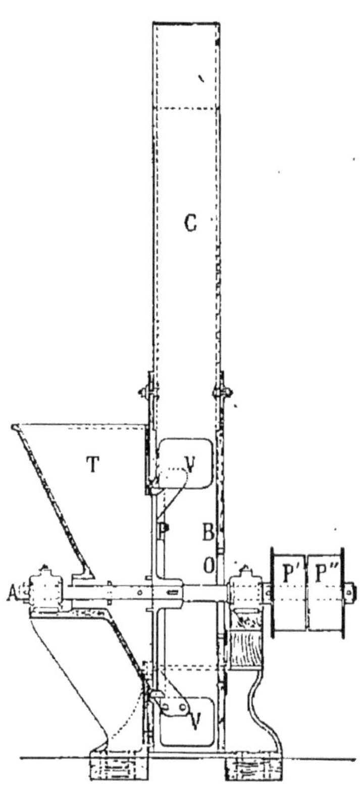

Fig. 163.

Pour que les différents points de la surface des racines soient attaqués par les lames, dans leur déplacement autour de l'axe de l'instrument, l'on a soin de les disposer de telle manière que les vides de l'une d'elles correspondent aux parties coupantes de la suivante, et ainsi de suite.

Comme nous le verrons un peu plus loin, la production de ces instruments, en matière découpée, est très considérable, par rapport à la production des petits instruments, mus à bras d'homme.

L'arbre du plateau porte-lames peut tourner avec une grande rapidité, 500 tours par minute. La vitesse d'un point de la circonférence extérieure du disque est alors égale à $21^m,206$, par seconde, et la production, en matières découpées, peut atteindre de 40 à 50 000 kilogrammes de betteraves, en dix heures de travail.

Nous croyons devoir compléter la description qui précède par la figure 164, qui donne, en perspective, l'en-

semble d'un coupe-racines de grande puissance, composé
exactement des mêmes éléments que le précédent. La

Fig. 164.

trémie d'alimentation est ici placée à l'arrière de l'appareil, le ventilateur est placé en avant, et l'ouïe, de gran-

deur variable, est formée par les deux portes à coulisses, que l'on peut rapprocher ou éloigner à volonté.

L'arbre est soutenu, à l'arrière, par un palier porté par une sorte de table, venue de fonte avec la trémie d'alimentation, et à l'avant, par un autre palier fixé au milieu d'une forte traverse horizontale. Enfin, en avant de ce palier, et par conséquent en porte à faux sur l'arbre, se trouve l'ensemble des poulies fixe et folle, permettant, au moyen d'une transmission par courroie, de mettre en mouvement, ou d'arrêter l'arbre du coupe-racines.

Les coupe-racines à plateau sont souvent remplacés, dans les instruments de petites dimensions, par des appareils à cylindre ou à cône.

Dans ces deux types, la trémie, à section rectangulaire, est fermée, à sa partie inférieure, par un cylindre ou par un cône portant des fenêtres, ou lumières, dans lesquelles on vient fixer des lames droites ou dentelées.

Si l'on met en mouvement de rotation le cylindre ou le cône, les racines, disposées dans la trémie, pressent, par leur poids, sur la surface de révolution en mouvement, et les lames viennent découper les racines ainsi engagées dans la trémie. La matière découpée tombe alors dans le cylindre ou dans le cône creux, glisse le long des génératrices inférieures, sort de l'instrument, et tombe dans des vases appropriés. Le principe du découpage des racines est donc absolument le même que lorsque l'on emploie les coupe-racines à disque; la disposition des organes, ainsi que leur forme, subissent quelques modifications de détail.

La fig. 165 donne une disposition de coupe-racines à cylindre, construit par M. Charles Drouet, de Saint-André (Eure). Un bâti métallique, composé de deux pieds, en forme d'A, réunis par des entretoises, supporte, à une certaine hauteur au-dessus du sol, un cadre horizontal

sur lequel se trouvent fixés les paliers de l'axe horizontal du cylindre porte-lames. Un volant, monté sur ce

Fig. 165.

même axe, lui donne, au moyen d'une manivelle montée
sur l'un de ses bras, le mouvement de rotation nécessaire.
Au-dessus du cylindre porte-lames se trouve disposée

une large trémie, dans laquelle on vient placer les racines à découper. Celles-ci sont saisies par les lames, et les cossettes produites pénètrent dans le cylindre creux, pour s'échapper de l'appareil par les extrémités de ce cylindre.

Les fig. 166 à 168 représentent des types de coupe-racines dans lesquels le cylindre creux, de la disposition précédente , est remplacé par un cône garni de lames coupantes.

Fig. 166.

La fig. 166 est relative à un coupe-racines conique, de la construction de l'ancienne maison Cumming , d'Orléans. Une trémie, en fonte ajourée, est disposée de manière que l'une de ses faces soit formée par une partie du cône porte-lames, tournant autour d'un axe horizontal.

Vers le sommet du cône se trouve calée la manivelle motrice, et tout l'ensemble de l'instrument est supporté, au moyen d'un cadre métallique, par quatre pieds en bois. Les lames à tranchants interrompus, destinées à découper les racines en cossettes, sont disposées dans des rainures, ou lumières, préparées sur la surface latérale du cône, et suivant les génératrices de cette surface.

Un tablier en tôle, fixé également au cadre en fonte, enveloppe la partie inférieure du cône porte-lames, de manière à recueillir les débris de racines, qui peuvent rester adhérentes à la surface extérieure du cône.

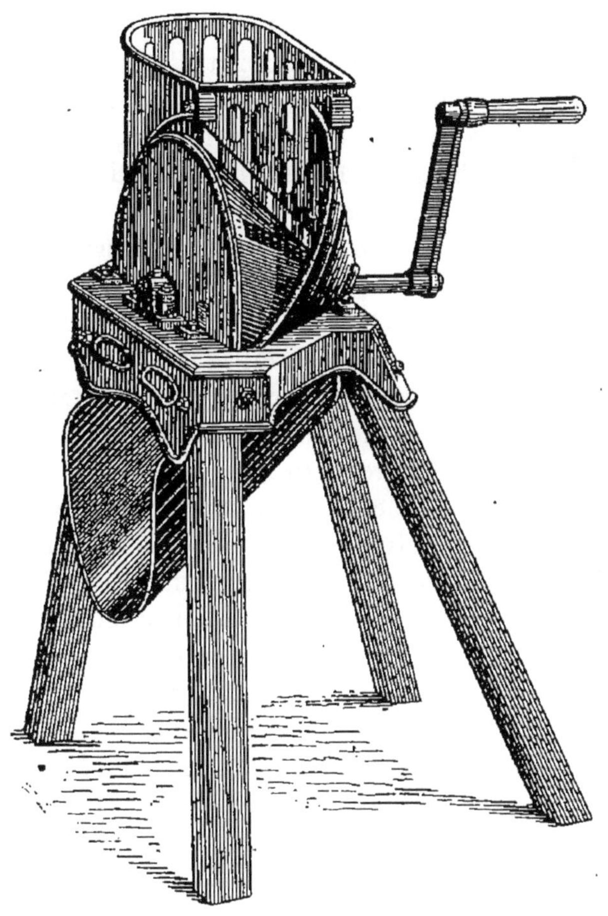

FIG. 167.

La fig. 167 donne la disposition d'un autre coupe-racines, également conique, de la construction de MM. Jannel frères, à Martinvelle (Vosges). Il se compose d'une trémie, en fonte, dont le fond est formé par une partie de la surface conique du porte-lames. Comme dans l'exemple précédent, l'arbre horizontal du cône est terminé par une manivelle mue à bras d'hommes.

Tout l'ensemble est toujours supporté par un cadre en fonte servant de chapeau à quatre pieds inclinés en bois, et ce cadre sert également de point d'attache au couloir incliné, enveloppant la partie inférieure du cône porte-lames, ainsi qu'à une sorte d'écran latéral, empêchant la projection des débris de racines entraînés dans le mouvement de rotation du cône porte-lames.

La grande face terminale du cône est fermée par une tôle demi-circulaire, fixée au bâti fixe, de manière à obliger encore la matière découpée à se rendre dans le couloir incliné, pour être recueillie près du sol.

Enfin, dans un dernier exemple, nous indiquons, fig. 168, un coupe-racines, de forme conique, construit par M. Hidien, de Châteauroux.

Dans cet appareil, le bati est formé de montants en bois, légèrement inclinés par rapport à la verticale, et réunis par des traverses horizontales. Deux chaises en fonte sont fixées latéralement à ce bâti et supportent les paliers de l'axe horizontal du tambour porte-lames. Au-dessus de ce tambour se trouve disposée la trémie d'alimentation, formée d'une boîte en fonte à claire-voie; le fond de cette trémie est formé par la surface latérale du tronc de cône; et la matière découpée arrive, par les lumières, à l'intérieur du cône creux, pour glisser sur sa surface extérieure et sortir du tronc de cône, du côté de son plus grand diamètre.

Une sorte de caisse, à paroi inférieure fortement inclinée, reçoit les cossettes à leur sortie du cône, en même temps que certains débris entraînés à la surface extérieure du cône, et venant se réunir au produit découpé.

Il suffit de munir l'arbre du tronc de cône d'un volant et d'une manivelle motrice, pour avoir le moyen de mettre facilement en action le coupe-racines, qui, dans cet exemple, est encore mis en mouvement à bras d'hommes.

Fig. 168.

D'une manière générale, ces coupe-racines, de forme conique, sont d'un réglage plus commode que les appareils à cylindre, en ce sens qu'il suffit de modifier légèrement la position du tambour conique, par rapport à l'arbre qui le porte, pour modifier, dans une certaine mesure, le jeu qui doit toujours exister entre les parois fixes de la trémie et le fond mobile, constitué par le tronc de cône.

Les coupe-racines à disque ou à cône peuvent être disposés de manière à produire deux effets différents, avec le même instrument, et sans aucun démontage.

Il suffit de disposer, sur deux parois opposées d'une même trémie, deux disques, sur l'un desquels on fixe des lames droites non dentelées, et sur l'autre des lames dentelées, ou lames à tranchant interrompu, ou bien de remplacer les deux disques par deux troncs de cône accolés par leur petite base, et de disposer sur l'un d'eux des lames non dentelées et sur l'autre des lames à tranchant interrompu, pour constituer un appareil à double effet produisant simultanément des tranches ou des cossettes, ou bien ne faisant travailler utilement que l'une des deux séries de lames.

Une simple séparation mobile, disposée dans la trémie d'alimentation, permet de diriger, à volonté, les racines vers l'un ou l'autre des disques ou cônes, garnis des lames tranchantes.

L'on a cherché à disposer des coupe-racines permettant une division plus complète, en découpant la racine en prismes rectangulaires, au lieu de produire seulement des tranches ou des lanières, qui se brisent irrégulièrement, en tombant dans le récipient destiné à les recueillir.

Le coupe-racines de Gardner, d'invention déjà ancienne, permet d'obtenir cette section, à la fois, dans deux sens perpendiculaires, de manière à diviser la racine en un très grand nombre de prismes à base de rectangle, et dont les dimensions peuvent varier, suivant l'usage de ces aliments.

Le coupe-racines de Gardner est analogue aux coupe-racines à cylindre, mais avec cette différence que les lames rectilignes à tranchant continu ou discontinu, sont remplacées, dans cet instrument, par une plaque en tôle d'acier ayant la forme d'un cylindre creux et présentant un certain nombre de dentelures, plus ou moins fines suivant le but à atteindre.

Comme le montre la figure 169, les deux faces, de directions perpendiculaires, de chacune des dentelures sont terminées par des tranchants convenablement affutés, et il suffit de mettre en mouvement de rotation le cylindre porte‑lames pour obtenir la division des racines, disposées dans la trémie, en prismes complètement séparés les uns des autres, à leur sortie de l'appareil.

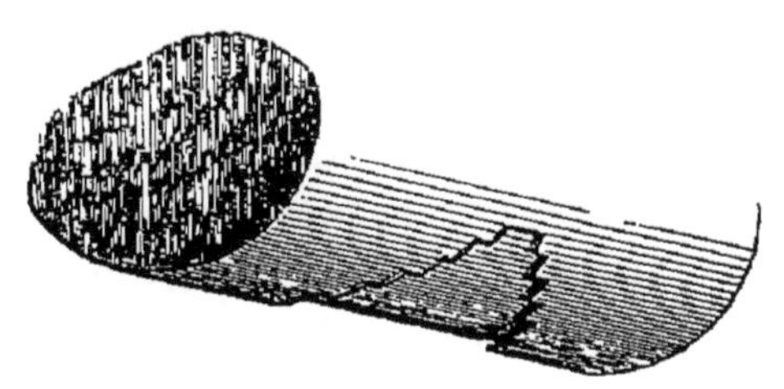

Fig. 169.

Ces derniers instruments, encore en usage, et que l'on construit encore maintenant, ont l'inconvénient d'être d'un affûtage beaucoup plus difficile que ceux employant des lames rectilignes, et pour cette raison, ces derniers, quelle que soit la disposition et la forme du support de ces lames, sont les plus employés dans la pratique ordinaire de la ferme.

Dépulpeurs. — Les racines, divisées en tranches ou en cossettes, ont l'inconvénient de ne pas présenter un état de division encore suffisant, et les cellules renfermant les matières visqueuses ou liquides ne sont pas suffisamment ouvertes, par l'action du découpage, pour laisser échapper librement ce liquide nécessaire pour humecter, d'une manière suffisante, les matières sèches mélangées à ces racines, et constituant, avec elles, les rations devant servir à la nourriture des animaux.

On est donc conduit à employer d'autres dispositions d'appareils produisant, par arrachements, cette séparation de la partie aqueuse des racines, et préparant ainsi une sorte de pulpe pouvant se mélanger, plus intimement, avec les autres éléments composant la ration.

Les deux types déjà indiqués, de coupe-racines à disque ou à cylindre, peuvent encore être adoptés, lorsqu'il s'agit de la préparation de cette pulpe. Il suffit de remplacer les lames à tranchant continu ou discontinu, de ces premiers instruments, par des dents recourbées, en forme de crochet, qui, en se déplaçant, viennent saisir les racines, et en arrachent des parties plus ou moins importantes, suivant les dimensions de dents disposées sur le plateau ou le cylindre animé d'un mouvement continu de rotation.

Seulement, si ces appareils n'étaient composés que de ces seuls éléments, le plateau ou le cylindre se garnirait rapidement d'une couche de pulpe, ayant, comme épaisseur, la hauteur des crochets au-dessus de leur surface d'attache, et l'action de ces outils serait ainsi complètement suspendue.

Il faut donc munir ces instruments d'organes spéciaux, disposés pour le nettoyage continu du plateau ou du cylindre, afin de rendre l'action des dents à crochet aussi efficace pendant toute la durée du travail.

S'il s'agit de la disposition à disque, le nettoyage est obtenu par le déplacement d'un peigne, à mouvement oscillant, qui vient enlever la matière collée au plateau, à mesure qu'elle s'y applique, et une fois par tour du plateau sur lui-même, tout en laissant une entière liberté au mouvement de ce plateau autour de son axe. Il suffit de commander le mouvement du peigne par une partie circulaire excentrée, disposée en un point de l'arbre, et entourée par un collier relié au peigne nettoyeur.

Si l'on veut employer la disposition à cylindre, il suffit de disposer les dents à crochet sur ce cylindre suivant le tracé d'une hélice à pas constant, puis de placer, contre le cylindre armé de dents, une vis ayant même pas que

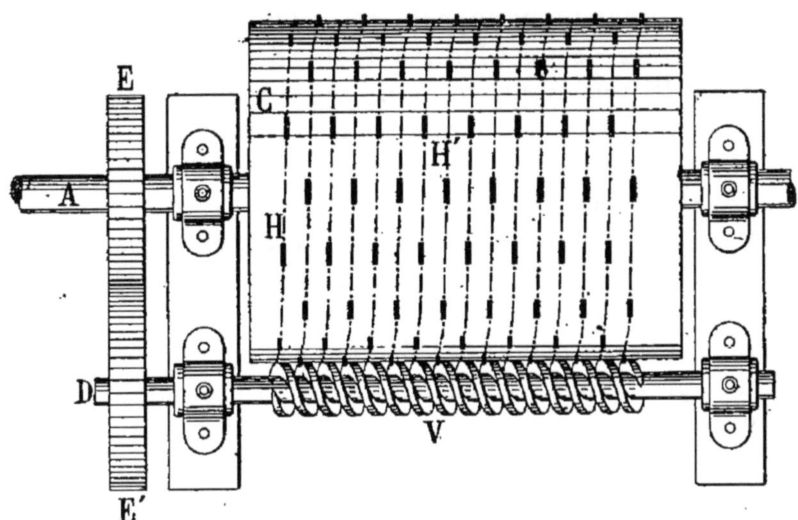

FIG. 170.

l'hélice tracée sur le cylindre et tournant avec la même vitesse angulaire.

Cette disposition du cylindre et de la vis nettoyeuse est représentée fig. 170.

La trémie est supposée enlevée, pour laisser voir plus complètement le cylindre C, lui servant de fond mobile, ainsi que la vis V, servant au nettoyage constant de l'appareil.

Deux engrenages, de même diamètre, sont calés, l'un E sur l'axe A du cylindre B, l'autre E' sur l'axe D de la vis V, de manière que l'axe D, commandé par l'arbre moteur A, tourne exactement avec la même vitesse que celui-ci.

Les dents à crochet L sont disposées sur le cylindre C suivant le tracé de deux hélices parallèles H et H′, représentées, par des ponctués, sur la figure. La vis V est à deux filets, ayant exactement le même pas que les hélices H et H′.

Ce procédé de nettoyage est certainement plus facile à réaliser que le précédent, et c'est le dépulpeur à cylindre qui est le plus employé, pour cette raison.

Le dépulpeur de Bentall, très répandu en Angleterre et en France, depuis longtemps déjà, est de ce type.

Quelquefois, les lanières, sortant d'un coupe-racines ordinaire, sont transportées à distance, et la disposition de la maison Albaret, dont nous avons déjà parlé, et qui est représentée fig. 161 à 164, pages 318 à 321, permet d'obtenir ce transport par l'action des palettes et du vent d'un ventilateur à force centrifuge. Ces matières sont soumises, pendant ce transport, à des chocs répétés, qui ont pour effet de briser les lanières, et de transformer le produit du coupe-racines en un autre ressemblant à celui obtenu au moyen des dépulpeurs; mais il n'est pas possible, en opérant ainsi, d'obtenir une division aussi complète et aussi régulière de la matière, tout en dépensant, pour cette transformation, une quantité de travail assez considérable.

Si, à ce point de vue, l'on compare les coupe-racines aux dépulpeurs, on trouve que ces derniers exigent, pour leur mise en mouvement, une quantité de travail beaucoup plus grande, et les quelques chiffres indiqués dans les deux tableaux suivants permettent de se rendre compte de la différence qui existe entre les travaux dépensés par les appareils de l'une ou l'autre de ces deux catégories d'instruments, en ayant soin de rapporter ces travaux à une même quantité de matières divisées en tranches ou en cossettes, ou transformées en une véritable pulpe. L'état de division de la matière première étant, dans ce dernier cas, beaucoup plus grand, il est tout naturel de trouver, comme travail dépensé, un nombre de kilogrammètres relativement élevé.

Les chiffres contenus dans le tableau ci-dessous, et dans celui de la page 334, sont extraits du rapport relatif aux essais de coupe-racines et de dépulpeurs faits à l'occasion du concours d'Oxford.

Les résultats relatifs à ces deux catégories d'instruments ne concernent que les appareils primés, comme ayant satisfait assez complètement aux épreuves.

COUPE-RACINES.

NUMÉROS DES INSTRUMENTS.	1.	2.	3.
Travail en kilogrammètres par kilogramme de racines coupées..	20 ^{klgm}.50	13 ^{klgm}.99	17 ^{klgm}.50
Travail en kilogrammètres, par seconde....................	11 ^{klgm}.62	5 ^{klgm}.25	7 ^{klgm}.50
Temps employé pour couper 1000 kilogrammes de racines...	1764″	2646″	3232″
Produit obtenu par heure........	204.1^{k}	1365^{k}	1544^{k}

Il s'agit ici d'appareils à faible débit, pouvant être mus à bras d'hommes, les nombres 11.62, 5.25 et 7.50, de la deuxième colonne horizontale du tableau, montrent que le travail dépensé, par seconde, n'excède pas celui que l'on peut obtenir, d'une manière continue, en employant un ou deux hommes appliqués à la manivelle motrice.

Les chiffres de la dernière colonne horizontale du même tableau ne peuvent être considérés que comme des maxima, les lames servant à la division des racines étant, au moment de l'essai, dans un état d'affûtage parfait.

On ne peut compter, en pratique courante, que sur un débit notablement plus faible, variant ordinairement de 800 à 1200 kilogrammes par heure, pour ces coupe-racines fonctionnant à bras.

DÉPULPEURS.

NATURE DE LA PUISSANCE MOTRICE.	Commande à vapeur.		Commande à bras d'hommes.	
NUMÉROS DES INSTRUMENTS.	1.	2.	3.	4.
Travail en kilogrammètres par kilogramme de racines dépulpées....	69 k^{lgm}.9	69 k^{lgm}.9	53 k^{lgm}.5	35 k^{lgm}.7
Travail en kilogrammètres, par seconde.........	115 k^{lgm}.92	213 k^{lgm}.11	16 k^{lgm}.85	15 k^{lgm}.12
Temps employé pour réduire en pulpe 1000 kilogrammes de racines.............	603″	308″	3175″	2361″
Produit obtenu par heure...........	5965^k	11688^k	1134^k	1525^k

Si l'on compare les chiffres contenus dans ces divers tableaux, au point de vue du travail nécessaire pour préparer un kilogramme de racines, on voit que, tandis que les coupe-racines n'exigent que de 13.90 à 20.50 kilogrammètres, les dépulpeurs emploient de 35.7 à 69.9 kilogrammètres. Le travail dépensé, par la mise en mouvement des dépulpeurs, est environ triple de celui nécessaire pour la mise en marche des coupe-racines.

Au point de vue du débit de ces appareils, les dépulpeurs mus à bras d'hommes ne peuvent arriver au même débit que les coupe-racines également mus à bras, qu'en surchargeant un peu les hommes de manœuvre. Deux ouvriers sont ici nécessaires pour leur mise en mouvement.

Enfin, le débit des appareils fonctionnant à l'aide d'un moteur à vapeur peut varier dans d'assez grandes limites; mais en exigeant une puissance mécanique proportionnelle à ce débit. Dans les deux exemples du tableau précédent, la puissance mécanique nécessaire a varié de 1.55 à 2.84 chevaux-vapeur, pour des débits ayant varié entre 5 965 et 11 688 kilogrammes, à l'heure.

C'est en employant les appareils que nous venons de décrire dans ce chapitre : aplatisseurs, concasseurs, hache-paille, hache-maïs et broyeurs d'ajonc, coupe-racines et dépulpeurs, que l'on pourra composer les rations d'entretien d'animaux de différentes tailles, en faisant varier les éléments qui composent ces rations, suivant la saison, de manière à préparer lentement les animaux à l'alimentation d'hiver, en augmentant progressivement la proportion des matières sèches, ou en les habituant graduellement à l'alimentation d'été, en ajoutant, aux matières sèches, une proportion de plus en plus grande de produits à l'état vert.

Quelques résidus d'usines entrent aussi dans la composition de ces rations. L'introduction de matières sucrées, sous forme de mélasses, a été souvent recommandée, et est en usage.

Les tourteaux d'huilerie sont également employés; mais il faut leur faire subir une préparation spéciale, un broyage, avant de pouvoir les utiliser à la nourriture des animaux de la ferme. Nous avons donc à étudier maintenant les broyeurs de tourteaux destinés à diviser ces résidus de fabriques en fragments suffisamment réduits pour pouvoir être incorporés, avec facilité, dans le mélange devant constituer la ration alimentaire des animaux.

Broyeurs de tourteaux. — Les anciens brise-tourteaux étaient composés des mêmes organes que les concasseurs à un cylindre et contre-plaque; mais ils avaient l'inconvénient de s'empâter rapidement par la matière composant le tourteau d'huilerie, et devaient être soumis à des nettoyages très fréquents, qui retardaient la production de l'appareil en matières broyées. Aussi, cette première disposition a-t-elle été remplacée par un ensemble de disques étoilés enfilés sur deux ou quatre axes parallèles, entre lesquels le tourteau est divisé en fragments plus ou moins volumineux, suivant la grosseur des animaux que l'on veut alimenter, pour partie, en employant ces résidus de fabrication. Ces tourteaux présentent toujours la forme de prismes rectangulaires d'une épaisseur plus ou moins grande, la trémie d'alimentation est toujours à section rectangulaire, et suivant la puissance mécanique dont on dispose, ainsi que la production nécessaire, les tourteaux sont introduits isolément ou plusieurs en même temps.

La figure 171 donne la disposition d'un ancien brise-tourteaux à cylindre et à contre-plaque, de la fabrication de la maison Ransomes et Sims, datant d'environ 40 ans. Une sorte de tréteau double en bois supporte une

boîte en fonte ouverte à sa partie supérieure, et dans
laquelle on introduit, un à un, les tourteaux que l'on

FIG. 171.

veut broyer. Cette boîte est renflée, à sa partie inférieure,
de manière à contenir le cylindre broyeur et la contre-
plaque. Celle-ci peut être réglée de position par rapport

au cylindre, et est maintenue, dans la position qu'elle doit occuper, au moyen d'un écrou à oreilles, dont une partie est visible à l'arrière de l'instrument. Enfin, le cylindre est mis en mouvement par deux manivelles, l'une montée sur son axe, l'autre fixée à l'un des bras d'un volant monté sur ce même axe.

Déjà, à cette époque, on employait des appareils se rapprochant plus de ceux actuellement en usage, et composés d'anneaux crénelés, avec pointes, disposés sur deux axes parallèles, l'un mis en action par une manivelle ou par une poulie et une courroie, et l'autre entraîné, en sens inverse, par deux engrenages de même diamètre, et remplaçant la contre-plaque des instruments précédents. D'une manière générale, ces éléments ont maintenant la forme d'un disque étoilé, semblable à celui de la figure 172, ci-dessus, dans laquelle deux disques sont représentés à la suite l'un de l'autre, de façon à montrer comment les pointes de ces disques sont entre-croisées.

Fig. 172.

Si l'on dispose, à côté de ce premier groupe de disques étoilés, un autre groupe composé des mêmes éléments, les pointes de ces nouveaux disques venant remplir, plus ou moins complètement, les évidements laissés entre les pointes de la première série de disques, il est facile de comprendre que le tourteau, engagé entre ces deux axes, sera rapidement réduit en fragments, qui pourront varier de dimensions, suivant l'écartement de ces deux axes.

Dans de plus grands appareils, l'opération du broyage se fait dans un même instrument, mais en deux fois. Un premier groupe de deux cylindres étoilés commence la division du tourteau, et ces premiers fragments, assez volumineux, tombent entre les dents d'un nouveau

FIG. 173.

groupe de deux cylindres entre lesquels le broyage se trouve terminé. Dans tous ces appareils, un crible incliné reçoit la matière broyée et en sépare la partie réduite en poudre fine, pour ne conserver, comme produit utile, que la matière divisée en fragments.

Les figures 173 et 174 représentent ces deux types d'instruments, l'un à deux cylindres, l'autre composé de quatre cylindres, disposés par groupes de deux.

Dans l'appareil représenté fig. 173, page 339, construit par MM. Pécard frères, de Nevers, deux cylindres étoilés seulement sont disposés à la partie inférieure d'une trémie de section rectangulaire dans laquelle les tourteaux sont engagés verticalement. Un levier, terminé par une manette, peut occuper différentes positions, de manière à modifier l'espace restant entre les deux cylindres broyeurs, suivant la grosseur des fragments que l'on veut obtenir.

Une transmission par volant-manivelle, pignon et engrenage droits, met en mouvement l'un des cylindres broyeurs. Une autre transmission, composée de deux engrenages droits de même diamètre, permet de mettre en mouvement le deuxième cylindre, en sens inverse du premier. Enfin, un crible incliné, fixé aux deux flasques en fonte de l'instrument, permet de ne conserver, comme produit utile, que des fragments de tourteaux, la poussière passant à travers les vides réservés entre les différents barreaux de ce crible incliné.

Lorsque l'on veut effectuer le broyage en deux fois, l'on est conduit à adopter les appareils à quatre cylindres, dont l'un des types est représenté fig. 174.

Cet instrument, de la construction de la maison Albaret, de Liancourt-Rantigny, est destiné à broyer une plus grande quantité de tourteaux. Il est mis en mouvement par poulies et courroie.

Une trémie, ayant aussi une section rectangulaire, est enserrée entre deux plateaux circulaires venus de fonte avec les deux flasques reposant sur le sol.

Entre ces deux plateaux, réunis par un certain nombre d'entretoises, se trouvent disposés les quatre cylindres broyeurs. Les deux cylindres supérieurs, à écartement fixe, commencent la division des tourteaux. Les deux cylindres, placés au-dessous, complètent le broyage, et l'on peut, en agissant sur un levier de faible longueur, venu de forge, avec un axe horizontal, faire tourner cet axe sur lui-même, d'une certaine quantité, et

Fig. 174.

modifier l'écartement des deux cylindres inférieurs par l'intermédiaire de deux colliers d'excentrique entourant les deux extrémités de cet axe horizontal.

Une roue à rochet et un cliquet permettent de maintenir cet axe de réglage dans la position qu'on lui a donnée.

Enfin, l'instrument porte, à sa partie inférieure, un crible incliné, en tôle perforée, assemblé avec une table horizontale destinée à recueillir la poussière et les morceaux de trop petites dimensions.

Quant au produit préparé à la grosseur voulue, il glisse sur le crible et est recueilli près du sol.

Les organes servant de transmission de mouvement aux quatre cylindres broyeurs, se composent d'engrenages droits renfermés dans deux tambours cylindriques assemblés avec les disques circulaires surmontant les flasques en fonte, et formant les supports de tout l'appareil.

Instruments employés pour la cuisson des aliments employés pour la nourriture des animaux. — L'emploi des aliments cuits pour la nourriture de certains animaux, le porc, par exemple, nécessite des appareils spéciaux, qu'il est utile de décrire à la fin de ce chapitre.

Cet emploi tend à augmenter d'importance, si comme le préconise M. Aimé Girard, à la suite de ses belles expériences sur l'alimentation du gros bétail, on est conduit à distribuer aux animaux une certaine quantité de tubercules cuits, dont le poids peut atteindre les 2/3 de la ration journalière. La cuisson des pommes de terre, destinées à cet usage, peut s'effectuer de trois manières différentes : au four, au moyen de l'eau, ou à l'aide de la vapeur.

Le premier procédé, que l'on trouve encore employé dans un certain nombre de fermes, consiste en un cylindre, en tôle ou en fonte, entouré d'une enveloppe également en métal, l'espace annulaire réservé entre le cylindre et son enveloppe étant parcouru par les produits de la combustion provenant d'un foyer, ordinairement en maçonnerie, situé au-dessous de cet ensemble.

Il suffit de disposer, à l'intérieur du cylindre, les racines que l'on veut amener à un certain degré de cuisson, de fermer l'extrémité libre du cylindre, et de conduire le feu d'une façon modérée, pour obtenir les tubercules ou racines dans l'état convenable pour être mélangés aux autres produits devant composer la ration normale.

La cuisson à l'eau présente l'inconvénient d'enlever à la matière alimentaire une certaine quantité de ses principes nutritifs, et exige, de plus, des soins incessants pour éviter que les tubercules ou racines ne viennent se brûler au contact des parois chaudes du vase qui les contient, et ne communiquent à la masse tout entière une odeur désagréable qui les fait rebuter des animaux.

On évite cet inconvénient, dans le chauffage à feu nu, en suspendant dans la chaudière remplie d'eau, seulement en partie, un vase à claire-voie contenant les tubercules, ou bien en disposant, dans la chaudière, un fond mobile, formé d'une grille en tôle galvanisée ou étamée, de manière que ceux-ci ne plongent plus dans l'eau, mais soient simplement baignés par la vapeur produite, lorsqu'on soumet l'eau du vase à l'action de la chaleur produite dans un foyer situé à la partie inférieure de la chaudière, et quelquefois porté par elle. C'est de cette façon que M. Aimé Girard a fait procéder, dans ses expériences de Joinville-le-Pont, en employant un appareil à feu nu, de la construction de M. Egrot, représenté fig. 175 et 176, page 345.

Cet appareil permettait de cuire facilement environ 150 kilogrammes de matière à la fois, et le système à bascule, dont il est muni, permettait le déversement de son contenu dans le baquet dans lequel s'effectuait le mélange avec les proportions voulues de menue paille; un léger écrasement, à la pelle, rendait le mélange plus intime. On l'abandonnait ensuite à lui-même, jusqu'au lendemain, pour être donné aux animaux, encore tiède, et ayant éprouvé un commencement de fermentation.

L'appareil employé se compose d'un corps cylindrique C en tôle, reposant sur le sol, et renfermant le foyer F et le cendrier, desservis par deux portes P et P', situées au-dessus l'une de l'autre.

Une chaudière A, à fond légèrement concave, repose, au moyen d'une large cornière circulaire D, sur la partie supérieure du corps cylindrique C, terminée également par une large cornière E.

La chaudière A porte un double fond mobile B et est fermée par un couvercle en tôle I, de forme convexe, que l'on peut enlever facilement. Enfin, une cheminée en tôle H reçoit les produits de la combustion et les conduit à une certaine hauteur au-dessus de l'appareil.

Deux chemins horizontaux M, formés de fortes cornières assemblées avec le corps cylindrique C, servent de chemins de roulement à des supports en fonte S fixés à la chaudière. Chacun de ces supports, de forme courbe, porte, de distance en distance, des goujons en saillie qui viennent successivement se loger dans des trous correspondants, préparés sur les chemins de roulement, au moment du basculement de la chaudière.

Il suffit de dégager la chaudière du corps cylindrique, en enlevant une forte goupille G, et d'agir sur le levier L, pour obliger les deux supports courbes S à rouler, sans glissement possible, sur les chemins correspondants M, pour amener la chaudière dans la position de la fig. 176, et opérer ainsi le déversement des matières cuites, puis de relever le levier L, pour obtenir le relèvement de la chaudière, en même temps que son recul, de manière que son axe corresponde à celui du corps cylindrique C. La chaudière vient alors reposer sur la cornière circulaire E, y est maintenue par la goupille G, et se trouve ainsi toute

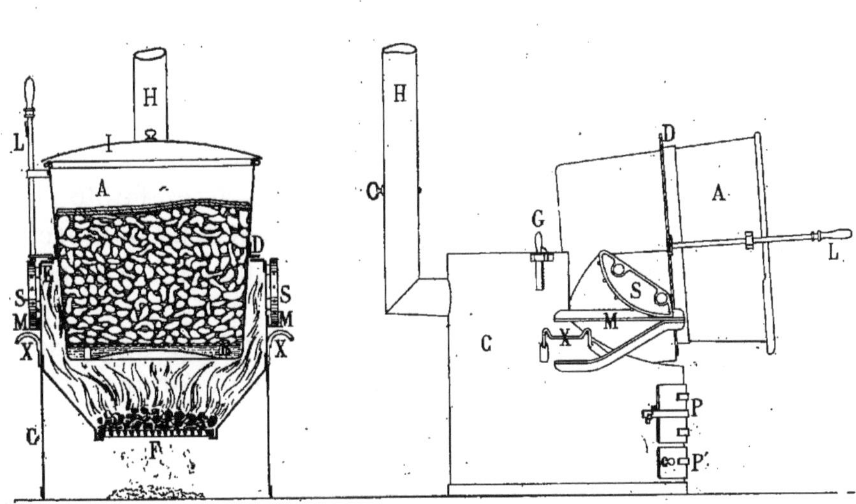

Fig. 175 et 176.

préparée pour recevoir une nouvelle quantité de racines, et en opérer la cuisson.

Le double fond mobile B est destiné à empêcher que la partie inférieure de la masse à cuire ne vienne baigner dans la petite quantité d'eau que l'on est obligé de verser au fond de la chaudière, au commencement de chaque opération, pour que, sous l'action de la chaleur dégagée par le combustible employé, cette eau se transforme en vapeur et vienne élever la température de la masse tout entière de tubercules, disposée dans la chaudière ; la matière est recouverte d'un linge pour éviter le cheminement trop rapide de la vapeur à travers les nombreux interstices qui existent entre les tubercules ou racines. L'appareil, lorsqu'il est vide, est d'un poids assez faible pour pouvoir être déplacé assez facilement, et deux poignées X permettent de saisir le corps cylindrique C, et d'en effectuer le transport.

Le chauffage à la vapeur est employé sur une grande échelle, soit en se servant d'un instrument complet, chaudière et appareil de cuisson, soit en employant de la vapeur provenant de la chaudière à vapeur, si la ferme est assez importante pour posséder une locomobile, pour le battage des grains et autres opérations qui exigent une quantité notable de puissance mécanique.

L'appareil, de construction déjà ancienne, représenté fig. 177, constitue l'une des formes de l'instrument complet dont il vient d'être question. Entre deux baquets, de grandes dimensions, se trouve disposée la chaudière permettant de produire la quantité de vapeur à basse pressions nécessaire pour le chauffage des racines disposées dans les deux récipients.

Chacun d'eux est séparé par un faux fond ajouré, permettant de faire circuler la vapeur au-dessous de la masse à cuire. Cette vapeur passe entre les interstices des racines

ou tubercules, se condense à leur surface, pour la plus
grande partie, et s'échappe tout autour d'un couvercle
en tôle fermant le récipient à sa partie supérieure.

L'emploi de deux récipients, en tout semblable, permet d'opérer le déchargement et le nouveau chargement
de l'un d'eux, pendant que la matière garnissant l'autre
récipient est soumise à l'action de la vapeur, et récipro-

FIG. 177.

quement. Ce n'est qu'en cas de presse que l'on peut effectuer le chauffage à la fois dans les deux récipients mis
en communication avec la chaudière située au centre de
l'appareil.

Cette opération du déchargement des tubercules cuits,
et conservant longtemps leur température un peu élevée,
est assez longue, lorsque les récipients sont dans une position fixe, comme dans ce premier exemple de préparation par la vapeur.

Aussi emploie-t-on maintenant des appareils basculants permettant de déverser rapidement tout le contenu de la marmite, dans laquelle s'est effectuée la cuisson des tubercules.

La fig. 178 représente un appareil de cuisson à la vapeur, de la construction de M. Egrot. La vapeur est produite dans une chaudière indépendante, munie de tous les

Fig. 178.

appareils de sûreté exigés de l'Administration française, pour les appareils à vapeur sous pression, quel qu'en soit l'usage : soupapes, tube de niveau, robinets de jauge, manomètre. Une pompe alimentaire, mue à la main, permet d'alimenter la chaudière, lorsque l'on s'aperçoit que le niveau de l'eau s'abaisse d'une manière notable.

Le chauffage de la matière à traiter s'effectue dans un récipient cylindrique en tôle galvanisée, fermé par un couvercle en tôle emboutie et muni de deux tourillons, vers le milieu de la hauteur du cylindre.

L'un de ces tourillons est creux et sert à l'arrivée de la vapeur dans la masse à cuire.

Ordinairement, l'appareil comprend deux récipients séparés, l'un affecté à la cuisson des racines, l'autre employé exclusivement peur le chauffage du lait. Chacun d'eux porte un fort levier, terminé par une manette, qui sert à opérer le basculement du récipient autour de ses tourillons, à la fin de chaque opération.

Un robinet est placé sur la conduite de vapeur desservant chacun des récipients, et ce robinet permet de régler la durée de l'opération, suivant les circonstances.

Lorsque l'on juge que la cuisson est obtenue, il suffit de fermer le robinet d'arrivée de vapeur, d'enlever le couvercle du récipient, et d'agir sur le levier de manœuvre, pour faire basculer l'appareil, et déverser, dans un bac approprié, le contenu du récipient, qui, abandonné à lui-même, reprend sa position verticale primitive.

Quelquefois, le récipient dans lequel s'effectue la cuisson des tubercules, est fermé par un couvercle maintenu en place par une forte ferrure, pouvant tourner autour du centre du couvercle, et devant s'engager, lors de la fermeture du récipient, dans de forts crochets fixés à un rebord circulaire faisant partie du cylindre en tôle.

Cette disposition que l'on trouve dans l'appareil de Barford et Perkins, est représentée fig. 179, page 350. La cuisson peut alors s'effectuer à une température plus élevée, si la chaudière permet la production de la vapeur à une plus grande tension; mais il faut alors munir chaque récipient, à sa partie supérieure, d'un petit robinet, que l'on ouvre au commencement de chaque opération, pour laisser échapper l'air et permettre son remplacement par de la vapeur, qui se condense à mesure qu'elle vient baigner les tubercules contenus dans le récipient.

A la fin de chaque opération, il faut, après avoir fermé

le robinet principal, ouvrir à nouveau le robinet pour enlever toute pression à l'intérieur du récipient, avant de chercher à procéder à son ouverture, en déplaçant, à la main, la ferrure qui le retenait fortement au cylindre.

Les appareils de cuisson à la vapeur prennent aussi une autre forme, lorsque l'on veut obtenir un mélange plus intime des éléments composant la ration pendant la cuisson même.

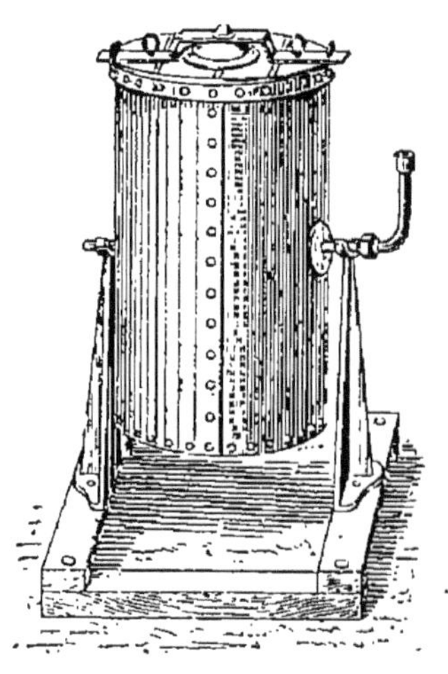

Fig. 179.

Le récipient tourne alors sur lui-même, autour d'un axe horizontal, tout en recevant la vapeur sous pression devant cuire les matières contenues dans ce récipient.

La fig. 180 donne la disposition d'un appareil de ce genre, de la construction de la maison Albaret.

Un cylindre en forte tôle, terminé par deux fonds emboutis, porte deux tourillons reposant sur un bâti en charpente. L'un de ces tourillons est creux et sert à l'arrivée de la vapeur dans l'intérieur du cylindre; un robinet permet d'en régler l'écoulement.

A l'autre extrémité du cylindre, le tourillon correspondant porte un engrenage à denture hélicoïdale, placé en regard d'une vis sans fin faisant partie d'un arbre horizontal commandé par poulies et courroie.

Le récipient porte, sur sa paroi cylindrique, une large ouverture, par laquelle se produit le remplissage, et qui sert aussi à vider l'appareil, une fois l'opération terminée. Un bouchon autoclave permet de fermer le cylindre, une fois son chargement terminé.

Enfin, un robinet, de faibles dimensions, est disposé, sur cette même paroi cylindrique, de manière à purger d'air le récipient, au commencement de chaque opération.

Il suffit de faire tourner lentement le cylindre sur lui-même et d'introduire en même temps la vapeur dans la

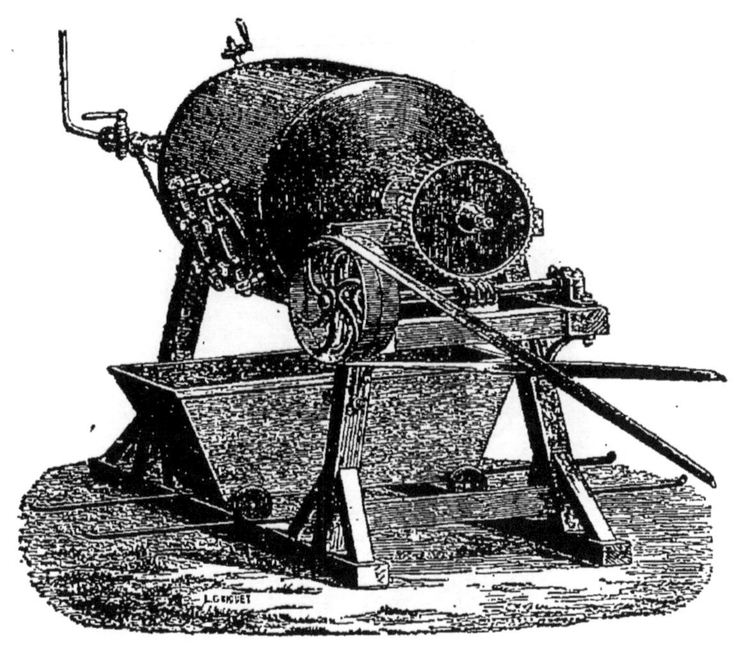

FIG. 180.

capacité préalablement fermée, pour obtenir un brassage de la masse pendant que sa cuisson s'opère graduelle-ment.

Lorsque l'on juge que l'opération est terminée, on commence par ouvrir le robinet de purge, puis on enlève le bouchon de fermeture et l'on abandonne l'appareil à lui-même, lorsque l'ouverture du cylindre est placée au point le plus bas; la plus grande partie de la matière se déverse

immédiatement dans un bac de capacité assez grand pour
contenir toute la charge, et quelques tours du cylindre
suffisent pour que le cylindre se vide complètement. On
peut alors recommencer une opération semblable à la
première.

FIG. 181.

Broyeurs de tubercules cuits. — Bien qu'il suffise de
quelques coups de pelle pour amener les tubercules à
l'état d'écrasement partiel, on emploie, dans les grandes
porcheries, des broyeurs remplaçant ce travail à la bêche,
lorsque la quantité de matières à préparer est un peu
considérable.

Parmi ces appareils, nous n'en indiquerons qu'un type

qui convient parfaitement lorsque l'on veut préparer une grande quantité de tubercules préalablement cuits.

L'appareil de MM. Pécard frères, représenté fig. 181 et 182, se compose d'un tambour, d'assez fort diamètre, sur lequel on implante une assez grande quantité de dents courbes.

Ce tambour est mis en mouvement de rotation à l'aide d'une transmission retardatrice composée d'un arbre à manivelles d'un pignon et d'un engrenage droits. Le cylindre, ainsi garnis de ses dents, de forme courbe, est placé à la partie inférieure d'une trémie de section rectangulaire, dont le fond est formé de barres métalliques parallèles, entre lesquelles peuvent s'engager les dents du tambour.

FIG. 182.

Si l'on garnit la trémie d'une certaine quantité de tubercules cuits, ceux-ci viendront rencontrer, comme l'indique la fig. 182, la surface cylindrique du tambour, et seront saisis par les dents courbes qui les pousseront contre la grille formant le fond de la trémie et les écraseront de telle manière qu'il sortira de la trémie une sorte de boullie épaisse, composée de pommes de terre à l'état complet d'écrasement.

Il suffit de disposer, au-dessous de la grille, fermant la trémie à sa partie inférieure, un couloir incliné pour que la matière ainsi broyée puisse s'éloigner de l'appareil broyeur et être recueillie dans un bac approprié.

CHAPITRE VI.

APPAREILS BROYEURS
DIVERS POUR LA PRÉPARATION DES ENGRAIS
ET DES AMENDEMENTS.

Bien que l'on trouve maintenant, dans le commerce, des produits complètement préparés, et amenés à l'état de division voulue, pour pouvoir être répandus sur le sol, et constituer les engrais nécessaires, il peut arriver que l'on ait intérêt, dans une grande exploitation agricole, par exemple, à préparer sur place les matières entrant dans la composition des engrais, et c'est pour cette raison qu'il paraît utile de consacrer un chapitre spécial à l'étude des principaux appareils broyeurs qu'il est possible d'employer à cet usage.

Nous aurons successivement à étudier, dans ce chapitre, les broyeurs d'os, les appareils destinés à réduire en poudre les phosphates naturels employés sans aucune autre préparation ou à l'état de superphosphates, ou les produits de la déphosphoration de la fonte, bien que ces derniers produits arrivent ordinairement des usines métallurgiques dans l'état de division voulu, enfin toute une série de broyeurs de différentes formes destinés à broyer divers produits et à les mélanger intimement, pour former les engrais composés dont l'agriculteur peut avoir besoin.

Broyeurs d'os. — Les os, considérés comme matières fertilisantes, sont ordinairement dirigés vers des usines spéciales dans lesquelles on effectue leur division, et la poudre d'os revient souvent au point de départ, en ayant passé, à l'aller comme au retour, entre les mains d'un certain nombre d'intermédiaires, qui prélèvent chacun une certaine part de bénéfices. Il serait évidemment beaucoup plus logique d'acheter cette matière première sur place, en évitant ces doubles transports, et d'en effectuer le broyage à la ferme même; ce broyage pouvant s'obtenir assez facilement au moyen d'appareils dont nous indiquerons seulement le principe.

Pour composer un instrument de cette nature, il suffit de disposer sur deux arbres parallèles, et situés dans un même plan horizontal, des disques dentés tournant en sens inverse l'un de l'autre. L'un de ces arbres est de position fixe, et l'autre peut se déplacer à la manière du cylindre mobile des concasseurs. Un ressort est destiné à ramener constamment ce cylindre mobile dans sa position primitive, lorsque la cause qui a produit l'écartement vient à cesser. Ordinairement, on dispose, sur le même bâti, deux séries de cylindres, les deux cylindres inférieurs étant plus rapprochés que les deux autres, et étant destinés à terminer le broyage commencé par l'action des disques montés sur les deux arbres situés au-dessus.

La matière, ainsi broyée, tombe sur un premier crible qui retient les plus gros morceaux, qui doivent être repassés, puis un second crible, à mailles plus fines, conserve, à sa surface, les morceaux de volumes compris entre un et deux centimètres cubes, constituant la matière préparée à la grosseur voulue, et la poussière vient tomber sur le sol, au-dessous de l'instrument.

Appareils employés pour le broyage des phosphates naturels et autres matières présentant une certaine dureté. — Les nodules de phosphate de chaux et les coprolithes, que l'on exploite maintenant sur une grande échelle, pour s'en servir immédiatement après le broyage, ou pour être employés sous la forme de surperphosphate, par l'addition au produit du broyage d'une certaine quantité d'acide sulfurique du commerce, doivent être soumis à l'action d'appareils broyeurs pour être réduits en poudre fine. L'appareil broyeur le plus employé, pour cet objet, consiste en une paire de meules en pierre meulière de mêmes dimensions que celles qui étaient en usage pour la réduction en farine du froment ou du seigle, avant que l'on ait remplacé ces meules par les appareils à cylindres adoptés maintenant d'une manière très générale.

Une meule fixe, de forme circulaire, est disposée horizontalement au-dessous d'une meule tournante, de même diamètre ; les deux surfaces placées en regard sont taillées de manière à présenter des aspérités retenant la matière à broyer, qui, arrivant au centre de l'appareil, se trouve rejetée vers l'extérieur, après avoir été soumise à un broyage assez complet.

L'ensemble des deux meules, fixe et mobile, se trouve entouré d'un tambour, ordinairement en bois, empêchant la projection de la matière pulvérisée qui vient se rassembler autour de la meule fixe, et peut être recueillie et déplacée facilement. Un arbre vertical, commandé par engrenages ou par poulies et courroie, traverse le centre de la meule dormante, et porte, à sa partie supérieure, une pièce métallique fixée à la meule tournante, et permettant sa rotation, en même temps qu'une légère oscillation, par rapport au plan horizontal moyen, suivant la quantité de matière ou la grosseur des morceaux situés entre les deux surfaces travaillantes de la meule fixe et de la meule tournante.

La fig. 183 représente ce type de moulin. Au niveau du plancher P de l'usine, se trouve disposée une première meule fixe, ou gisante, M, au centre de laquelle

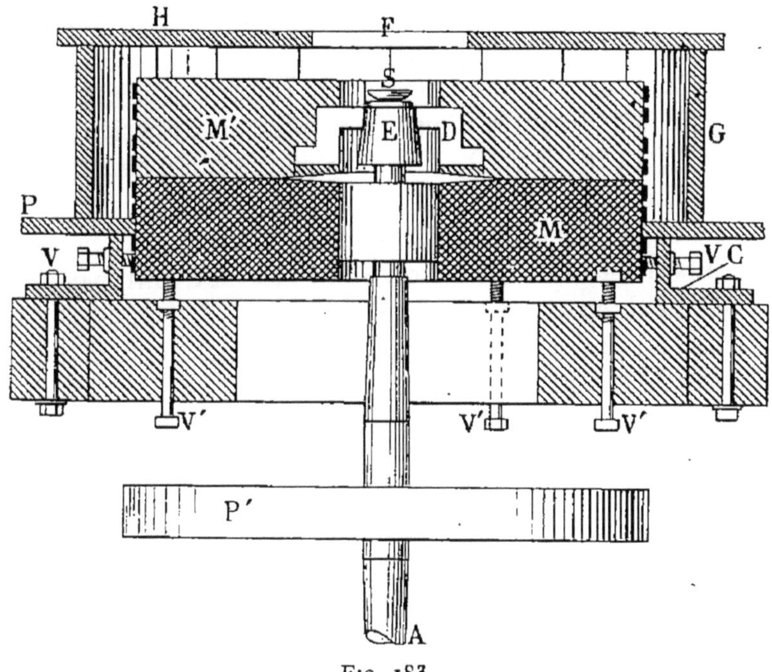

Fig. 183.

passe librement l'arbre A donnant le mouvement de rotation à la meule tournante M', ayant les mêmes dimensions que la meule fixe.

Un cadre métallique C, fixé à la charpente, est muni d'un certain nombre de vis horizontales V permettant le centrage de la meule M. Des vis verticales V' permettent d'obtenir la parfaite horizontalité de la surface travaillante de cette même meule.

L'arbre A supporte, à son extrémité supérieure, une pièce de fer doublement recourbée D, appelée *nille* ou *anille,* et qui vient se sceller dans la meule tournante, ou courante, M'. Cette pièce peut se déplacer autour de son point d'oscillation, en rendant ainsi les différents points de la meule M' libres de s'éloigner ou de se rapprocher, dans une certaine mesure, des parties correspondantes de la meule gisante M.

Pour obtenir le mouvement de rotation continu de la meule M', il suffit d'entourer la partie supérieure de l'arbre A, et la pièce D, d'une sorte de chapeau E, en fonte, venant se fixer sur l'arbre A et entraîné par lui.

L'arbre A porte, en-dessous du plancher, une poulie de transmission P' que l'on remplace souvent par un engrenage de grandes dimensions.

L'ensemble des deux appareils broyeurs, constituant la paire de meules, est enfermé dans un tambour cylindrique G. en bois, terminé par un couvercle H, dans lequel on a ménagé une ouverture circulaire F. C'est par cet orifice que se produit l'alimentation de l'appareil broyeur, en versant la matière au centre de la meule tournante sur une coupe métallique S, qui, en tournant sur elle-même, oblige les matières à pulvériser à s'échapper suivant des rayons, butter sur la paroi cylindrique intérieure de la meule courante et tomber entre les deux parties constitutives de cet appareil broyeur.

Broyeur Anduze. — Les moulins, composés par parties de pièces métalliques et de pierre meulière, dont nous venons d'indiquer un type, sont souvent remplacés maintenant par des appareils entièrement métalliques dans lesquels les parties servant au broyage sont constituées de pièces en acier trempé, les unes mobiles, les autres de position fixe, et entre lesquelles la matière est obligée de passer pour que son broyage puisse être effectué.

La figure 184 donne, en coupe verticale, la disposition d'ensemble d'un broyeur, système Anduze, et la fig. 185, page 360, donne, à plus grande échelle, la coupe des pièces en acier avec parties en saillies, qui, en contact avec la matière à pulvériser, amènent sa division.

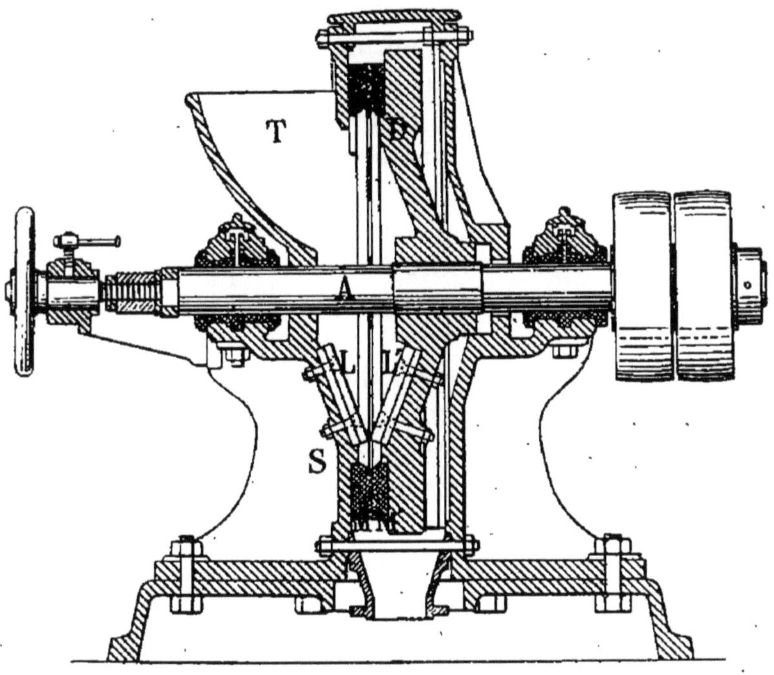

Fig. 184.

Une trémie T, largement ouverte, reçoit le produit à broyer qui vient tomber entre deux séries de lames en acier L et L′, les lames L étant fixées au bâti S, les lames L′ étant attachées, au moyen d'un certain nombre de boulons, sur une partie tronc-conique d'un plateau D, animé d'un mouvement de rotation continu.

L'arbre A tourne ordinairement à raison de 800 à

1000 tours par minute; il est actionné par poulies et courroie, et peut se déplacer, d'une petite quantité, dans le sens de son axe, en agissant, à la main sur un volant terminant une vis, qui, en tournant, rappelle l'arbre A, et par suite le plateau D, dans la direction de droite à gauche. Ce mode de réglage a pour effet de modifier, dans une certaine mesure, le degré de finesse de la pulvérisation. Le plateau D étant animé d'un mouvement assez rapide, correspondant à une vitesse tangentielle variant

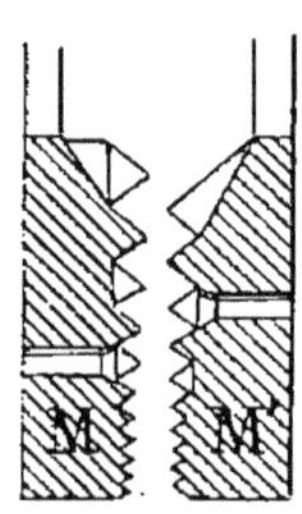

Fig. 185.

entre 41 mètres et 51 mètres, par seconde, lorsque le diamètre extérieur du plateau est égal à 0^m,975, la matière quitte cet organe rotatif et se trouve projetée contre une enveloppe cylindrique, dans laquelle elle se réunit, pour sortir de l'appareil par un orifice circulaire situé à sa partie inférieure.

Dans cet appareil, il s'agit d'un véritable broyage résultant de la pression qui se produit sur les morceaux de matières à pulvériser, lorsqu'elles se présentent en contact de ces mâchoires circulaires, l'une M fixe, l'autre mobile M', représentées à part, fig. 185; ces mâchoires sont fixées, soit au bâti S, soit au plateau D, par un certain nombre de vis à tête fraisée. Dans d'autres dispositions, la pulvérisation se produit par les chocs répétés provenant de la projection de la matière sur des parois cannelées entourant les organes de projection, ou par la rencontre de la matière en morceaux par des barres cylindriques en mouvement dans deux directions différentes. Ces nombreux chocs ont pour effet de désagréger isolément les morceaux de matières à pulvériser, et le résultat de l'opération est de transformer la matière première en une véritable farine, lorsque l'on veut pousser la pulvérisation à l'excès. C'est ainsi que l'on peut adopter ces mêmes appareils, qui conviennent cependant pour la pulvérisation des matières dures, pour la préparation de la farine du blé, et les broyeurs Carr, dont nous allons décrire l'un des types, ont été employés et le sont encore à ce dernier usage.

Broyeur Carr. — Ce broyeur, représenté fig. 186, page 362, se compose de deux arbres concentriques A, B, tournant en sens inverse l'un de l'autre. L'arbre A, creux, et commandé par une poulie P, porte, à l'une de ses extrémités, un plateau D sur lequel se trouvent fixées deux séries de broches cylindriques *a,* disposées suivant deux circonférences concentriques; mais, pour éviter la confusion du dessin, ce ne sont que celles qui se trouvent placées dans le plan de la figure qui sont représentées.

L'arbre plein B, commandé par une poulie P′, de même diamètre que celle montée sur l'arbre creux, est assemblé avec un plateau E sur lequel on dispose une série de broches *b*. A l'extrémité opposée de chacun de ces fuseaux, on vient assembler un plateau annulaire F, qui porte encore une nouvelle série de broches *d*, disposées suivant une circonférence, et réunies, les unes aux autres, par un anneau H. Si la matière à broyer est versée dans la trémie T, terminée, vers la droite, par une collerette venue de fonte avec elle, et située en regard du plateau annulaire F, cette matière tombe à l'intérieur du broyeur et est saisie par les différentes broches *a*, *b*, et *d*, de manière à lui faire subir des chocs répétés, et la pulvériser, d'une manière plus ou moins complète. Une barre C, de position fixe, aide encore à cette pulvérisation.

Enfin, une boîte cylindrique, en tôle, M, entoure tout l'appareil, pour éviter les projections de la matière pulvérisée, qui est obligée de se rassembler au-dessous de l'appareil, dans une fosse appropriée.

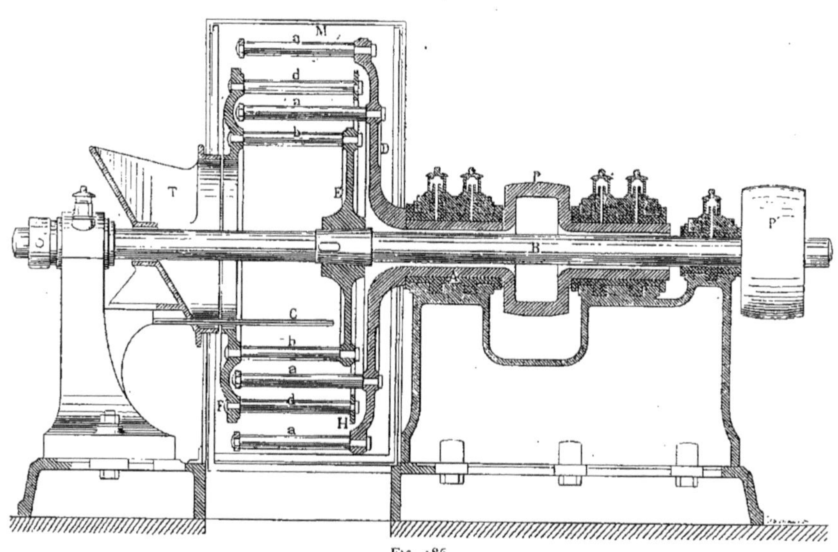

Fig. 186.

Broyeur Vapart. — Dans ce dernier appareil, la matière est lancée, au moyen de plateaux, contre les parois
d'une boîte en fonte et vient s'y briser, puis ces débris
sont ramenés vers le centre pour être projetés à nouveau.

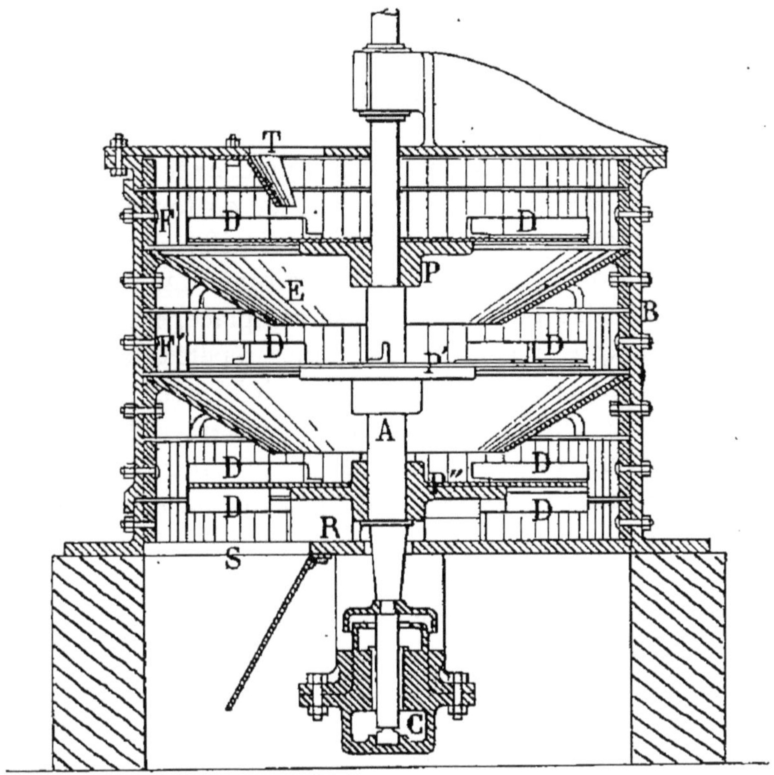

Fig. 187.

Cette même opération se répète trois fois, en employant
le broyeur représenté fig. 187; mais l'on peut évidemment modifier le nombre de ces organes broyeurs, suivant le produit que l'on veut obtenir.

Un arbre vertical A est disposé au centre d'un tambour cylindrique B, reposant, à une certaine distance

du sol, sur un massif en maçonnerie, ou sur un bâti en charpente. Cet arbre A repose, à sa partie inférieure, sur une crapaudine C, reliée au fond du tambour B par une forte chaise en U.

L'arbre A porte trois grands plateaux horizontaux P, P' et P'', garnis, à leur partie supérieure, de cornières en fer D, qui retiennent la matière à pulvériser et la force à participer au mouvement rapide de rotation du plateau correspondant.

En regard de ces plateaux, se trouve fixée, sur la paroi interne de B, une chemise en fonte dure F, constituée par panneaux jointifs, et ayant, en section droite, la forme indiquée fig. 188. Cette chemise en fonte peut se remplacer facilement, lorsque, par suite des chocs répétés, la surface cannelée se trouve par trop déformée.

Fig. 188.   La matière à pulvériser est versée dans l'appareil, en T, tombe sur le premier plateau P, animé d'un rapide mouvement de rotation, et se trouve projetée contre une première chemise cannelée F, glisse contre cette paroi verticale et rencontre un cône E, de grandes dimensions, formant trémie, qui rassemble les débris et les reporte vers le centre de l'arbre. Le second plateau P' reçoit cette matière, la projette contre une seconde chemise cannelée F', et les mêmes circonstances se reproduisent autant de fois qu'il y a de plateaux montés sur l'axe vertical.

Après la dernière pulvérisation, le produit du broyage tombe sur le fond du cylindre B et est amené vers l'orifice de sortie S par des plaques verticales R, faisant office de ramasseurs, et entraînées dans le mouvement du plateau P'' autour de l'axe de l'appareil.

Tordoir. — Ces différentes dispositions peuvent trouver leur emploi, lorsqu'il s'agit de broyer différentes matières dont on est conduit à faire usage, et aussi à mélanger entièrement ces substances pour constituer des engrais composés; mais, lorsqu'il s'agit de mélanger des matières de dureté très différentes, l'appareil qui convient le mieux est le moulin à meules verticales, connu sous le nom de *tordoir*.

Un arbre vertical est mis en mouvement, soit par une transmission par arbre poulies et engrenages, soit par l'action directe d'un cheval agissant sur une flèche horizontale fixée à l'arbre de cette sorte de manège. L'arbre vertical porte, de plus, deux bras horizontaux, sur lesquels peuvent tourner librement les moyeux de deux meules verticales en pierre ou en métal, venant reposer sur une auge circulaire, de grandes dimensions, dans laquelle on dispose la matière à broyer ou à mélanger.

Si l'arbre du tordoir vient à tourner sur lui-même, les deux meules seront obligées de se déplacer, en roulant dans l'auge, et en écrasant, par leur poids, la matière qui y a été répandue.

Il suffit de déplacer d'abord cette matière pour que ses différents points viennent successivement en contact avec les meules, puis d'obliger cette même matière à se diriger vers un orifice de sortie de l'auge pour terminer l'opération du broyage.

L'appareil, représenté fig. 189 et 190, page 366, est disposé de la manière qui vient d'être indiquée.

La fig. 189 représente le tordoir en élévation, une partie de l'arbre étant coupée pour montrer que, dans cet exemple, l'arbre est creux et sert de conduit d'alimentation de l'appareil.

La fig. 190 est une coupe horizontale du même appareil.

Le tordoir se compose d'un arbre vertical A, mis en mouvement par une transmission composée de deux

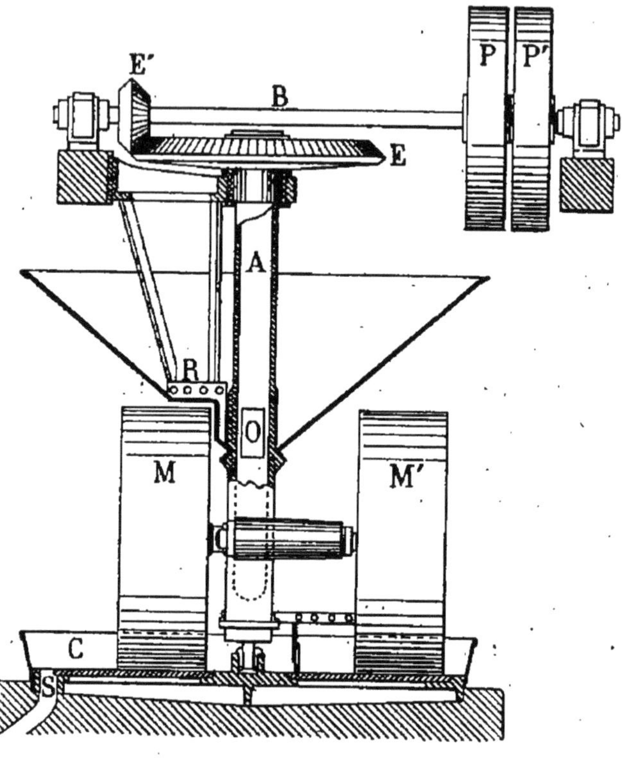
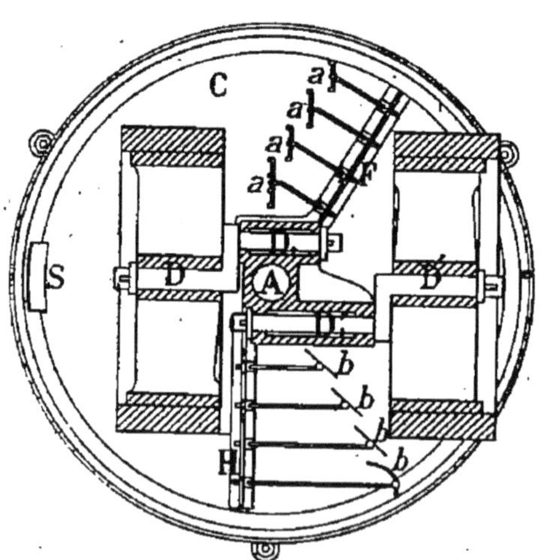

Fig. 189 et 190.

engrenages coniques E et E', d'un arbre horizontal B et de poulies fixe et folle P, P'.

Cet arbre, en fonte, est disposé de manière à soutenir, à une certaine hauteur, par rapport à une auge C, les axes D, D' de deux meules M et M'. A cet effet, ces axes sont coudés, et les parties D_1 et D'_1 viennent se loger dans des évidements cylindriques préparés dans la masse de l'arbre A. Ce mode de montage permet aux axes D et D' des deux meules M et M', d'avoir une certaine mobilité dans le sens vertical, de manière à pouvoir s'élever ou s'abaisser, indépendamment l'un de l'autre, suivant la quantité de matière à broyer interposée entre la meule et l'auge.

Comme l'indique la fig. 190, ces deux meules ne sont pas disposées à la même distance de l'axe de l'arbre A, de manière que les divers points de l'auge circulaire puissent être atteints par l'un ou l'autre de ces organes broyeurs.

Une trémie de très grandes dimensions entoure l'arbre, en participant à son mouvement de rotation, et une sorte de ramasseur R, de position fixe, oblige la matière disposée dans la trémie à changer de position et à descendre vers un orifice O ménagé dans l'arbre creux A.

Ce conduit, préparé dans une partie de l'arbre A, est lui-même ouvert à sa partie inférieure, de manière que la matière à broyer puisse être répandue dans l'auge. Deux bras horizontaux F et H portent, l'un en *a a a a*, une série de râteaux qui égalisent la couche de la matière disposée dans l'auge, en la divisant à nouveau, après le passage des meules M ou M', et sur l'autre se trouvent disposés des ramasseurs *b b b b*, d'inclinaison variable à volonté, qui dirigent la matière broyée et mélangée vers l'orifice de sortie S.

Nous avons supprimé à dessein, dans ces figures, tout

ce qui est relatif au mode de centrage des jantes des meules M et M', ainsi que quelques détails de construction, ne voulant indiquer ici que le principe de ces appareils.

Cette disposition pourrait être simplifiée, dans de grandes proportions, en supprimant complètement la trémie supérieure, et en se contentant d'alimenter le tordoir à la pelle, immédiatement avant le passage des meules, pour obtenir ainsi un premier broyage.

D'autres appareils broyeurs et mélangeurs pourraient être encore employés ; ceux dans lesquels des boulets ou autres corps ronds, en fonte, se déplacent avec la matière à broyer, et l'écrasent, en en provoquant la division, sont surtout adoptés lorsque le produit à préparer est relativement assez friable ; mais nous nous contenterons des indications qui précèdent, en ce qui concerne les appareils que l'on peut utiliser pour broyer, mélanger et préparer les matières fertilisantes qui, mélangées à la terre, lui restituent les principes qui lui ont été enlevés par les produits d'une végétation un peu active.

CHAPITRE VII.

INSTRUMENTS DE PESAGE.

Dans une exploitation agricole, quelle que soit son importance, les moyens de pesage doivent jouer un très grand rôle, soit qu'il s'agisse de déterminer approximativement les quantités de matières diverses qu'il a fallu porter aux champs, pour améliorer la nature de la terre, et lui fournir l'engrais dont elle a besoin, et de comparer ces quantités de matières employées aux produits divers que l'on rentre à la ferme après chaque récolte, soit que l'on veuille surveiller l'alimentation du bétail, en vue d'obtenir un engraissement rapide dans les meilleures conditions possibles.

Le cultivateur ne peut pas se rendre compte de ses débours, d'une part, et de ses gains, de l'autre, s'il ne peut se baser, pour établir avec exactitude sa comptabilité, sur des pesées complètes des différentes matières ou produits sortant de la ferme, ou y entrant pour différentes causes.

Et cependant la bascule, et même le pont-bascule, qui devraient faire partie intégrante du matériel d'une ferme, y font bien souvent défaut, l'agriculteur ne se rendant pas toujours un compte suffisant des services que ces instruments, d'un prix souvent assez élevé, seraient appelés à rendre dans une ferme bien tenue.

Le cultivateur qui ne se rend pas bien compte de son utilité journalière, aimera mieux souvent faire l'acquisition d'un nouvel instrument propre à la préparation de la terre, ou à la récolte des produits du sol, et se passera, pendant bien des années, de ces instruments indispensables de pesage, qui lui permettraient cependant de pouvoir juger facilement, en compulsant ses livres de comptabilité, si son exploitation agricole est prospère, ou s'il est urgent d'apporter des modifications plus ou moins importantes dans les différents services de l'exploitation, considérée dans son ensemble.

Nous allons donc passer en revue, dans le dernier chapitre de cet ouvrage, les différents appareils de pesage, dont l'application aux opérations agricoles peut être faite avec facilité, en rendant les services que nous avons signalés plus haut.

Balance à bras de leviers égaux. —S'il s'agit de pesées fréquentes, mais ne dépassant pas, en poids, celui d'un sac de blé ou de farine, il est possible d'employer la balance ordinaire à bras de leviers égaux qui présente l'avantage, aux yeux des personnes peu exercées à ce genre d'opérations, d'exiger la présence sur l'un des plateaux de la balance de poids marqués représentant la valeur totale du poids de la matière que l'on veut peser. Les contestations sont alors difficiles et les erreurs de pesée sont pour ainsi dire impossibles; mais, par contre, le maniement de nombreux poids rend l'opération un peu laborieuse, et l'appareil doit être situé à un point fixe de la ferme, sans que l'on puisse, comme cela peut devenir nécessaire, effectuer les pesées dans les greniers même, ainsi qu'on peut le faire en employant des instruments de pesage plus portatifs.

Malgré ces inconvénients, la balance à bras égaux est employée sur une vaste échelle, et la fig. 191 en montre un type de la construction de la maison Paupier, qui permet facilement de peser un sac de farine, par exemple, ou des matières plus encombrantes.

Pour se servir en toute sécurité, d'un appareil de ce genre, il faut, lorsque les charges à déplacer sont un peu considérables, et pour éviter une détérioration rapide des couteaux de suspension des plateaux et du couteau d'oscillation du levier, employer un mode de calage de l'un des plateaux, qui consiste, dans le modèle indiqué, en un axe horizontal, pouvant être mis en mouvement de rotation par un levier de grande longueur, et deux manivelles fixées sur cet axe, terminé par une pièce horizontale venant s'adapter sous le plateau que l'on veut caler.

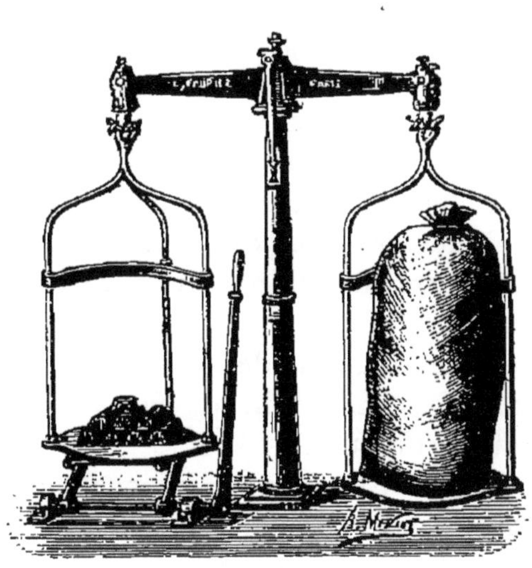

Fig. 191.

Dans d'autres applications, la colonne de support est supprimée, et tout l'instrument de pesage est attaché à l'extrémité d'une chaîne, fixée, elle-même, à l'une des pièces de la charpente du bâtiment.

Balance à bras de leviers inégaux, ou Romaine. — Lorsque l'on peut se contenter de la manœuvre de poids marqués de valeur plus faible, ne représentant qu'une fraction du poids que l'on veut évaluer, c'est la balance à bras de leviers inégaux, désignée ordinairement sous le nom de *romaine*, que l'on emploie d'une manière courante. Quelquefois même, ces poids marqués peuvent être supprimés, et l'addition d'un poids curseur, sur la plus grande branche du levier, permet de constituer ainsi un instrument de pesage d'un emploi encore plus commode.

L'appareil, représenté fig. 192, se compose d'un levier en fer forgé, dont le point d'oscillation, formé d'un couteau en acier, est maintenu, à une certaine distance au-dessus du sol, par une double chape métallique attachée à la charpente, au moyen d'un crochet.

Ce levier, à deux branches très inégales, porte, à son extrémité de droite, un plateau que l'on peut charger de poids marqués. Un poids curseur peut glisser sur toute la longueur de ce levier et s'arrêter à des divisions préparées sur l'une de faces verticales de ce levier de grande longueur.

Une masse pesante, disposée vers la gauche de l'appareil, peut se déplacer légèrement, de manière à amener l'équilibre du levier considéré dans son ensemble, et lui donner une position horizontale.

Enfin, un crochet, de grandes dimensions, est disposé de manière à porter la charge dont on veut évaluer le poids. Ce crochet est suspendu à l'extrémité inférieure d'une chape venant reposer sur un couteau préparé en un point de la petite branche du levier. Il est donc possible, connaissant la valeur des poids marqués disposés sur le plateau, connaissant la position du poids curseur, correspondant à l'une des divisions du levier, connaissant enfin la distance horizontale qui sépare le point d'oscillation du levier du centre du plateau, et la distance horizontale du crochet par rapport à ce même point, de déterminer, avec une exactitude très

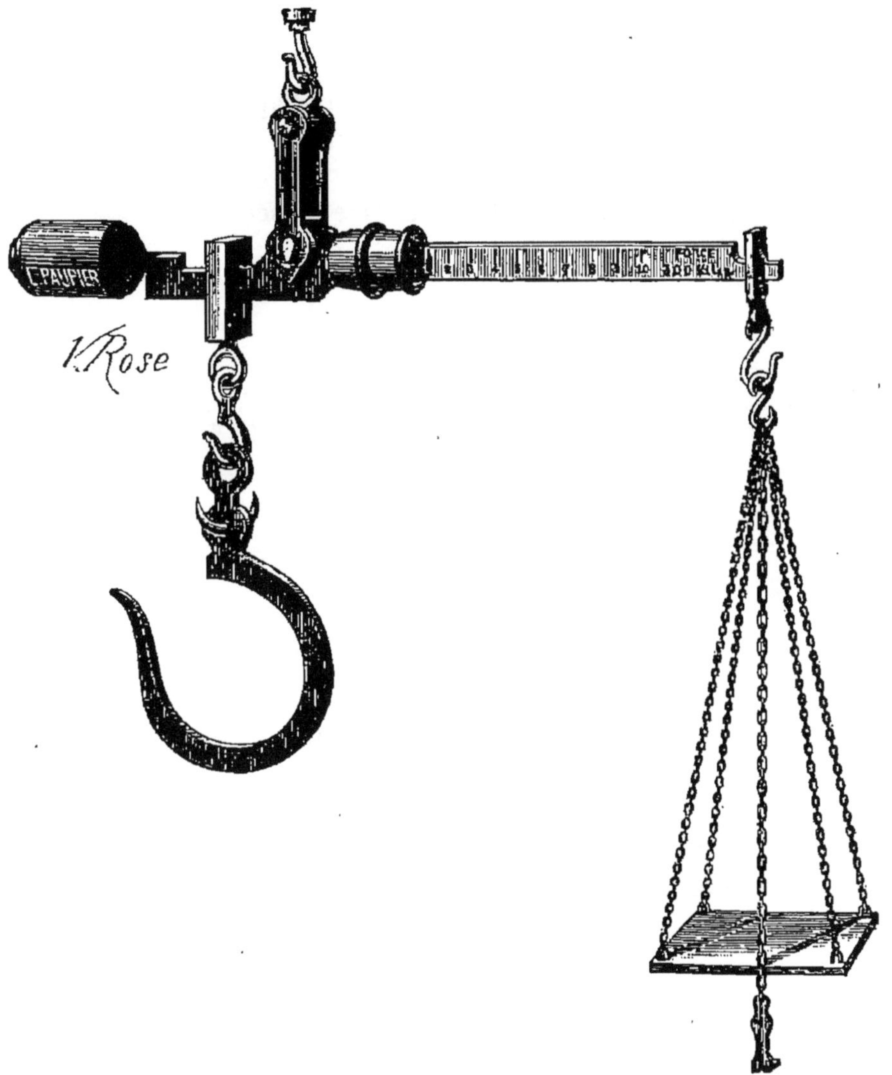

Fig. 192.

suffisante, le poids de la charge suspendue à l'instrument de pesage, par l'intermédiaire du crochet.

La figure 193 représente, au point de vue schématique, la disposition d'un appareil de ce genre.

Si, en effet, l'on désigne par :

P, le poids du corps à déterminer ;

l, la distance horizontale du point d'application de ce corps au centre d'oscillation du levier ;

P', le poids curseur ;

l', sa distance variable au centre d'oscillation ;

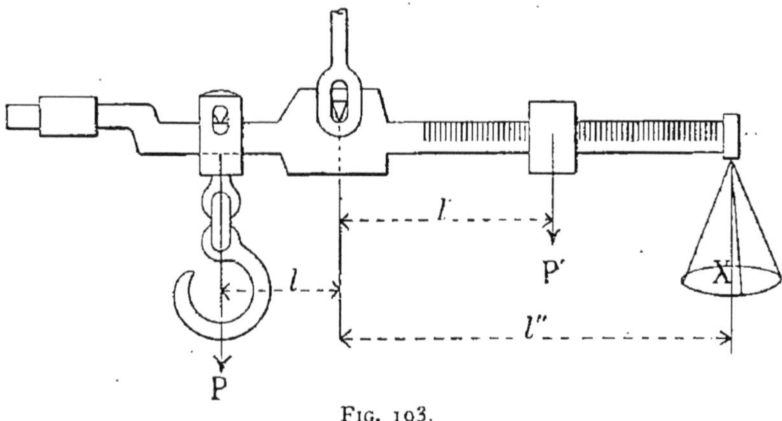

FIG. 193.

X, la somme des poids marqués disposés dans le plateau ;

l'', la distance horizontale du centre de ce plateau au point d'oscillation,

On a :

$$P = \frac{P' \times l' + X \times l''}{l}.$$

Et, si le plateau est supprimé, et si l'on admet que le poids P', de position variable, fasse équilibre au poids P, la formule devient

$$P = \frac{P' \times l'}{l}.$$

Ordinairement, la graduation du levier est telle que, dans cette seconde disposition, la valeur du poids P se lit immédiatement sur le levier de droite. Une simple lecture suffit donc pour déterminer la valeur du poids P.

Ces romaines simples ne peuvent servir, à l'égal des balances à bras de leviers égaux, que lorsque le rapport des poids P, P' et X n'est pas trop considérable. Si ce rapport dépassait certaines limites, l'appareil deviendrait assez encombrant, et on lui substitue, dans ce cas particulier, une disposition à leviers multiples.

Appareil à ensacher avec romaine à leviers multiples. Dans l'appareil à ensacher, représenté fig. 194, page 376, on peut, à l'aide de poids de faibles valeurs, disposés à l'extrémité de l'instrument, et d'un poids curseur, équilibrer le poids d'un sac que l'on vient de remplir.

Cet instrument se compose d'une trémie ayant son ouverture supérieure ménagée dans le plancher du grenier, et terminée, à sa partie inférieure, par un registre à coulisse.

Au-dessous de la trémie se trouve une sorte d'entonnoir, de large diamètre, terminé par un bourrelet au-dessus duquel l'on vient serrer la partie supérieure du sac à remplir.

L'entonnoir est supporté par une sorte de fourche faisant partie d'un premier levier de la romaine. Entre deux flasques parallèles, suspendues au moyen d'une chaîne et d'un trépied, se trouvent disposés les différents leviers à bras inégaux, et, à l'extérieur, se trouve placé le dernier levier portant une série variable de poids à son extrémité et une masse pesante pouvant coulisser le long du levier, dont la section rectangulaire est constante sur la plus grande partie de sa longueur.

Si l'on veut que la matière contenue dans chaque sac ait le même poids, il suffira, après avoir attaché le sac à l'entonnoir, d'équilibrer, par un poids additionnel, disposé dans le plateau situé à droite, le poids du sac

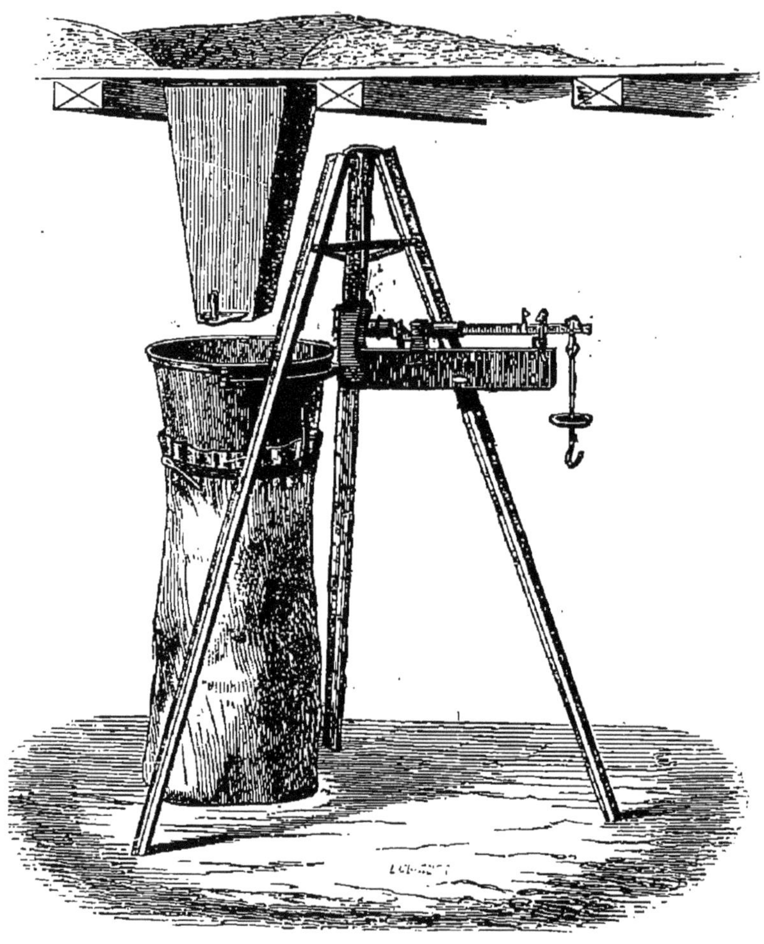

FIG. 194.

vide, d'ajouter le poids, qui, appliqué à l'extrémité du levier, correspond à celui de la matière devant être contenue dans le sac, de commencer le remplissage et de fermer le registre au moment précis où la romaine se trouve en équilibre sous l'action des différentes forces agissant sur elles, pour être assuré que l'opération de l'ensachage est terminé, et que le sac contient la quantité de matière voulue.

Si, comme l'indique la fig. 195, on appelle :

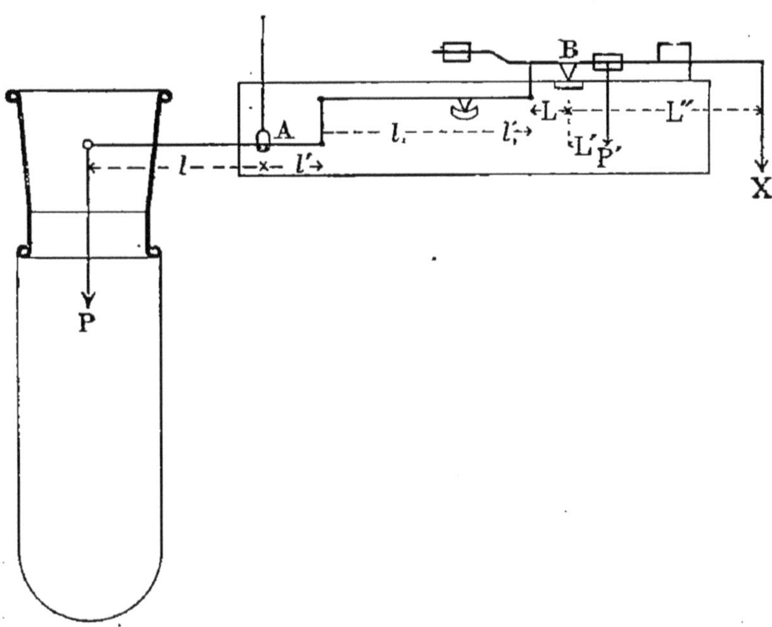

Fig. 195.

P, le poids à évaluer;

l, la distance du corps à un premier point d'oscillation A;

l', la distance de ce point d'oscillation à l'extrémité opposée de ce même levier;

l_1 l'_1, les deux dimensions d'un autre levier contenu entre deux flasques parallèles et relié au premier par une bielle de faible longueur;

L, la distance d'un point d'un troisième levier, relié

au levier intermédiaire, au centre d'oscillation B;

P', un poids curseur;

L', sa distance à B;

X, la somme des poids d'intensité variable disposés dans un plateau ;

L'', la distance horizontale de ce plateau au point d'oscillation B,

On peut écrire :

$$P = \frac{(P' \times L' + X \times L'') \, l' \times l'_1}{l \times l_1 \times L},$$

Si le poids X est supprimé, et si l'on peut équilibrer la charge P par le poids curseur P', dont on peut faire varier la position, l'expression se simplifie, et l'on a :

$$P = P' \times \frac{l' \times l'_1 \times L'}{l \times l_1 \times L}.$$

Comme, en ce qui concerne la romaine simple, le rapport $\dfrac{l' \times l'_1 \times L'}{l \times l_1 \times L}$ est calculé une fois pour toutes, et la lecture des divisions inscrites sur le levier, servant de chemin de glissement au poids curseur, donne immédiatement la valeur de P.

Les instruments, que nous venons de décrire, présentent l'avantage d'être de faibles poids, et par conséquent sont très facilement déplaçables; mais ils exigent, soit un support, en forme de trépied, lorsqu'on veut s'en servir au milieu de la cour de la ferme, par exemple, soit un point d'attache emprunté à l'une des poutres du bâtiment.

Bascule. — La bascule, au contraire, est composée d'un certain nombre d'organes disposés sur un bâti ordinairement en charpente, qui se suffit à lui-même, de telle manière que cet instrument de pesage peut se poser simplement sur le sol ou sur un plancher, en étant immédiatement disposé pour effectuer la pesée dont on a besoin.

La bascule de Quintenz est restée à peu près telle que l'avait combinée son inventeur, et un instrument de ce genre est représenté fig. 196.

Fig. 196.

Il suffit de placer le corps dont on veut déterminer le poids sur le plateau horizontal bardé de fer, situé vers la droite de la figure, ou sur ce plateau en l'adossant sur la paroi verticale qui en est solidaire, de placer des poids marqués sur le petit plateau de gauche, pour avoir une évaluation du poids du corps, dès qu'il a été possible de vérifier que ces poids marqués font équilibre au poids du corps.

Suivant le rapport des longueurs des différents leviers entrant dans la composition de cet instrument, la bascule est dite au dixième ou au centième, par exemple, lorsqu'un poids d'une valeur égale au dixième ou au centième de la charge, et disposé dans le petit plateau, fait équilibre à la charge totale.

Deux index, l'un fixé au bâti, l'autre fixé au levier, doivent se trouver exactement en regard, lorsque l'équilibre est obtenu.

Enfin, pour éviter les secousses qui pourraient modifier la position des différents couteaux, une sorte de levier à manette peut soulever le levier supérieur, et caler ainsi l'appareil, pendant son changement.

Quelle que soit la position de la charge sur l'ensemble de deux plateaux, l'un vertical, l'autre horizontal, l'équilibre pourra être obtenu avec le même nombre de poids marqués, et il est facile de montrer qu'il en est bien ainsi, en considérant la figure schématique qui n'est que la reproduction, sous une forme simplifiée, de la bascule décrite plus haut.

Dans la figure 197, le plateau portant la charge est formé d'une partie horizontale A, assemblée avec un plateau vertical B, et, suivant la forme du corps, celui-ci repose tout entier sur le plateau horizontal, ou pour partie seulement sur celui-ci et pour le restant du poids sur le plateau vertical. Si donc P représente le poids du corps, celui-ci est décomposé en deux parties, de poids P′ et P″, de manière que l'on ait toujours

$$P' + P'' = P.$$

le poids P′ venant agir sur le couteau d et, par suite, en un point du levier L, et l'action de l'autre portion P″ du poids P étant reportée, par le bras incliné C, à l'extrémité inférieure d'une tige, ou bielle verticale, D. Une autre bielle E, parallèle à la première, transmet l'effort exercé à l'extrémité du levier L en un point d'un levier L′ qui se trouve soumis à l'action de trois forces distinctes : l'une passant par l'axe de la bielle D, la seconde passant par l'axe de la bielle E, et la troisième constituée par la somme des poids marqués disposés dans un plateau H ; la somme de ces poids marqués devant faire équilibre au poids P du corps que l'on veut peser.

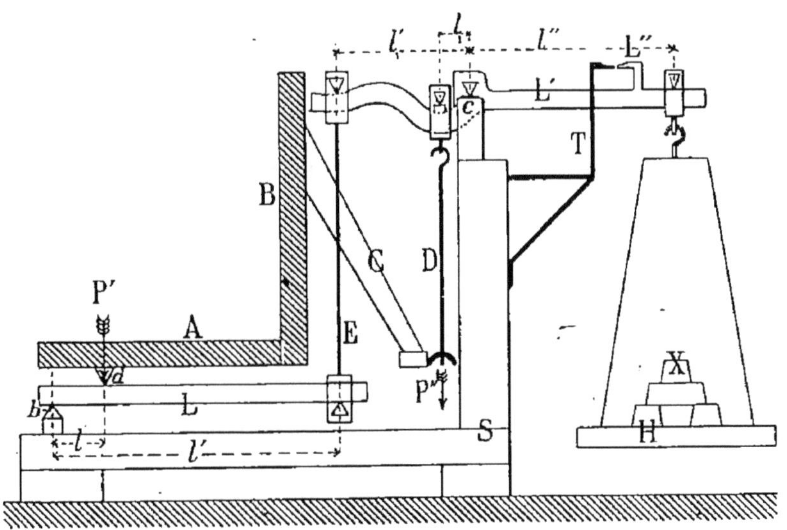

Fig. 197.

Un bâti fixe S, en charpente, porte, en *b*, un couteau servant de point d'oscillation au levier L et, en *c*, le point d'oscillation du levier L′, les précautions étant prises pour rendre ces pièces aussi mobiles que possible les unes par rapport aux autres. C'est pour cette même raison que les bielles D et E, ainsi que le cadre du plateau H sont assemblés avec les leviers L et L′, au moyen de chapes et de couteaux en acier.

Enfin, le levier L′ porte, en L″, un index qui doit se

trouver en face d'une autre pièce T, fixée au bâti, lorsque l'équilibre est obtenu.

En se reportant aux indications de la figure précédente, on a évidemment.

$$P' \times l = P_1 \times l'$$

P_1 représentant la force verticale agissant suivant l'axe de la bielle E, d'où l'on tire

$$P_1 = P' \times \frac{l}{l'}.$$

On a, de même, en considérant l'équilibre du levier supérieur :

$$P_1 \times l'_1 + P'' \times l_1 = X \times l''$$

Et, en remplaçant P_1 par sa valeur

$$P' \times \frac{l}{l'} \times l'_1 + P'' \times l_1 = X \times l''$$

Or, dans tous les appareils de ce genre, le rapport des longueurs l et l' est le même que celui de l_1 à l'_1; on peut donc remplacer $\frac{l}{l'} \times l'_1$ par son égal l_1.

L'expression précédente peut donc être mise sous la forme

$$(P' + P'') l_1 = X \times l''$$

ou enfin

$$P l_1 = X \times l''$$

et

$$P = X \times \frac{l''}{l_1}$$

Ces différentes équations montrent que, quelle que soit
la répartition de la charge sur l'ensemble des deux plateaux, quelles que soient les valeurs de P′ et de P″, par
rapport au poids total P, la valeur de ce poids est liée
à celle des poids marqués disposés en H par le même
rapport $\dfrac{l''}{l_1}$. Si donc ce rapport est égal à 5 ou 10, par
exemple, il suffit de multiplier la valeur X des poids
marqués par ce coefficient pour avoir immédiatement le
poids du corps disposé sur l'ensemble des plateaux A,
B.

Ces instruments, encore portatifs, peuvent avoir des
dimensions très variables, suivant la nature des matières
que l'on récolte ou que l'on emploie. On peut empiler,
sur le tablier de petites dimensions d'une bascule, des
sacs de blé ou de farine, et en peser une certaine quantité
à la fois, en se servant d'appareils d'un volume assez restreint. Il n'en est pas de même lorsque l'on veut se rendre compte des progrès que peuvent présenter, en poids,
les animaux élevés à la ferme, et il faut alors donner à
l'instrument de pesage l'une des deux formes que nous
allons indiquer maintenant. Comme premier appareil,
destiné à cet usage, on peut employer une bascule à
large tablier, représentée fig. 198, page 384.

Cet instrument se compose d'une grande caisse, de
forme rectangulaire, reposant sur le sol, et renfermant
le système des leviers nécessaires pour équilibrer le
poids d'un animal de grande taille, au moyen d'un poids
curseur pouvant se déplacer sur un levier horizontal
gradué.

Cette caisse est recouverte, en partie, par le tablier,
ou plateau mobile, de l'appareil, et ce tablier est encadré
par une grille qui ferme l'enclos dans lequel on fait entrer l'animal que l'on veut peser.

L'une des faces de cette fermeture est remplacée par une paroi pleine suffisamment résistante, qui, en se rabattant vers le sol, comme l'indique la figure 198, forme un plan incliné qui permet à l'animal de monter facilement sur le plateau mobile de la bascule. Cette paroi se

Fig. 198.

relève de manière à fermer l'enclos pendant toute la durée du pesage.

Quant au procédé employé pour effectuer cette pesée, il est exactement le même que celui que nous avons déjà indiqué. Sur l'un des côtés de la bascule se trouvent disposés les supports et guides nécessaires pour qu'un levier de grand longueur puisse osciller librement sur un couteau horizontal. Le poids de ce levier est équilibré au moyen d'une masse pesante, disposée à l'arrière, et, sur la grande branche de ce même levier, divisé en deux parties par une large rainure, peuvent glisser deux poids curseurs de valeurs très différentes, dont les positions, au moment de l'équilibre de la bascule, permettent de se rendre compte, avec grande exactitude, du poids de l'animal ou de la matière disposée sur le tablier mobile.

Cette première disposition peut convenir parfaitement pour le pesage du bétail, effectué individuellement; mais elle est insuffisante lorsque l'on veut évaluer de plus grands poids, comme celui d'une voiture et de son chargement, par exemple. Le procédé qui est, en effet, le plus simple, pour obtenir le poids du chargement d'une voiture, est de la peser d'abord vide, puis complètement chargée, et d'évaluer le poids du chargement en faisant la différence entre la dernière pesée et la première, qui constitue la tare du véhicule.

Pont-bascule. — Pour arriver à ce résultat, on dispose, au niveau du sol, à proximité de la porte de la ferme ou de l'usine, un large tablier mobile pouvant supporter les différentes roues du véhicule, et, sur le côté de ce tablier, se trouve placé le levier équilibré qui doit être dans une position assez commode pour que les lectures puissent être faites avec exactitude.

Le rapport devant exister entre le poids du véhicule et la valeur des poids curseurs, est ordinairement très grand, et par suite, le rapport existant entre les longueurs des bras de levier doit être lui-même assez grand. La disposition schématique d'un pont bascule est donnée, en élévation et en plan, par les figures 199 et 200, page 386.

Deux grands leviers, de forme triangulaire, supportent, en des points a, le poids du plateau et de sa surcharge. Chacun de ces leviers porte un axe horizontal b qui peut tourner librement sur des supports disposés dans une fosse en maçonnerie, de faible profondeur.

Sous l'action de l'effort vertical égal à $\dfrac{P}{2}$, chacun des deux leviers triangulaires a une tendance à s'enfoncer dans le sol, mais il est retenu dans sa position horizontale par un autre levier, de position perpendiculaire, tournant librement autour d'un couteau c, et maintenu lui-même dans une position horizontale, par suite de la présence d'un levier à bras inégaux, permettant d'obtenir la valeur de la charge disposée sur le tablier mobile.

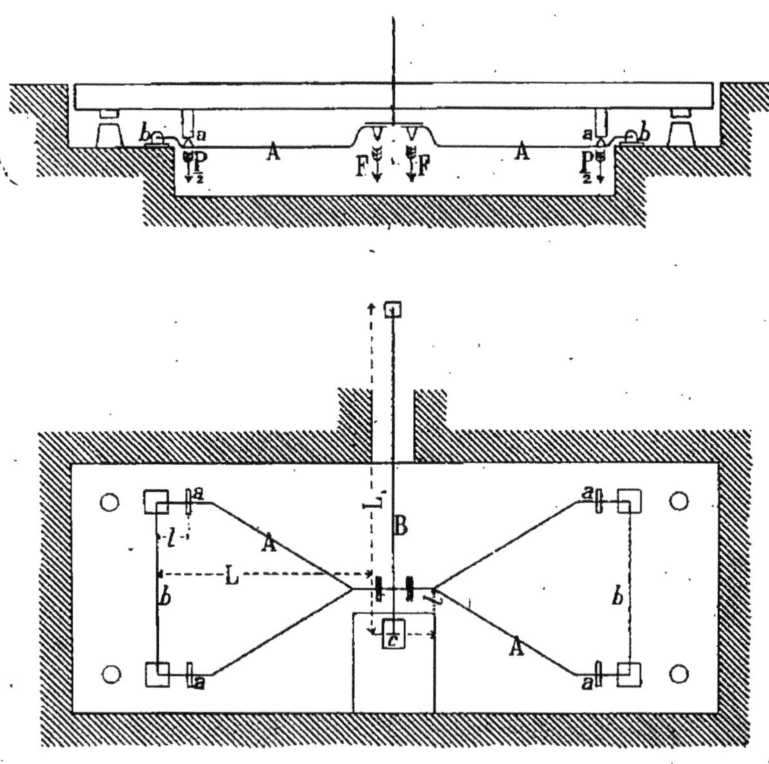

Fig. 199 et 200.

Si l'on désigne par l et L les longueurs de chacun des bras du levier de la pièce triangulaire A.

Si l'on appelle F l'effort développé à l'extrémité de ce levier, résultant de l'application de la charge $\dfrac{P}{2}$.

On a d'abord la relation

$$\frac{P}{2} \times l = F \times L.$$

Si l'on désigne de même par l_1 et L_1, les longueurs des deux bras de levier de la pièce B, de direction perpendiculaire à A, on a de même

$$2 \, F \times l_1 = F' \times L_1$$

En appelant F' l'effort appliqué à l'extrémité du levier de longueur L_1.

Si l'on multiplie ces deux expressions l'une par l'autre, il vient :

$$\frac{P}{2} \times l \times 2 \, F \times l_1 = F \times L \times F' \times L_1.$$

Et, en simplifiant.

$$P \times l \times l_1 = F' \times L \times L_1$$

D'où l'on tire

$$P = F' \times \frac{L \times L_1}{l \times l_1}$$

La figure 201, page 388, montre comment l'assemblage des leviers A et du levier B peut s'effectuer. Des couteaux d sont enchassés aux extrémités des pièces A; ces couteaux sont entourés de chapes mobiles venant reposer, par l'intermédiaire de couteaux e, sur une traverse D fixée en un point de B. La transmission des efforts peut donc s'effectuer, sans pertes dues au frottement, depuis le tablier mobile jusqu'à l'extrémité du levier B. Mais un appareil de ce genre, soumis à des oscillations continuelles, pourrait se détériorer facilement, si ces déplacements n'étaient pas limités par la présence de buttoirs, fixés en dessous du tablier mobile et situés en regard de pièces fixes prenant leurs points d'appui sur la maçonnerie du fond de la fosse.

C'est sur le même principe que se trouvent disposés tous les ponts-bascules, et la figure 202 donne la dispo-

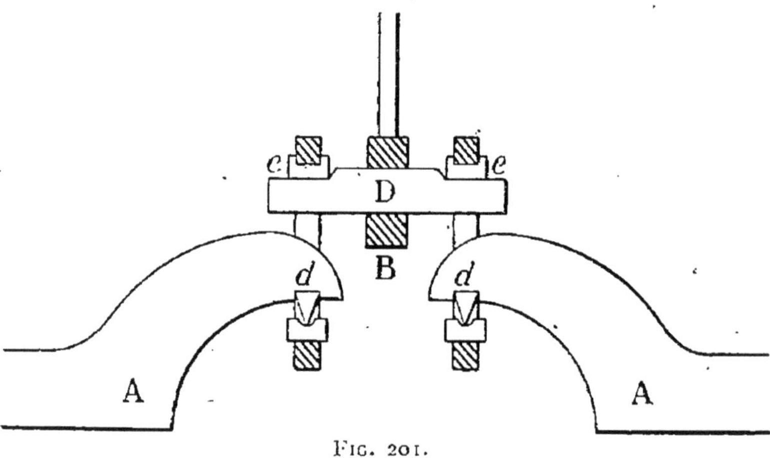

Fig. 201.

sition d'ensemble de l'un de ces appareils.

Un levier métallique, de grande longueur, reçoit, dans l'axe du tablier, un effort vertical résultant du poids du tablier et de sa surcharge, et à l'extrémité de droite de ce même levier se développe un effort, vertical également, qui, au moyen d'une tige verticale, est transmis en un point de la petite branche d'un levier chargé de poids ou sur lequel agit un curseur de manière à équilibrer l'effort vertical ainsi développé et transmis par l'intermédiaire de la bielle aux organes servant à évaluer le poids, soit par lecture directe, soit au moyen d'une certaine quantité de poids marqués.

Dans la disposition de la figure 202, c'est au moyen de poids marqués, placés dans un plateau, que l'on cherche à équilibrer la charge supportée par le tablier mobile, puis, au moyen du déplacement du curseur le long du levier, on complète l'équilibre, et le poids cherché est

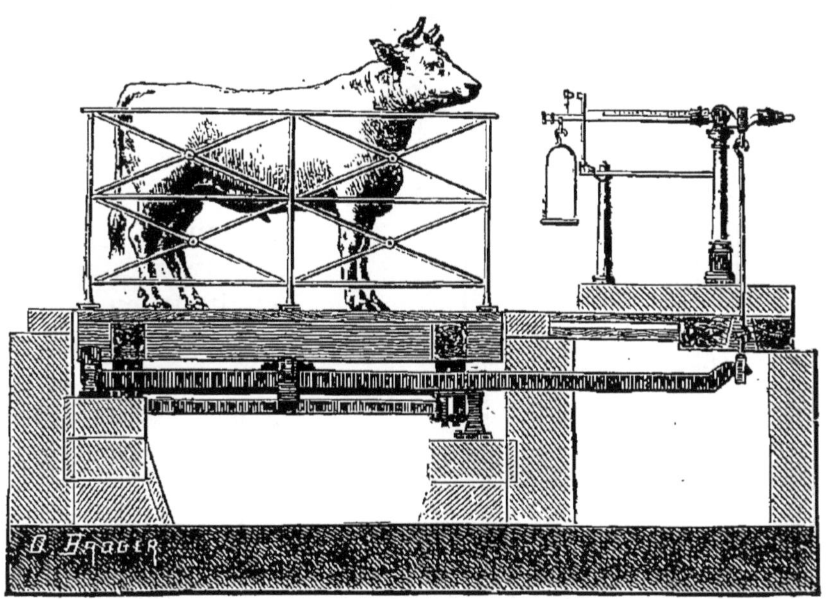

Fig. 202.

donné par deux observations distinctes : la somme des poids marqués disposés dans le plateau et la position du curseur le long du levier gradué.

La figure 203, page 390, montre une autre disposition d'appareil de mesure dans lequel le plateau devant recevoir les poids marqués est supprimé et remplacé par une simple coupe pouvant recevoir quelques corps pesants nécessaires à l'équilibrage de la bascule lorsqu'elle ne supporte aucune charge.

Au-dessus du levier principal, portant des divisions sur toute sa longueur, se trouve une autre barre divisée sur laquelle peut se déplacer un curseur de faible poids, de manière que son déplacement total, le long de la tige qui le supporte, corresponde exactement, comme effet, au point de vue de l'équilibre du système, au déplacement de l'autre curseur sur la barre principale égale à une division seulement.

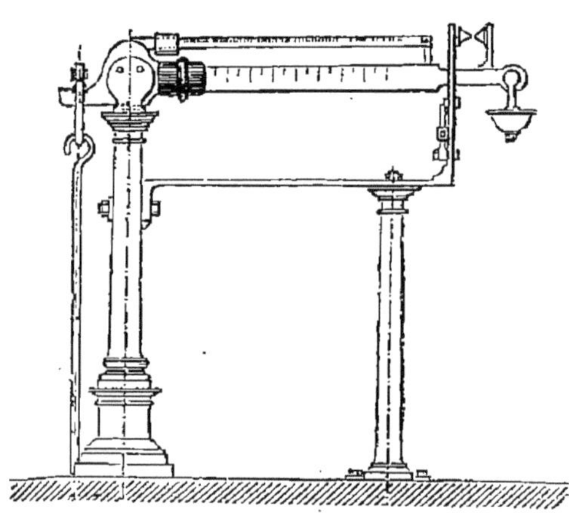

Fig. 203,

On peut donc, avec cette disposition, évaluer le poids d'un corps quelconque avec une assez grande exactitude, en agissant d'abord sur le petit curseur, le ramenant à son point de départ, lorsque son déplacement total ne permet pas l'équilibre du pont-bascule, avançant alors d'une division le curseur principal, puis en déplaçant à nouveau le petit curseur, et répétant ainsi cette succession d'opérations jusqu'à ce que l'on ait obtenu l'équilibre de l'ensemble de l'appareil. Quelquefois, le levier principal porte une rainure le divisant ainsi en deux barres parallèles sur lesquelles peut se déplacer le curseur principal qui doit présenter une forme particulière, comme l'indique la fig. 204. Dans la rainure longitudinale peut alors se déplacer le petit curseur destiné à compléter l'équilibre.

Cette partie du pont-bascule peut être abritée par un bâtiment spécial; mais, s'il fait défaut, on peut y sup-

pléer par une caisse étanche dont une des faces latérales
peut se rabattre sur toute sa hauteur, de manière à laisser
à découvert le levier sur lequel les poids curseurs doivent être déplacés à la main.

Les lectures des divisions correspondantes aux posi-

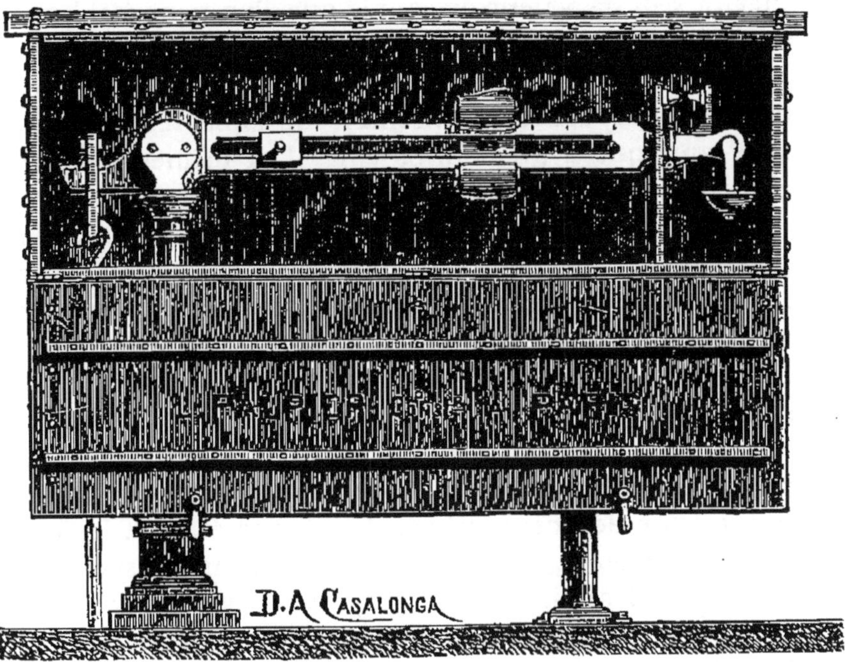

Fig. 204.

tions des curseurs et leur traduction, pour déduire le
poids du corps, ne présentent aucune difficulté, et un
ouvrier quelconque de la ferme peut être préposé à la
conduite du pont-bascule, pourvu qu'il sache lire, et tant
soit peu écrire ; mais les transcriptions des poids successifs sur une feuille spéciale, ou sur un registre, peuvent se faire plus ou moins exactement et être la cause

d'erreurs regrettables, qu'il est impossible de réparer, puisque l'appareil ne laisse aucune trace de la pesée qui vient d'être faite.

C'est pour remédier à ces inconvénients que M. Chameroy a proposé d'appliquer aux instruments de pesage un système de ticket sur lequel il est possible d'imprimer, à sec, la valeur du poids que l'on veut établir.

La disposition du levier et des masses pesantes, se déplaçant sur lui, doit être légèrement modifiée, et la fig. 205 donne la disposition d'ensemble de l'appareil de mesure appliqué à un pont-bascule. Les mêmes organes pouvant être appliqués également à une bascule.

L'appareil se compose d'un fort levier a, de section rectangulaire, muni, vers la gauche, d'un couteau sur lequel vient s'appliquer la chape d'une bielle verticale réunissant le levier sur lequel s'effectue la mesure avec les leviers inférieurs d'un pont-bascule ordinaire. A son extrémité de droite, ce même levier porte une coupe, de petites dimensions, dans laquelle on vient placer les poids nécessaires pour le tarage du pont-bascule. Deux index, l'un de position fixe, l'autre porté par le levier, doivent se trouver en regard lorsque l'équilibre est établi. Enfin, au-dessous de ce levier, se trouve une sorte de came manœuvrée par une manette qui permet de relever le levier de mesure d'une petite quantité, en l'obligeant à rester immobile lorsque le pont-bascule n'est pas en service. Cette position correspond à celle du contact des buttoirs fixes et mobiles, dont il a été parlé plus haut, et qui sont disposés dans la fosse en maçonnerie, en dessous des grands leviers triangulaires de tout pont-bascule. Un curseur c peut glisser, à la main, le long du levier de mesure, et un couteau a s'engage dans une des encoches de ce levier a lorsque le curseur c atteint la position correspondante à l'équilibrage de 1000, 2000... 9000 kilogrammes, disposés sur le

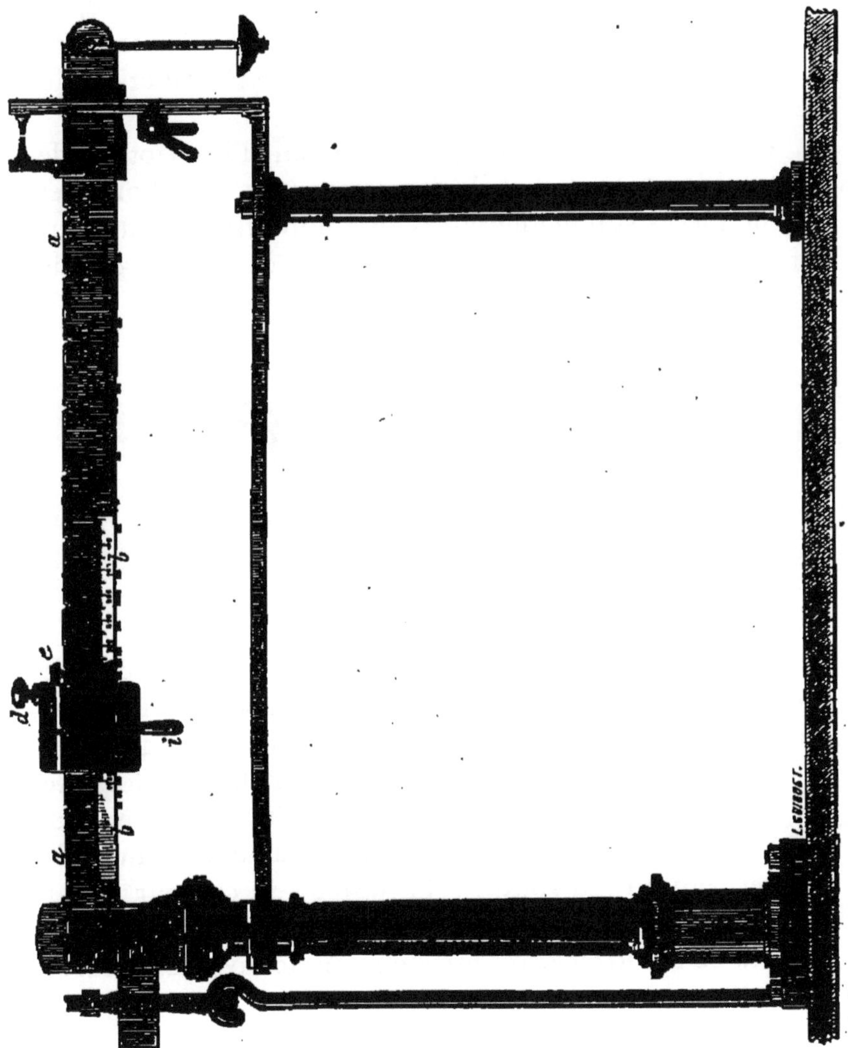

tablier mobile, et représentant la charge que l'on veut
évaluer. Mais la charge entière est ordinairement égale à .

plusieurs milliers de kilogrammes, plus une fraction, il faut donc parfaire l'équilibre au moyen du déplacement d'une réglette métallique *b* à l'intérieur du curseur *c*, de manière que l'ensemble des lectures des divisions du grand levier *a* et de la réglette *b* donne l'évaluation du poids du corps.

Pour rendre possible, par l'appareil, l'inscription de ces poids sur un ticket, l'instrument est muni d'organes ou de pièces supplémentaires que nous allons indiquer.

Comme le montre la fig. 206 donnant, à plus grande

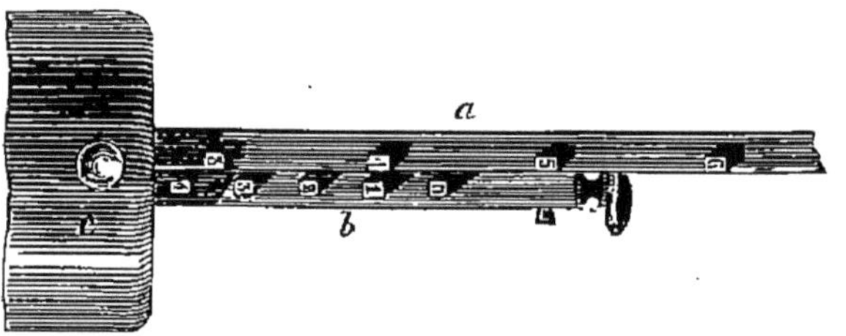

Fig. 206.

échelle, l'ensemble des leviers *a* et *b*, chacun de ces leviers porte, en saillies, des chiffres rapportés en métal dur qui devront laisser une trace sur un ticket que l'on viendrait presser sur l'ensemble des deux leviers, lorsque le poids curseur est arrivé dans la position voulue pour qu'il y ait équilibre de tout l'ensemble du système. Ce ticket peut être introduit à l'intérieur du curseur *c* par une fente de section rectangulaire, de manière qu'une partie de sa surface soit mise en contact avec les chiffres en relief.

Si, au moyen d'une manette *i*, fig. 207 et 208, on vient agir, par l'intermédiaire d'une came *h*, sur une plaque *g*, servant de support à la partie du ticket engagée dans le curseur, ce ticket viendra s'engager dans les chiffres en relief, et ces derniers laisseront une trace durable de l'opération effectuée.

Cette impression, à sec, ne peut être obtenue, en toute sécurité, qu'à la condition de rendre fixe, à un moment donné, la position du curseur sur le levier; et il suffit d'agir, à la main, sur un petit volant *d* pour obliger le couteau *e* à s'engager dans l'une des encoches du levier

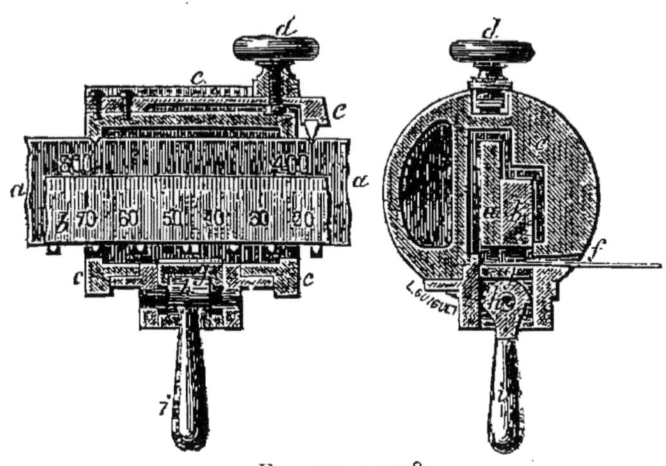

FIG. 207 ET 208.

a, ou de détourner la vis faisant corps avec ce volant, pour dégager le couteau *e*, et rendre libre le déplacement du curseur.

Si donc, l'on veut conserver une trace des poids d'un même animal, soumis à des pesées successives, il suffit, en adoptant cette disposition, de conserver, dans leur ordre, la suite des tickets, pour s'assurer, par un simple coup d'œil, de la progression de poids obtenue, ou des circonstances qui ont pu altérer cette progression normale.

S'il s'agit d'une voiture, on pourra remettre à son conducteur, à son entrée, à vide, dans la ferme, un ticket portant la tare de la voiture, puis, au moment de sa sortie, une fois chargée, la soumettre à une nouvelle pesée, et inscrire sur le même ticket, repassant une seconde fois dans le curseur mobile, le nouveau poids obtenu.

Si une erreur de transcription sur les feuilles ou registres venait à se produire, il serait toujours possible de recourir au ticket de contrôle, et c'est là le grand avantage que présente cette disposition.

Quant à la forme que l'on peut donner au ticket lui-

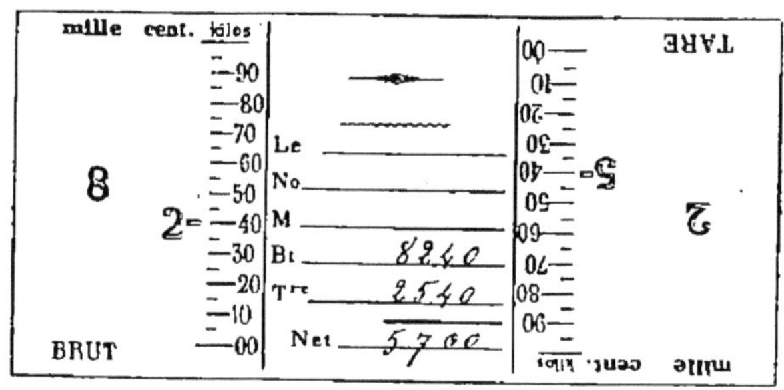

Fig. 209.

même et à ses inscriptions, nous nous contenterons d'en indiquer deux exemples, pour bien préciser ce mode d'inscription; mais il serait facile d'en modifier la forme, suivant les circonstances.

La fig. 209 est le fac-simile d'un ticket obtenu avec l'appareil représenté fig. 205 à 208, et ayant été passé deux fois dans l'instrument, pour recevoir les impressions relatives au poids de tare et au poids total, indiquées sur les deux rives opposées du ticket, l'espace ménagé au centre étant réservé pour les inscriptions faites à la main, et le calcul du poids net étant obtenu par différence.

Depuis lors, le même appareil a subi des modifications de détail permettant d'aligner les deux chiffres représentant le poids brut et la tare, et il suffit alors, sans aucune transcription, de faire la différence de ces deux chiffres, et de l'inscrire au dessous, dans une partie du ticket réservée à cet effet.

Un fac-simile de ce ticket est représenté ci-dessous fig. 210.

Il est même possible d'obtenir deux épreuves à la fois, en superposant au carton un papier maintenu sur l'un de ses bords, et détacher ces deux épreuves d'une même opération après les pesées effectuées.

Nous avons pensé que ces indications relatives aux instruments de pesage, et à leur mode d'emploi, compléteraient utilement ce qui concerne le matériel d'intérieur

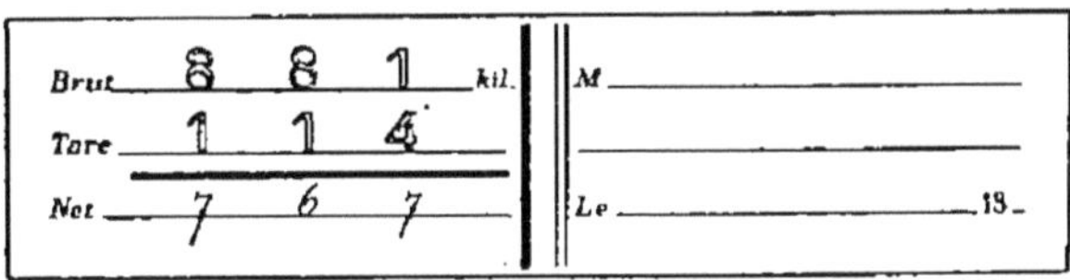

FIG. 210.

de ferme, dont ils doivent faire partie, pour les raisons que nous avons déjà indiquées. On ne peut pas comprendre, en effet, que dans une exploitation de quelque importance, on puisse établir, avec une exactitude suffisante, la comptabilité matière sans y faire entrer les quantités de matières venant de l'extérieur et les produits divers de l'exploitation. Ce ne peut être que par des opérations de pesées, pour ainsi dire quotidiennes, que l'ont peut arriver à ce résultat, et, dès lors, les instruments de pesage doivent entrer, pour une large part, dans la constitution d'une ferme, à l'égal des machines les plus importantes constituant le matériel d'intérieur de ferme, tels que les machines à battre les grains et les instruments de nettoyage, par exemple.

ERRATA

TOME PREMIER

Page 36,   30e ligne, *au lieu de* : au point théorique,
lire : au point de vue théorique.

Page 76,   28e ligne, *au lieu de* : dureté véritable,
lire : dureté variable.

Page 150,   25e ligne, *au lieu de* : 48 $^{\text{kil.}}$ 0, *lire* : 48 $^{\text{kil.}}$ 8.

Page 224,   4e ligne, *au lieu de* : diamètres de F′,
lire : diamètres de F.

Idem   , 5e ligne, *au lieu de* : F′ *lire* : F″.

Idem   , *au lieu de* : $x = \dfrac{1}{2\pi r_1} \times \dfrac{r}{r'} \times \dfrac{r''}{r'''}$,

lire : $\dfrac{x}{2\pi r_1} \times \dfrac{r}{r'} \times \dfrac{r''}{r'''}$.

au lieu de : $\dfrac{1}{2\pi r_1} \times \dfrac{r}{r'} \times \dfrac{r''}{r'''}$,

lire : $\dfrac{x}{2\pi r_1} \times \dfrac{r}{r'} \times \dfrac{r''}{r'''}$.

au lieu de : $\dfrac{1}{2\pi r_1} \times \dfrac{r}{r'} \times \dfrac{r''}{r'''} \times p$,

lire : $\dfrac{x}{2\pi r_1} \times \dfrac{r}{r'} \times \dfrac{r''}{r'''} \times p$.

Page 225, *au lieu de* : $\dfrac{1}{2\pi r_1 l} \times \dfrac{rr''}{r'r'''} \times 10000$,

lire : $\dfrac{x}{2\pi r_1 l} \times \dfrac{rr''}{r'r'''} \times 10000$.

TOME DEUXIÈME

Page 49, *au lieu de* : $F'' = F' \times \dfrac{R}{l}$, *lire* : $F'' = F' \times \dfrac{l}{R}$

Page 125, 2e ligne, *au lieu de* : 9 kilogrammes, *lire* :
7 kilogrammes.

TABLE DES FIGURES

TABLE DES FIGURES.

Pages.

TABLE DES MATIÈRES

DEUXIÈME PARTIE.

MATÉRIEL D'INTÉRIEUR DE FERME.

CHAPITRE PREMIER.

TRANSPORTS AGRICOLES.

CHAPITRE QUATRIÈME.

NETTOYAGE ET TRIAGE DES GRAINS.

CHAPITRE CINQUIÈME.

PRÉPARATION DE LA NOURRITURE DES HOMMES ET DES ANIMAUX.

CHAPITRE SIXIÈME.

APPAREILS BROYEURS POUR LA PRÉPARATION DES ENGRAIS
ET DES AMENDEMENTS.

CHAPITRE SEPTIÈME.

INSTRUMENTS DE PESAGE.

FIN DE LA TABLE DES MATIÈRES.

BIBLIOTHÈQUE DE L'ENSEIGNEMENT AGRICOLE

OUVRAGES PUBLIÉS

Herbages et Prairies. — Volume de 759 pages avec 120 figures dans le texte, par M. Boitel.

Les Plantes vénéneuses considérées au point de vue de l'empoisonnement des animaux de la ferme. — Volume de 524 pages, avec 60 figures dans le texte, par M. Cornevin.

Les Engrais : Tome I. Alimentation des plantes, fumiers, engrais de villes et engrais végétaux. — Volume de 580 pages, avec figures dans le texte, par MM. Muntz et A.-Ch. Girard.

Les Engrais : Tome II. Engrais azotés et engrais phosphatés. — Volume de 603 pages, par MM. Muntz et A.-Ch. Girard.

Les Engrais : Tome III. Engrais potassiques, engrais calcaires, etc.; achat, transport, contrôle, essais des engrais. Volume de 627 pages, par MM. Muntz et A.-Ch. Girard.

Méthodes de Reproduction en Zootechnie : croisement, sélection, métissage. — Volume de 500 pages, avec 67 figures dans le texte, par M. Baron.

Le Cheval considéré dans ses rapports avec l'économie rurale et les industries de transports : Tome I. Alimentation, écuries, maréchalerie. — Volume de 483 pages, avec 89 figures dans le texte, par M. Lavalard.

Le Cheval : Tome II. Choix et achat. Utilisation du cheval. Situation actuelle de la production chevaline. — Volume de 426 pages avec 45 figures dans le texte, par M. Lavalard.

Les Irrigations : Tome I. Les eaux d'irrigation et les machines. — Volume de 720 pages, avec 192 figures dans le texte, par M. Ronna.

Les Irrigations : Tome II. Canaux et systèmes d'irrigation. — Volume de 618 pages, avec 360 figures dans le texte, par M. Ronna.

Les Irrigations : Tome III. Les cultures arrosées. L'économie des irrigations. Histoire, législation et administration. — Volume de 810 pages, avec 22 figures dans le texte, par M. Ronna.

Législation rurale. — Volume de 831 pages, par M. Gauwain.

Agriculture générale. — Volume de 607 pages, par M. Boitel.

Les Industries du lait. — Volume de 647 pages avec 112 figures dans le texte, par M. Lezé.

Des Résidus industriels dans l'alimentation des animaux de la ferme, volume de 552 pages avec 40 figures dans le texte, par M. Cornevin.

L'Alimentation de l'homme et des animaux domestiques : Tome I. La Nutrition animale. — Volume de 404 pages, par M. Grandeau.

Le Matériel agricole moderne : Tome I. Instruments d'extérieur de ferme. — Volume de 531 pages avec 370 figures dans le texte, par M. Tresca.

Le Matériel agricole : Tome II. Instruments d'intérieur de ferme. Volume de 410 pages avec 210 gravures dans le texte, par M. Tresca.

Les Céréales : Volume de 816 pages, avec 272 figures dans le texte, par M. Garola.

Pour paraître incessamment :

Les Maladies des Plantes, par M. Prillieux.

Cultures méridionales, par M. Gos.

Viticulture, par M. Viala.

Typographie Firmin-Didot et Cⁱᵉ. — Mesnil (Eure).

www.ingramcontent.com/pod-product-compliance
Ingram Content Group UK Ltd.
Pitfield, Milton Keynes, MK11 3LW, UK
UKHW022053120726
13694UKWH00001B/117